大功率电气传动系统抗机电振动控制

李崇坚　郑大鹏　段　巍　王　津　编著

北　京
冶　金　工　业　出　版　社
2023

内容提要

全书共12章，分别阐述电气传动抗机电振动控制技术的现状与发展，讨论并建立电气传动系统的控制模型，传动系统的动力学模型；分析传动系统的扭振现象及产生的机理，讨论抑制机电谐振的方法；提出外扰负荷观测器的基本原理，推导外扰负荷观测器控制及模型前馈补偿控制系统的传递函数并分析其抗扰动特性，提出“虚拟惯量”和“虚拟阻尼”控制原理并分析其对机电扭振抑制的方法；介绍状态观测器、卡尔曼滤波控制及 $H\infty$ 等现代智能控制技术对传动系统机电振动抑制的研究成果；介绍大功率电气传动抗机电扭振控制技术在轧机传动、风力发电机组、油气输送大型压缩机传动以及高压变频风机调速节能等重大工程中的应用实例。

本书可供从事电气传动抗机电振动控制技术的相关技术人员阅读，也可供大专院校相关专业的师生参考。

图书在版编目(CIP)数据

大功率电气传动系统抗机电振动控制/李崇坚等编著.—北京：冶金工业出版社，2023.2

ISBN 978-7-5024-9393-6

Ⅰ.①大… Ⅱ.①李… Ⅲ.①电力传动系统—振动控制 Ⅳ.①TM921

中国国家版本馆CIP数据核字(2023)第012365号

大功率电气传动系统抗机电振动控制

出版发行 冶金工业出版社　**电　话** (010)64027926
地　址 北京市东城区嵩祝院北巷39号　**邮　编** 100009
网　址 www.mip1953.com　**电子信箱** service@mip1953.com

责任编辑 戈 兰 郭雅欣　美术编辑 彭子赫　版式设计 孙跃红
责任校对 石 静　责任印制 禹 蕊
三河市双峰印刷装订有限公司印刷
2023年2月第1版，2023年2月第1次印刷
710mm×1000mm 1/16；15.75印张；306千字；239页
定价98.00元

投稿电话 (010)64027932　投稿信箱 tougao@cnmip.com.cn
营销中心电话 (010)64044283
冶金工业出版社天猫旗舰店 yjgycbs.tmall.com
(本书如有印装质量问题，本社营销中心负责退换)

前　言

传动系统扭转振动作为机械振动的一种类型，最早出现在船舶推进中。随着电力电子和电气传动技术的发展，电机传动广泛应用于轧机传动、矿井提升机传动等工业领域，近年来也应用于风力发电、油气输送等能源领域和高速轨道交通、电动汽车、舰船推进等现代交通领域，电气传动抗机电扭振控制是该学科领域的前沿技术，也是国家重大工程和科技攻关的重要课题。

轧机传动系统的机电扭振会造成轧钢机械组成部件的损坏，危及生产。例如鞍钢、包钢引进交交变频轧机传动系统因扭振多次出现断轴、设备损坏的重大恶性事故。邯钢、马钢热连轧机采用交交变频轧机传动系统，由于升速轧制的传动扭振，始终无法达产。轧机扭振也会影响轧制精度和产品质量，随着国家对高性能、高质量轧钢产品的需求增长，轧机传动系统的抗负荷扰动控制和扭振抑制成为现代冶金轧机传动控制的关键。

机电扭振不仅存在于钢铁行业中，也困扰着其他行业。在智能制造领域的伺服传动中，机电谐振会影响机器人的控制性能和控制精度。在船舶推进方面，机电扭振造成连接轴、螺旋桨轴等断裂，并带来巨大噪声等危害，严重影响船舶的安全运行。在高速列车牵引中，机电扭振会引起电机轴承磨损，寿命降低，并造成齿轮箱断齿等事故，降低了列车运行的安全性和可靠性，并影响乘客的舒适度。20 世纪 80 年代后，交流电机变频调速在风机水泵电机节能系统中大量推广应用。在高压变频器的应用中，大功率电机变频调速传动由于机电扭振产生的故障率逐年增加，5MW 电机直径约半米的大轴因机电扭振损坏，事故令人触目惊心。特别是近年来大功率变频调速传动在风力发电机组、西气东输压缩机，国防风洞等重大工程中推广应用，大功率传动系统机电谐振的故障频繁，造成设备损坏、停机停产等重大事故。

大功率传动系统扭振问题的研究涉及机械、电气、自动控制等多个学科，系统庞大；而产生的机电扭振又涉及工艺、负载、摩擦等诸多因素。尽管机电扭振现象较为普遍，但是，对于这项跨学科课题，较为深入的研究却不多，因此电机传动系统抗机电扭振控制是电气工程和机械工程领域的重大课题。

2003年，作者应冶金工业出版社“冶金系统跨世纪学术技术带头人著作丛书”邀请，撰写出版了《轧机传动交流调速机电振动控制》，在电气传动领域具有一定影响，目前该书已绝版。随着行业的需求和科学工程技术的快速发展，作者亲历了国产大功率交交变频装备产业化和在冶金轧机传动中的大规模推广应用，国产大功率交直交变频系统的研制与产业化，特别是近年来国产大功率交直交变频在海上风力发电、西气东输大型压缩机传动、大型机械传动试验台、冷连轧机组及高速线材轧机传动等国家重大工程中的应用。作者深感到原书的不足，部分内容过时，已跟不上近20多年的技术进步，同时原书还存在一些技术和出版的错误需要更正。本书在原书的基础上，以近年来科学研究和工程实际为基础，参考并分析了国内外电气传动抗机电振动控制的相关文献资料，重新梳理了传动系统机电振动的机理，分析研究了抗机电振动控制的研究成果，总结了科学研究和工程实践的经验，将轧机传动抗机电振动控制引申拓展到风力发电、油气输送、现代交通以及风机水泵节能等其他领域。作者希望本书的出版能解决行业发展和国家重大工程的急需，以期推动大功率电气传动系统抗机电振动控制技术的科学研究和推广应用。

全书共分12章，分别阐述电气传动抗机电振动控制技术的现状与发展，讨论并建立电气传动系统的控制模型，传动系统的动力学模型；分析传动系统的扭振现象及产生的机理，讨论抑制机电谐振的方法；提出外扰负荷观测器的基本原理，推导外扰负荷观测器控制及模型前馈补偿控制系统的传递函数并分析其抗扰动特性，提出“虚拟惯量”和“虚拟阻尼”控制原理并分析其对机电扭振抑制的方法；介绍状态观测器、卡尔曼滤波控制及$H\infty$等现代智能控制技术对传动系统机电振动抑制的研究成果；介绍大功率电气传动抗机电扭振控制技术在轧机传动、风力发电机组、油气输送大型压缩机传动以及高压变频风机调速节能等重大工程中的应用实例。

本书在编著电气传动系统抗机电振动控制的理论研究和工程案例中，引用了部分学者和工程技术人员的研究成果，作者在此向他们致以谢意。作者要特别感谢许海涛对本书的写作、校对所做的大量工作及其付出的辛勤劳动；同时，感谢朱春毅、李向欣、葛琼璇、李海龙等对本书写作过程中给予的支持和帮助。作者还要借本书出版之际，向近20年来，对大功率变频控制技术的研究和工程实践做出突出贡献的冶金自动化研究设计院、深圳市禾望电气股份有限公司、中科院电工所的学者和工程技术人员，致以诚挚的敬意。

作　者

2022年10月

目 录

第1章　绪　　论

传动系统扭转振动作为机械振动的一种类型，最早出现在船舶工业中。19世纪末，横跨大西洋油轮的推进轴系多次发生故障，人们开始对轴系扭转振动进行研究。随着电力电子和电气传动技术的发展，电机传动广泛应用于轧机传动、矿井提升机传动等工业领域，近年来也应用于风力发电、油气输送等能源领域和高速轨道交通、电动汽车、舰船推进等现代交通领域。

电气传动抗机电扭振控制涉及机械、电气传动、电力电子以及自动控制等领域，是多学科交叉的前沿技术，也是国家重大工程和科技攻关的重要课题。

1.1　电气传动机电振动问题的提出

大功率电气传动系统是一个由电动机通过中间轴和负载连接在一起的弹性体传动链。当施加负载扰动时，传动系统会产生动态速降和机电扭振，机电扭振会影响系统的运行效果，影响生产效率和产品质量，更严重者机电扭振会引起设备损坏，造成重大事故。

近百年来，轧机传动扭转振动问题一直是轧钢机械和电气传动领域研究的重要课题。轧钢过程中产生的机电振动现象常常表现为：

（1）轧制扰动产生动态速降。当负载突然加入电机调速系统，例如轧钢机"咬钢"时，系统会产生动态速度降。对于连轧机，各机架轧机传动应满足轧件金属秒流量相等的平衡关系。当某一机架突然咬钢，电机产生的动态速降，将使该机架轧辊转速低于金属轧件秒流量平衡所要求的负载转速，相邻机架间轧件头部线速度低于尾端，轧制平衡关系将被破坏，使轧件堆积或者拉伸，影响轧制产品的质量。

（2）轧机机械固有频率与传动系统电气频率吻合产生机电谐振现象。当轧机电气传动系统的某些电气变量振荡与机械传动链的固有谐振频率相吻合时，将引起传动系统的机电谐振，对生产和设备将造成严重的影响。美国某大型热轧板带轧机的减速器齿轮在轧钢过程中发生爆炸性的强烈噪声，经计算发现是由于电气控制系统反馈电流的频率和轧机传动轴的某一谐振频率接近，引起机械与电气系统的谐振所致。而某工厂一台初轧机的电动机升高片在一年内断裂了数十片，经计算和测试表明，电机的升高片疲劳振动频率和轧机传动机械系统的固有频率相近，也就是说是系统机电谐振导致了电机升高片疲劳断裂。后经改变了电机升高片结构，使其频率远离传动系统的固有频率，改造后运行正常。

(3) 轧机在承受冲击负荷时产生的扭转振动现象。轧机的主传动系统是一个由若干个惯性元件，包括电机、联轴器、轧辊等连接组成的“质量弹簧系统”。在稳定加载时该系统不发生振动，连接轴中的转矩变化是静态平稳的。但是在轧制负荷扰动，如咬钢、抛钢、制动、变速等作用条件下，“质量弹簧系统”会发生不稳定的扭转振动，也称为扭振，这时连接轴上的扭矩就随着扭转角的周期变化而变化，扭矩周期变化的频率就是质量弹簧系统的扭振固有频率，由扭振造成的连接轴上的最大扭矩值比正常轧制时的静态扭矩要大得多，严重时会超过连接轴材料的强度，破坏轧机设备，影响轧钢生产。这种振动与正常的稳态振动不同，它是瞬态的和随机的，突加负荷每出现一次，就会激起一次振动，随即衰减消失。

扭振对轧机的破坏非常严重，传动零件的扭矩波幅超过一定值和一定作用时间，零件将发生疲劳损伤，降低使用寿命。剧烈的振动还会引起零件的突然断裂或巨大噪声，造成很大的经济损失。国内外均有轧机在生产过程中，因扭振而导致传动系统零部件损坏并影响轧钢正常生产的事故发生。

20世纪80年代，我国一些钢铁厂相继由国外引进交交变频同步电机调速系统，改造轧机原来的直流传动。由于交流电机转动惯量小，过载能力强，其动态响应、加速性能等较直流传动有明显的提高，新系统投入运行后在提升轧制能力、节约电能、减少维护等方面取得显著成效。但采用交流变频调速后，其轧辊轴系相继发生重大设备事故，中间连接轴的扁头断裂，轴承座地脚螺栓被拉断，轴承瓦盖全部碎裂，造成工厂停工停产。

某钢铁公司1450mm热连轧主传动交交变频调速系统改造工程，将直流传动改造为先进的交交变频同步电机传动系统。为了提高产量和增加品种，加大了电机功率，由原3500kW提高到5000kW，功率加大了43%；而电机转动惯量由21.63×10^4kg·m^{2}减小到10.62×10^4kg·m^2，减少了49%。采用交流电机变频调速后，传动系统的动态响应大大加快。咬钢时，速度动态恢复时间由500ms减少到100ms以内。由于交流电机功率大，响应快，原轧机机架和机械传动系统在巨大的咬钢冲击下，产生强烈的机械扭振，引起电流大幅振荡，造成系统速度不稳定，严重影响连轧机各机架的速度协调控制，甚至出现过电流跳闸停机的事故。

某钢厂2030mm带钢冷连轧机是由国外引进的设备，但投产时，轧速达到900~1000r/min时，轧机发生剧烈振动，并伴有轰鸣声，迫使轧机降速运行，而其设计的最高转速应为1900r/min，严重影响冷轧钢板的质量和产量，为此国家组织高校、科研院所，配合外国专家进行了长达5年的科技攻关，对该轧机的机械、电气、控制系统进行了监测、分析，并加以改进，才使冷连轧机的生产能力得到恢复。

轧机传动机电振动还会影响轧机的 AGC 厚度控制，板形控制等轧钢自动化系统的正常工作，起不到自动控制的效果，严重影响产品质量和生产效率。随着国民经济发展对极薄、超薄精密板材的需求，机电扭振问题已成为高质量、高精度钢板生产的障碍。

机电扭振不仅存在钢铁行业中，也困扰着其他行业。在智能制造的机器人领域交流伺服传动中，负载扰动给多质量弹性传动链带来机电扭振，严重影响机器人的控制性能和控制精度。

风力发电是新能源发电的主要类型之一。随着风电机组容量的增加，大型风力发电机组由于结构体积增大且弹性增加，更加容易引发振动。特别是双馈型风电机组，其传动链由低速轴、齿轮箱、高速轴、发电机等组成。增速齿轮箱将仅为 9~20r/min 的风轮转速提高到 1000~1800r/min，传递扭矩大、传动比高，并处于恶劣的运行环境条件，齿轮箱、传动轴等部件易产生故障。传动链扭振引起的传动部件动态载荷振荡，会导致齿轮箱动态转矩增大，引起部件损坏并产生严重的机械噪声，甚至造成断齿、断轴，长时间停机的恶性事故，直接影响风电机组发电的安全运行。据统计，由风电齿轮箱故障导致停机时数约占整个风电设备故障率的 20%左右，超过一般工业齿轮箱平均故障率的两倍以上。传动系统扭振是风力发电机组面临的重要问题。

电气化是现代交通的主要发展趋势，电动汽车、高铁电力机车、电力推进舰船已广泛应用。电气传动抗机电扭振控制成为交通电气化的一个重要研究课题。

在船舶工业中，船舶推进轴系将主机发出的功率传递给螺旋桨，推进船舶前进。随着原动机功率的不断提高，扭转振动现象加剧，扭振会导致曲轴、中间轴和弹性联轴器断裂；传动齿轮面点蚀和齿断裂；轴段发热甚至断轴等。随着船舶推进的电气化，电力推进系统抗机电振动控制成为抑制推进轴系扭振的研究方向。

在高速列车牵引中，机电扭振会引起轴承磨损，寿命降低，并造成齿轮箱断齿等设备事故。机电扭振降低了列车运行的安全性和可靠性，并影响乘客的舒适度。例如国内某型高速列车进行线路测试，当列车加减速时，转速的剧烈变化引起轴系驱动装置振动，车速越高振动越剧烈。该振动加剧了齿轮箱磨损和传动部件的疲劳损伤，会造成齿轮箱温度上升、车轴裂纹等严重后果，不利于列车的安全运行。

20 世纪 80 年代，交流电机变频调速在风机水泵电机节能系统中大量推广应用。在高压变频器的应用中，大功率电机变频调速传动由于机电扭振产生的故障率逐年增加。

某厂增压风机电动机功率 2800kW/6kV，采用 3500kVA 高压变频器供电。该增压风机在进行变频器改造后，发现变频器输出电流出现大幅波动，在电流波动的状态下，系统运行了不足一个月，就出现了风机轴系断裂，轴系的损坏发生在风机侧靠近与电机连接端，断口呈45°角，事故触目惊心。

随着我国电力事业的发展，大容量超临界、超超临界600MW、1000MW发电机组成为主力机型，其配套的引风机、给水泵等辅机容量也在不断增大。这些辅机采用了高压变频调速后，频繁出现大轴断裂、联轴器损坏等故障。例如某1000MW大型发电机组的6450kW引风机在变频运行工况，突然出现异常紧急停机，发现电机驱动轴断裂，造成发电机组必须快速减负荷甚至停机，严重危及发电机组和电网的安全。

近年来，在石油和天然气管道输送以及液化天然气（LNG）中应用的大功率压缩机组传动，由原来的燃气轮机驱动改变为电气传动已成为发展趋势。这些大型压缩机电气传动系统的容量大（20~80MW），转速高（6000r/min以上），传动链复杂，弹性部件多，容易产生机电扭振，危及大容量高速运行的压缩机设备安全。

大功率电气传动系统涉及机械、电机、电力电子、自动控制等多个学科，系统庞大；而电气传动系统的机电振动，又涉及机械结构、工艺操作和负荷变化等诸多因素。因此，尽管电气传动机电振动现象普遍存在，但有关电气传动抗机电振动控制的研究在国内学术界少有人涉及。

1.2 电气传动抗机电振动控制的现状与发展

对电气传动抗机电振动的研究可以从机械和电气两个不同的角度入手。从机械工程师的视角来看，传动系统提供动力的可以是内燃机、汽轮机、电动机等不同“动力源”，其设计目标是传动轴系的可靠运行。机械专业关注的是传动扭转振动对传动部件力学特性、材料力学特性的影响，从机械动力学结构、机械参数、构件材料及运行条件等来分析产生振动的原因，研究机械构件材料是否能够承受扭振产生的破坏，从改变机械结构和参数的角度来抑制机械振动。

而电气工程师设计和控制的任务目标是保证电气传动系统提供满足工艺要求的转速、转矩等。电气专业把负载特性和弹性体扭振都看成是对电气传动系统控制目标的外部扰动。认为该扰动会引起传动系统动态速降，破坏控制系统的稳定性，引起电流和速度振荡，使系统无法正常工作。电气工程师往往从“扰动不变性”理论出发，以抗外部扰动控制的角度来减少扰动对电机转速、电流等影响。显然，传动轴扭振不在电气专业的考虑范围。

同样对于传动系统的机电振动，特别是实际工程发生机电扭振事故时，由于机械与电气专业存在认识差异，设计目标不同，往往沟通比较困难。

1.2.1 传动系统扭转振动的研究

19世纪末，由于船舶推进轴系多次发生故障，人们开始对轴系扭转振动进行研究。机械专业的学者和工程师陆续地创造了扭转振动的测试仪器和扭转振动固有频率、固有振型的计算方法等，在采用汽轮机、内燃机等动力源驱动的船舶推进、机车牵引、汽车传动，以及大型发电机组等领域，对传动系统扭振的设计理论和安全运行做出了积极的贡献。

由于轧钢生产实践频繁出现轧机传动振动现象，影响生产并危及设备安全，国外钢铁厂早在20世纪60年代就开始了轧机传动机械扭振的研究。研究人员对轧机振动进行测试，提出轧机振动的测试理论与方法，机械设计必须考虑轧机扭振带来的问题，通过改进传动机械系统的工艺条件、机械结构和设备性能，使机械传动设备能够耐受轧机扭振。

传动系统动力学模型是研究机电振动的基础。最简单的是电机通过弹性连接轴与传动负载联结的两质量动力学模型。国内外已有不少文献对两质量模型的建立、模型的频率特性及参数变化对传动系统特性的影响作了较深入的研究；并以此为基础，建立了更为复杂的多质量传动系统的数学模型和仿真程序，借助计算机仿真和辅助设计技术来分析研究传动系统的机电振动。

但这些研究成果基本上是从传动系统的机械与工艺条件出发，设计能经受扭振强度的机械部件；合理设计机械系统结构和传动链的参数，如电机和轧辊的转动惯量、弹性轴的刚度等，或添加机械减振阻尼装置来抑制机电扭振。随着电气传动系统谐振频率带宽的提高，从机械角度抑制机电扭振的难度加大，成本也更高。应当指出，国内外有关传动扭振的研究较少涉及机械扰动对电气系统的影响，以及从电气传动控制的角度来抑制传动系统机电振动。

1.2.2 电气传动系统抗机电振动控制的研究

针对大功率电气传动系统，传统的电流和速度双闭环控制系统已相当典型和成熟。交流电机变频传动系统是近年来的新技术，大功率变频调速系统有交交变频、交直交变频、IGBT/IGCT脉宽调制变频等，其控制对象多样，电力电子变频和控制策略的进步日新月异，但在工程上较成熟应用的是磁场定向控制同步电机和异步电机调速系统。

交流电机调速是一个速度控制系统，负载扰动会对该系统产生明显的动态速度变化。在轧机传动中，这种动态速度变化被称为动态速度降，现代的轧钢要求电气传动系统在轧制扰动时动态速降产生的影响越小越好。电气传动控制系统设计和系统参数综合的目标是如何消除负载扰动对受控系统的状态和输出的影响，而传统的电流和速度双闭环控制系统存在着抗扰动特性差的缺陷。

随着自动控制理论的发展，德国学者对电气传动抗负载扰动鲁棒性控制系统进行了研究，采用扰动不变性原理构造负荷转矩值作为补偿量加到电流给定值中，有效地消除了由于负荷扰动造成的速度波动，加强了系统的抗扰动鲁棒性。

日本学者利用速度调节器输出的电流给定值和速度反馈值来构造负荷转矩模型，观测出负荷转矩值，对系统进行前馈控制补偿，称为 SFC（simulator following control）。这些成果已在大型轧机交流传动系统中应用，有效地解决了轧制扰动产生的动态速降问题。

但上述的负载扰动补偿控制将电气传动机械系统简化为刚性连接，没有考虑传动系统是一个由若干个惯性元件和弹性元件组成的弹性体，因而不能解决传动负载扰动引起的机电扭振问题。由于传动系统是一个机械动力学弹性模型，在负载扰动条件下，如果机械动力学模型的固有频率与电气系统的频率相吻合，整个传动系统会处于不稳定状态，形成机电谐振，电气传动系统将无法正常运行。从电气传动控制系统的角度出发，避免电气系统的频率与机械固有频率相同，最直接的方法是避免传动系统运行在谐振点，现代变频调速装置都设置了躲避谐振频率的速度跳跃功能，但这会影响传动系统的运行效果。陷波滤波器是消除机电谐振的有效方法，构造一个陷波滤波器，将其安放在系统控制通道中，让滤波陷波频率等于机电固有频率，使谐振频率增益减少以消除振荡，同时由于陷波滤波器对其他频率不呈现滞后作用，只避开固有谐振频率而对系统响应特性没有影响。

陷波滤波器抑制机电谐振需要准确地获得传动系统谐振频率。美国学者提出对传动系统的速度和电流进行检测，利用快速傅里叶变换（FFT）检测辨识出系统的机电谐振频率，然后将检测到的谐振频率输入给陷波滤波器，自动调整滤波器陷波频率，达到自动消除机电谐振的效果。近年来，在交流伺服传动领域，不少学者对伺服传动的机电谐振机理和抑制方法进行研究，使用 FFT 从速度误差信号中提取谐振频率，设计自适应陷波滤波器，实验验证了自适应陷波滤波器能够有效地抑制机电谐振。随着谐振频率辨识和自适应陷波滤波器技术的逐渐成熟，自适应陷波滤波器已广泛应用到交流伺服传动的产品中。但这些谐振频率辨识和自适应陷波滤波器的研究成果局限于小容量的伺服电机传动，还没有应用到大功率电气传动系统机电扭振的抑制。同时，陷波滤波器法仅对某一固定频率的抑制有效，对多个频率以及变化的频率，尤其是负载引起的机电扭振的抑制效果不佳，还需要寻找更先进更有效的方法。

美国学者针对某炼油厂变频调速引风机轴系多次损坏的案例，在做了大量测量和分析基础上，提出变频器输出电流谐波是激发了传动系统机电扭振的原因之一。

大功率交流变频传动系统采用电力电子变频器供电给电动机，电力电子变频器输出电压、电流含有大量谐波，这些谐波会在电机中产生谐波转矩，其谐波频率与变频器电路拓扑、控制方式及运行频率等相关。由于负载是弹性体，电机电流中会含有传动链固有谐振频率的间谐波，且是以基波为中心对称的正负间谐波。系统发生机电扭振时，变频器电流的间谐波幅值会明显增大，电流谐波一旦超过某一值，会形成正反馈，加剧轴系扭振，引发传动系统的机电谐振，对轴系造成物理损坏。

近年来，大型电气传动系统制造都把传动链机电谐振分析作为设计任务之一。为了加强机械专业和电气专业之间的沟通，在工程中，通常需要机械专业计算出传动链的各阶固有频率，而由电气专业计算出电机脉动转矩频率与传动系统运行频率的坎贝尔图，通过坎贝尔图可以预测出传动系统潜在发生谐振的运行区域。提出电气传动系统应避免工作在易于引发机电谐振的区域，或采取措施避免或减少变频系统产生谐振频率的谐波转矩。

电机驱动弹性体机械负载会产生机电谐振，研究表明，通过控制电机转矩可以改变传动链的频率特性，达到抑制谐振的效果。这种采用电气控制改变系统频率特性的抗机电振动，也被称为抑制机电振动的“主动控制”。

在刚性体模型中，负荷观测器反馈控制对负载扰动引起的动态速降有很好的抑制作用，该控制系统结构简单、易于实现，在工程中得到了广泛的应用。日本学者在负荷观测器控制的基础上，提出一种“惯性比”控制系统，通过调整惯性比来改变传动链的谐振频率，达到抑制机电振动的效果。该方法对于抑制机电扭振提供了新思路。“惯性比”控制也可以称之为“虚拟惯量”控制，通过控制电机转矩来改变传动链的谐振频率，避开原机电固有谐振频率点，达到抑制传动系统机电谐振的目的。这种“虚拟惯量”控制已在轧钢传动中应用，有效地抑制了轧机扭振。

研究表明，通过控制电机的电磁转矩，同样可以改变传动链的谐振阻尼特性，这种通过电气控制增加传动阻尼的方法，被称之为“虚拟阻尼”，也称为“电气阻尼”控制。其原理为，在电机转矩中施加正比于传动轴转矩微分的补偿电磁转矩，可以增加传动链频率特性的阻尼系数。从选择传动轴转矩矢量为实轴的电机矢量图分析表明，电机电磁转矩矢量越靠近滞后于传动轴转矩矢量90°的负虚轴，传动系统的阻尼效果越强，即可以用电磁转矩矢量与负虚轴的夹角来评判传动系统抗机电扭振的能力。对比机械系统通过改变结构和增加阻尼装置的“被动抑制”方法，电气阻尼的“主动控制”更简单、精确、有效。应该指出，工程中常用的速度微分反馈，即补偿电磁转矩正比于负的速度微分，也是一种简易的“虚拟阻尼”控制方法。“虚拟阻尼”控制已在风机水泵高压变频调速节能传动，大功率油气输送压缩机变频传动以及风力发电机组中应用，有效地抑制了传动系统的机电谐振。

随着科学技术的发展，以状态变量为基础，二次型最优控制（LQ）为代表的多变量控制系统的设计和最优化方法应运而生。但该控制对系统不确定性因素反应敏感，系统设计过分依赖于模型的准确性，限制了该理论在工程中的应用。20世纪70年代开始了多变量控制系统稳定鲁棒性和性能鲁棒性（robust）的研究，鲁棒性即控制系统在参数有界扰动条件下保持系统性能的能力。此项研究工作在近年取得较大的发展，如内模控制理论，鲁棒性调节器，稳定化控制器的

Youla 参数化，棱边定理，$H\infty$ 控制理论等。

实现电气传动动力学模型在控制系统中的重构是现代控制理论中的状态观测器问题。在实际工业系统中，一些控制系统所需的状态变量往往无法通过直接测量得到，因此需要根据已知的输入和输出来估计系统的状态，实现这一任务的系统称为状态观测器。采用全维观测器（观测器的维数与原系统的维数一样）可以重构控制对象的各个状态量，进而获得所需的控制信号，如负载侧速度、连接轴传递的转矩等。但是由于全维观测器结构较复杂，要调整的参数较多，实际上常采用结构简化的降维观测器（观测器的维数小于原系统的维数）。

采用状态观测器观测电气传动动力学模型的状态变量，以此构造出基于传动系统弹性动力学模型的负载扰动鲁棒性控制系统，除有效地减少负载扰动产生的动态速降外，也有效地抑制了传动系统的扭振现象。某 2030mm 冷连轧机的电气传动系统中采用了全维观测器构造的轧制扰动鲁棒性控制系统，较好地解决了冷连轧机轧制扭振问题。

国内外不少学者对采用状态观测器控制系统来抑制机电扭振进行了研究。在全维观测器的基础上，研究了前馈模型控制、状态反馈控制、龙贝格观测器控制对于机电扭振的抑制。

但是状态观测器控制也存在着不少问题，受控对象的精确模型往往难以得到，即使能获得该模型，常常因其过于复杂，而在系统设计时不得不加以简化。另外，由于外部的随机干扰和系统工作条件变化，会造成系统的不确定性，受控对象的参数，特性也随之变化，导致模型误差。此外，由于各传动系统的参数各异，很难得到统一的评价指标和实用的工程设计方法。目前大多数文献中状态观测器的设计，极点的数量多根据作者意图而定，缺少统一标准。因此，状态观测器控制的研究还大多停留在理论和仿真分析的阶段，少有工程应用的实例。

随着自动控制理论的进一步发展，国内外一些学者积极开展了各种各样电气传动抗机电振动现代控制的研究；采用卡尔曼滤波器构造观测器以解决观测器参数不确定性问题，采用 $H\infty$ 控制理论构造的鲁棒性控制系统，以解决参数和模型结构不确定性的控制问题；采用自适应逆控制、预测控制、变结构控制和自抗扰控制等现代控制系统来构造更复杂的扰动鲁棒性控制问题。

大型电气传动系统要实现满足生产工艺要求的速度、转矩高精度、高动态响应的控制目标，同时也要能够抑制机械弹性体传动的扭振，这是一个多目标优化的现代控制问题，也是电气传动抗机电振动现代控制方法的任务之一。

将智能控制引入电气传动控制领域，采用神经元网络理论来构造负荷观测器，使其具有自学习、自适应功能，根据系统的运行状态自行调整和改变模型结构和参数，准确而有效地抑制机电振动，可以相信，智能化的外扰鲁棒性控制器将是很有发展前景的电气传动抗机电振动控制系统。

第2章 大功率电气传动技术

大功率电气传动由电动机、电力电子变频器和传动控制系统组成。本章将讨论大功率传动电机的特点和应用范围；大功率电力电子变频技术的发展，高压大容量电力电子器件的现状，常用的大功率变频器电路拓扑及特点；然后以轧机传动应用为例，针对轧钢工艺对电气传动系统的要求，比较不同大功率变频器的技术特点和适用范围。

2.1 大功率传动电机

电机是电气传动的对象，按照供电方式，电机分为直流电机和交流电机。交流电机主要分为同步电机、异步电机、双馈电机和永磁电机。随着电力电子变频技术的发展，传统的直流电机传动已被变频电源供电的交流电机所取代。

2.1.1 交流电机与直流电机传动的比较

交流电机与直流电机相比具有以下特点：

（1）单机容量不受限制。众所周知，直流电机由于换向器的换向能力限制了电机的容量和速度，直流电动机的极限容量和速度之积约为 10^6kW·r/min，例如轧机主传动直流电机功率 2×8MW（50/100r/min）已达到极限值，而交流电机单机容量可以突破这一限制，达到 2×11MW，为设备提供更大的动力。实际上由于交流电机定子可以提高供电电压，充分利用电力电子变换器供电的灵活性，采用先进的交流电机冷却方式，交流变频同步电机的单机容量已可以做到 100MW。

（2）体积小，重量轻，占地面积小。由于交流电机结构简单，体积小，重量轻，占地面积大大减少。而直流电机不仅单机体积大，而且为了减少转动惯量，常常采用双电枢或三电枢串联方式，占地面积很大。日本某钢厂采用交交变频同步电机替代了原三电枢直流电机，电机功率同为 11250kW，但交流电机仅用了原直流电机 1/3 的占地面积。交流电动机由于结构简单，坚固，因此有可能与机械合为一体，形成机电一体化产品，大大简化机械结构，减少体积和重量，提高可靠性。例如无齿轮水泥磨机，电动机转子与球磨机滚筒联为一体；矿井提升机采用外转子结构，电动机外转子直接绕钢绳，使电机与卷筒合为一体；而轧钢地下卷取机的卷取芯棒就作为同步电机的转子；越来越多的交流电机与生产机械融为一体或紧靠机械。

（3）转动惯量小。以某钢厂 2050mm 热连轧机为例，直流主传动电动机 2×4500kW(250/578r/min）双电枢传动，转动惯量为 76.8t·m²，而交流主传动电动机 9000kW(250/578r/min）单电枢传动，转动惯量为 17.2t·m²，减少为直流电机的2/9，使整个传动系统的速度响应时间由 120ms 减小到 70ms，提高了产品质量和产量。

（4）动态响应好。由于交流电机转动惯量大大减少，且交流变频电机没有换向火花时过载能力的限制，电机可以具有更大的动态加速电流，因此，交流电机较直流电机有更好的动态响应特性。交流电机驱动的轧机传动速度控制系统响应由直流传动的 15rad/s 提高到 60rad/s。

（5）维护简单化。由于交流电机无需换向器，维护量大大减少，德国厚板轧机直流主传动年维修工作量 145h，而采用交流传动后只需 36h，仅为直流传动的 1/4。

（6）节约能源。交流同步电机的效率比直流电机提高 2%~3%，以包钢 1150mm 初轧机改造为例，原直流传动 2×4500kW，功率损耗 2×343kW，消耗冷却水 2×110m³/h；而采用交流传动后，电机容量增大到 2×5000kW，功率损耗仅 2×186.7kW，减少功率损耗 46%；冷却水消耗为 2×59m³/h，仅为原直流电机的 54%。采用交流传动后，每吨钢电耗节约 15%以上，而产量则提高 30%以上。

2.1.2　同步电机与异步电机调速的比较

交流调速可以采用同步电机也可以采用异步电机，同步电机与异步电机各有其特点，比较如下：

（1）可靠性与维护量。异步电机的转子结构非常简单，它没有滑环和励磁绕组，因此，对于笼形异步电机的维护只限于轴承。而同步电机则在其滑环上有少量的维护量，但与直流电机换向器相比，它的维护量要少得多。现代同步电机电刷的寿命在 1.5 万小时左右。

（2）功率因数。同步电机由于独立的转子励磁调节控制，可使其定子功率因数保持为 1，而异步电机则完全不同，电机的励磁功率必须是通过定子侧获得，因此，定子电流始终是滞后的，其功率因数一般在 0.8 左右。为了提高电机的功率因数，须降低电机的漏抗，而漏抗的降低需减少电机的气隙，受到电机制造工艺的限制。

（3）变频器容量。由于异步电机功率因数低，其视在功率比同步电机大，故异步电机的变频器容量比同步电机大 30%左右。

（4）电机尺寸和转动惯量。为了提高功率因数，异步电机尽可能将电机气隙减少（1~2mm)，但减少气隙要求电机制造工艺具有更高的加工精度，而电机转子结构的挠度也限制了气隙的减少，使异步电机的设计和制作更加困难。所以，异步电机常常设计成较大的定子和转子铁芯直径，电机结构短粗。而同步电机由于激磁电流可以由外部提供给转子，电机的气隙可以很大（10~20mm），制造相对容易，电机可以制造得“细长”，因此，同步电机的转动惯量和尺寸要比异步电机小得多，这也是为什么大容量特别是高动态响应要求的电气传动通常选择同步电机的原因。

（5）弱磁比。根据异步电机原理，异步电机弱磁恒功率运行时，其最大转矩 T_{max} 随电机频率的增加呈二次方减少，即 $T_{max}=T_{maxn}/(f_{max}/f_n)^2$，$T_n$ 为额度转矩，f_n 为额定频率，f_{max} 为最高频率。当电机弱磁比达到 3，即最高频率是额定频率 3 倍时（$f_{max}=3f_n$），异步电机最大转矩为额定时最大转矩的 1/9。由此可见，对于弱磁比超过 2.5 的卷取机，冷连轧机等传动，异步电机必须采取增加容量或提高电压的方法来提高电机弱磁时的最大转矩。显然，在这种场合同步电机要优越于异步电机。

目前，大功率交流异步电机主要应用于风机、水泵和压缩机调速节能传动；大功率同步电机在轧钢机主传动，油气输送和 LNG 压缩机传动，矿井提升机传动等广泛应用；双馈电机即交流励磁同步电机应用在风力发电，抽水蓄能电站等场合；而大功率永磁同步电机应用在舰船电力推进，直驱风力发电机等场合。

2.2 大功率交流电机变频调速技术

2.2.1 大功率电力电子器件

大功率变频调速技术的发展依赖于电力电子变频技术进步，而电力电子器件是电力电子变频技术的基础。目前大功率电力电子器件的应用范围及发展趋势如图 2-1 所示。从图 2-1 中可以看出，在输出功率从百千瓦到兆瓦级、输出电压较

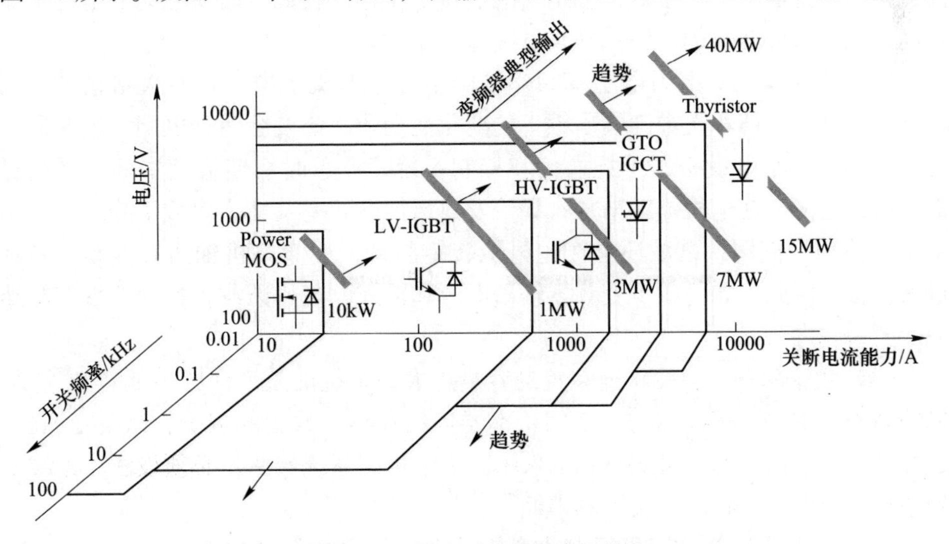

图 2-1 电力电子器件的发展趋势

低的中小功率领域，低压 IGBT(LV-IGBT) 具有成本低等优势，得到了广泛的应用；在变频器功率较大，直到 10MW 的功率范围内，主要应用高压 IGBT(HV-IGBT)；而在几兆瓦到数十兆瓦的范围内，GTO 和 IGCT 得到了广泛的应用，而且通过器件或者变频器串并联等方法可以使得系统的输出功率范围达到数十兆瓦；而在更高的功率范围，如变频器工作频率比较低时，晶闸管还具有一定优势，仍占据着重要的地位。但是随着电力电子技术的发展，各种电力电子器件都在向更高电压以及更大功率范围的应用领域扩展。实际应用中选用何种电力电子器件，要根据性能、成本、应用场合及设备的功率密度等诸多方面的因素综合考虑。

2.2.2 大功率电力电子变频系统面临的问题

对于大功率变频调速系统而言，变频器将来自电网的恒定频率、电压的电能变换为负载同步电机所需要的可变频率、电压的供电电源，控制电机实现工艺要求的技术性能。电力电子变频器作为能源变换装置，要能满足电机和电源所要求的容量、电压、电流和频率。电力电子变频器在应用中要考虑以下四个问题：

（1）大容量和高电压问题。交流电机根据电网供电电压等级，分为 400V 低电压、6kV 及 10kV 高电压三个电压等级。在欧美和日本等地除上述电压等级外，还流行着 50Hz 或者 60Hz 的 660V、3300V、4160V 等供电电压等级。当前国际上电力电子器件的耐压水平还达不到电机和电源要求的电压水平。一般来讲，可采用功率器件串联或变流器串联的方法来提高电压。但是器件在串联使用时，存在静态和动态均压的问题，各器件通断时间不同，承受电压不均，会导致器件损坏甚至整个装置崩溃。由于器件能承受的工作电压相对较低，而要驱动的电机电压较高，因此需要合适的电路拓扑来解决这一矛盾。

（2）谐波问题。电力电子变频器输出给交流电机的电压含有大量谐波，同时这些谐波的幅值和次数随输出频率的变化而变化。谐波会污染电网，殃及同一电网上的其他用电设备，干扰通信和控制系统，严重时会使通信中断，系统瘫痪；谐波电流会使电机损耗增加，导致发热增加，效率及功率因数下降，以致不得不“降额”使用；谐波还会产生电机转矩脉动，引起电机轴扭转振动，破坏机械设备。因此，如何减少变频器输出电压和输入电流的谐波，是大功率变频器的主要课题之一。

（3）效率问题。变频调速装置的容量愈大，系统的效率问题也就愈加重要。采用不同的主电路拓扑结构，使用功率器件的种类、数量的多少，以及变压器、滤波器等的使用，都会影响系统的效率。为了提高系统效率，必须设法尽量减少功率开关器件和变频调速装置的损耗。

（4）可靠性。一般的高压大功率传动系统都要求很高的系统可靠性，尤其是国民经济的重要部门如电力、能源、冶金、矿山和石化等行业，一旦出现故障，将会造成人民生命财产的巨大损失，因此大功率变频调速系统的可靠性设计至关重要。

下面我们介绍一些在大功率电气传动中典型应用的电力电子变频系统。

2.2.3 交交变频调速系统

将电网工频交流电直接变为另一种频率和电压的交流电，称为交交变频，也称为直接变频。采用晶闸管元件作开关器件，利用交流电网电压反向关断处于导通状态的晶闸管，晶闸管按相控方式工作，则可实现相控的交流-交流直接变频、变压，其特点是输出电压的频率只能低于输入交流电源的频率，只能实现降频变换，这种直接变频又称为周波变换器或循环变流器（cycloconverter）。交交变频原理早在20世纪30年代就已提出，当时交交变频采用的换流器件是汞弧闸流管，由汞弧闸流管组成的交交变频装置曾在欧洲用于电力机车上，但由于汞弧闸流管性能的限制，交交变频器没能得到推广。直到50年代末期，电力电子器件——晶闸管的出现，交交变频器才开始在低速、大功率的交流传动中得到广泛应用。

交交变频调速系统如图2-2所示，每相由两组晶闸管反并联的可逆桥式变流器构成，三组可逆桥式变流器组成三相变频器。输出电流和电压波形分别如图中所示。正、反向两组晶闸管桥按一定周期相互切换，在负载上就获得交变的输出电压。

交交变频调速系统延续着晶闸管变频器的电网自然换流原理，具有过载能力强、效率高、输出波形好、没有直流环节、主回路简单、不含直流电路及滤波部分、与电源之间无功功率处理以及有功功率回馈容易等优点，但同时也存在着输

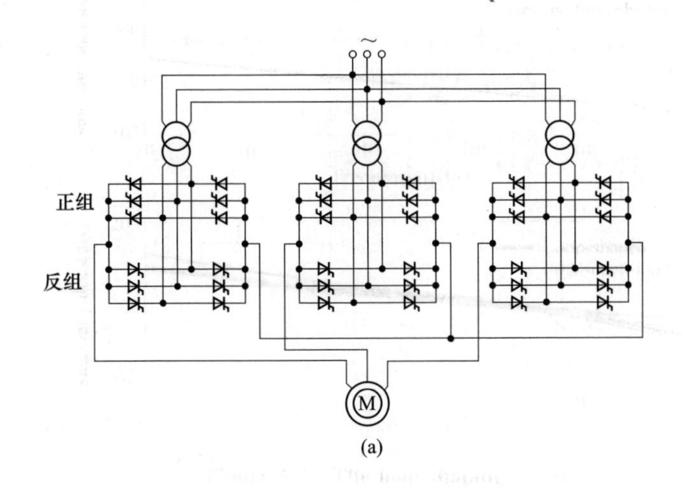

(a)

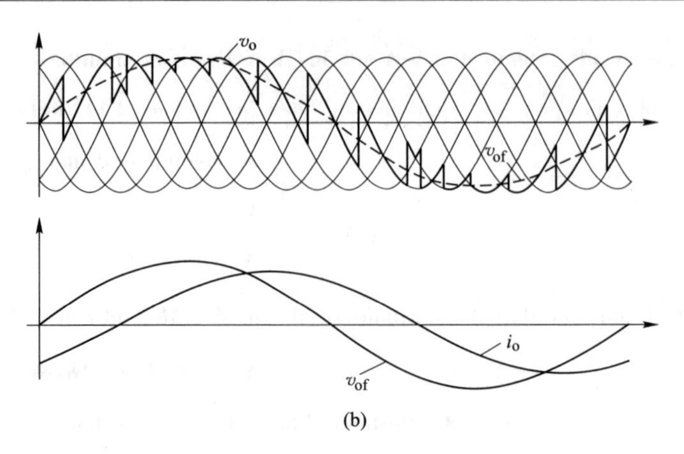

图 2-2　交交变频调速系统
（a）电路结构；（b）输出电压、电流

出频率低（最高频率不超过电网频率的 1/3～1/2）、电网功率因数低、电网侧电流含有边带谐波等缺点。鉴于这类装置过负荷能力强而输出频率低，一般只用于低转速（600r/min 以下）、大容量（5～20MW）的调速系统，如球磨机、矿井提升机、轧钢机等。

2.2.4　LCI 同步电机负载换流变频调速系统

负载换流式电流源型变频器（LCI，load commutated inverter），负载为同步电动机，其组成结构如图 2-3（a）所示。

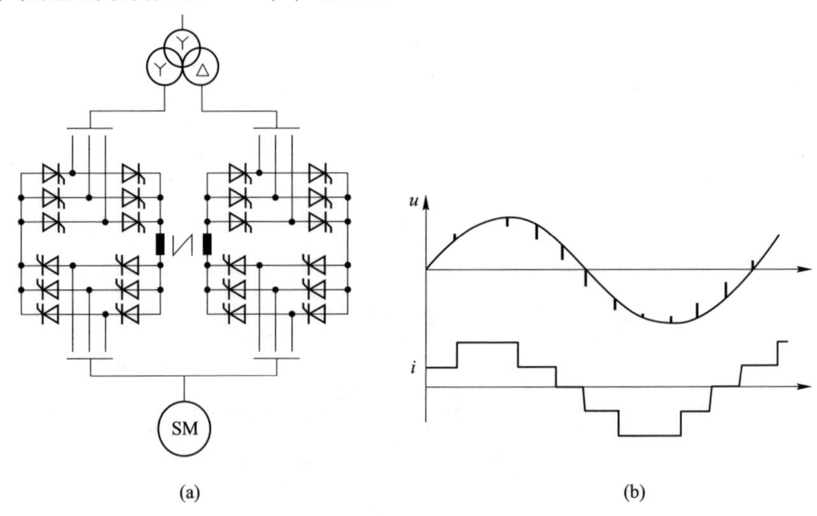

图 2-3　LCI 负载换流同步电机电流源型变频器
（a）电路结构；（b）输出电压、电流

晶闸管靠电动机定子反电动势自然换流，同步电动机在整个调速范围内都必须提供超前的功率因数，以保证逆变器晶闸管的可靠换流。

图 2-3（b）为该变频器输出电压和电流的波形，电压是带“缺口”的正弦波，该“缺口”是因晶闸管换流过程形成的。电流波形为方波，因而会造成较大的电机转矩脉动，特别是电机运行在低速时更为严重。另外，由于低速运行的同步电机感应电动势低，难以维持晶闸管的可靠换流，故该电机必须采用断续换流方式工作。由此可见，负载换流同步电机不适合低速运行，因此这类系统适合于频率范围 10~100Hz 的中高速电机调速。

由于负载换流同步电机调速系统简单、可靠，主要应用于 10~100MW 的超大容量电机传动系统。例如，大型高炉鼓风机驱动的 20~50MW 同步电机变频启动，抽水蓄能电站 300MW 大型同步发电机的变频启动，大型长距离油气输送管道 20~40MW 高速同步电机变频调速传动，大型舰船电力推进 20~50MW 同步电机变频调速等。目前世界上容量最大的电机调速系统是美国航天风洞试验机传动的 120MW 同步电机变频调速，该系统亦为 LCI 负载换流同步电机调速。

2.2.5 电压源型 PWM 变频系统

随着可关断电力电子器件特别是 IGBT/IGCT 等器件的出现，采用自关断器件的脉宽调制（PWM）交直交电压型变频器逐渐成熟，并占主导地位。典型的两电平电压源型变频器结构如图 2-4 所示，由 IGBT 或 IGCT 等可关断器件组成三

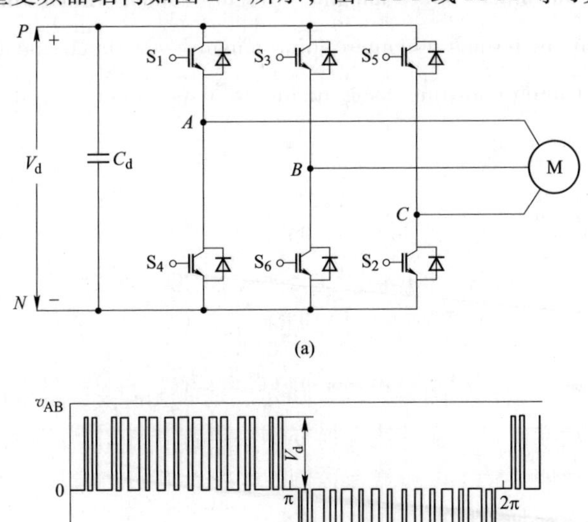

图 2-4 电压型 PWM 变频器电路原理图

（a）电路结构；（b）输出电压

相输出的桥式电路，每个开关器件并联有反向续流二极管，用于感性负载的续流，并可以将负载的发电制动能量返回直流回路。

由于电力电子器件耐压的局限，两电平 PWM 变频器的输出电压受到限制。例如，采用 1200V 的器件，变频器输出电压为 380V，采用 1700V 的器件，变频器输出电压为 690V，即使采用 6500V 的器件，其输出电压也才达到 2300V，很难满足中高电压等级（3kV、6kV、10kV 甚至更高）的应用场合。尽管器件和变频器并联可以增大变频器容量，但在容量一定条件下，电压低势必要增大电流，带来了电机制造和效率的问题，所以，通常两电平 PWM 变频器（电压小于 690V）适用于变频器功率小于 2MW 的场合。

从 20 世纪 80 年代开始，多电平变频器逐渐成为大功率电机调速传动和大功率无功补偿等领域的重点研究对象。经过几十年的时间，多电平变频器已经有了很大的发展，各大公司也纷纷推出自己的产品。多电平变频器逐渐成为电力电子研究体系里的一个新领域。多电平电压源型变频器主要的电路拓扑结构形式为：单一直流电源的中点箝位型、电容箝位型和分离直流电源的 H 桥级联型，见图 2-5。

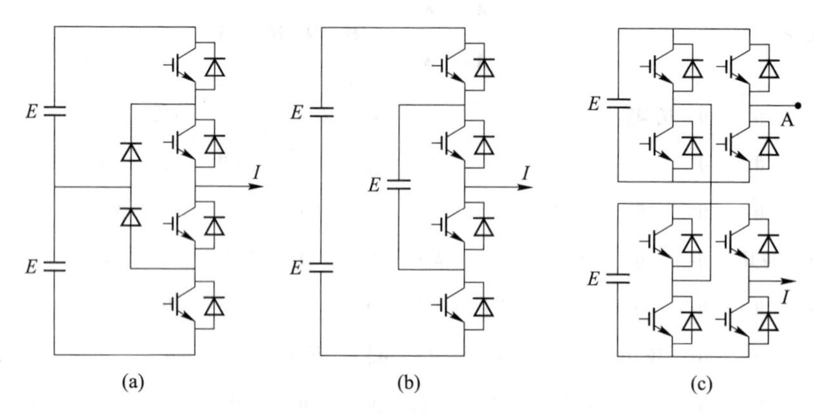

图 2-5　多电平电压源型变频器主要电路拓扑

（a）二极管箝位型；（b）电容箝位型；（c）H 桥级联型

二极管中点箝位型，如图 2-5（a）所示，输入无需复杂的变压器，能够直接实现高电压、大功率，可以在整流和逆变侧采用背靠背拓扑结构，容易实现四象限运行，适合高性能大功率电机调速控制。但存在着直流电压平衡，中点箝位二极管数目随电平数增加等问题。

电容箝位型，如图 2-5（b）所示，电平数容易扩展，易于实现高电压，控制灵活，同样只需要一个直流电源，可采用背靠背结构，容易实现四象限运行。但存在悬浮电容电压的平衡，电容数目随电平数增加和电容体积、寿命带来的问题。

H桥级联型，如图2-5（c）所示，易于实现高电压、多电平，模块化结构，控制简单，不存在直流电压和电容电压平衡问题。但存在着需要大量的隔离电源，变压器复杂，难以实现四象限运行等问题。下面我们分别讨论这几类多电平变频器。

2.2.5.1　H桥级联型高压变频系统

带分离直流电源的级联型多电平变频器结构原理如图2-6所示。H桥级联型多电平拓扑结构是最早出现的一种多电平结构。R. H. Baker于1975年提出了采用多个隔离直流电源供电的H桥级联多电平变频器拓扑结构，并在美国申请了专利。目前在风机、水泵变速节能领域，该技术已成为大功率高压变频器的主流。该变频器具有如下特点：

（1）直流侧采用电压相同但相互隔离的直流电源，不存在电压均衡问题，无需二极管或电容箝位，易于控制。

（2）级联型结构电平数可较多，要获得更多电平，只需将每相所级联的H桥变换单元数目增加即可，故适合6kV、10kV或更高电压。

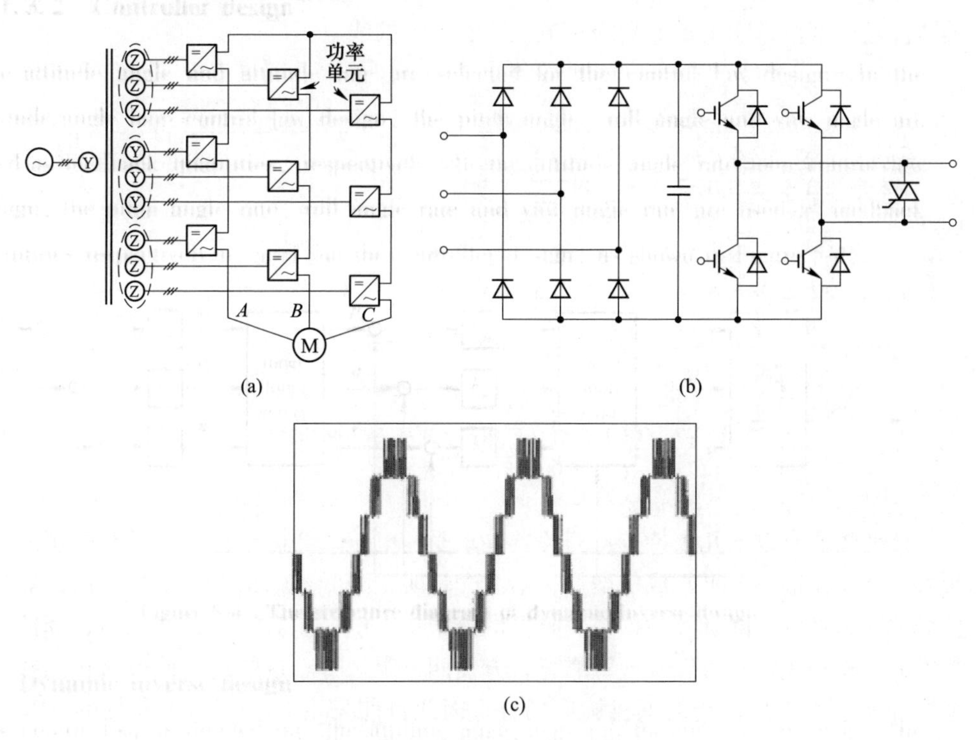

图2-6　H桥串联式变频器原理图

（a）电路拓扑；（b）功率单元；（c）输出电压

(3) 由于级联型变频器电平数多，其输出电压谐波含量更少，更接近于正弦波，输出不需要任何滤波器，也曾被称为“完美无谐波变频器”。

(4) 由于逆变器的每个组成单元结构相同，给模块化设计和制造带来方便，且装配简单，易于产品化生产。另外，当变频器的某一个逆变单元出现故障时，可以将其旁路掉，剩余单元可不间断供电，提高了工程应用的冗余可靠性。

但是，级联型多电平变频器需要很多相互隔离的直流电源。变频器处理制动能量和实现电机四象限运行较为困难。同时，该结构变频器采用多绕组曲折变压器，加工制造工艺难度大。此外，由于整流变压器与功率模块的连线较多，因此变压器不能与变频器分开放置，占用空间比较大。需要大量电力电子器件，这也降低了变频器的可靠性。

由于这种结构可以采用低压的功率开关器件，多级电压级联易于实现高电压、大容量，因此具有较大的实用性。目前，国内外很多电气公司都有同类的产品，广泛用于风机、水泵节能等调速系统中。

2.2.5.2 三电平 PWM 变频系统

图 2-7 所示二极管中点箝位型（NPC）三电平变频器，采用二极管对相应开关器件进行箝位，输出三电平的相电压，五电平的线电压。

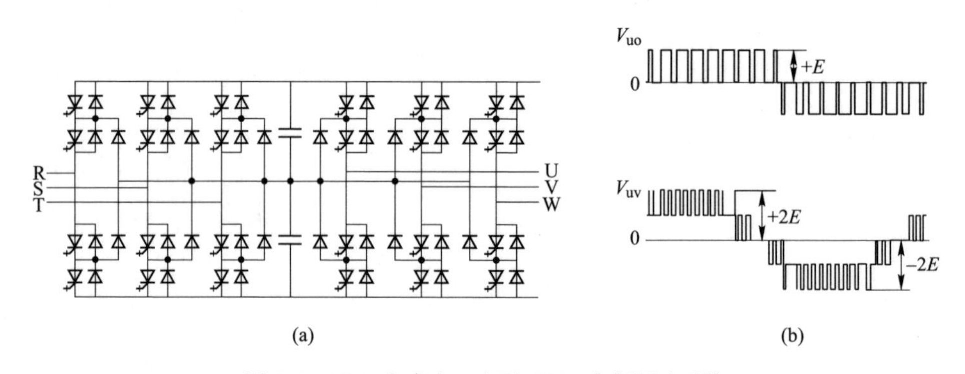

图 2-7 IGCT 交直交三电平 PWM 变频调速系统

(a) 电路拓扑；(b) 输出电压

该变频器有以下几个特点：开关器件承受的电压降低一半，解决了高电压的矛盾；逆变器输出电平数成倍增加，谐波含量明显降低，输出电压质量提高；器件开关频率降低，降低开关损耗，降低电磁干扰 EMI；无需复杂的变压器，降低装置的体积和成本；可以实现背靠背，方便四象限运行。这些特点使得这种拓扑结构非常适用于高性能的电机调速场合，因此目前采用 IGCT/IEGT 器件的 NPC 三电平变频器广泛应用于轧钢机、提升机和船舶推进传动。

2.2.5.3 电容箝位型多电平变频系统

采用悬浮电容器来代替箝位二极管工作，直流侧的电容不变，其工作原理与二极管箝位型变频器相似。

这种拓扑结构省去了大量的箝位二极管，但又引入了大量的电容。这些电容除了箝位作用外，其本身的电压存储和输出能力使变频器输出某一电平的开关状态不只一种，通过在同一电平上进行合适的不同开关状态的组合，使直流电容电压保持均衡；虽然增加了复杂性，但电压合成的选择增多，更多的冗余开关状态使输出电压的控制更加灵活。

图 2-8 为一种大功率电容浮动型五电平高压变频器，可以实现 6~10kV 供电，已应用于轧钢、风机水泵调速节能、油气输送压缩机等传动的大功率高压变频调速。

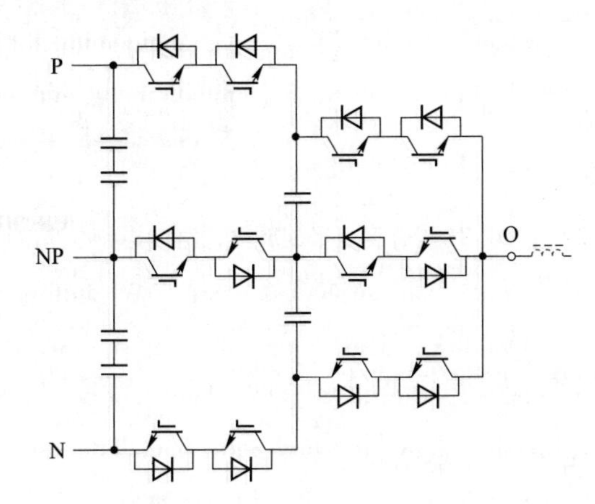

图 2-8 一种大功率电容浮动型五电平高压变频器

2.2.5.4 混合型多电平变频系统

图 2-9 为一种二极管中点箝位（NPC）与分离直流电源 H 桥结合的五电平变频器的电路拓扑图。该电路由三组分离的直流电源供电，直流电源可以由输入变压器三组隔离的二次绕组经二极管桥式整流获得，逆变器由三组二极管 NPC 结构的 H 桥构成。如果开关器件采用 4.5kV 的 IGCT，每组中间直流电压达到 5kV，变频器每相输出的五电平电压为 3.5kV，可以获得九电平的 6kV 线电压。该变换器结构简单，使用器件少，系统可靠性高，易于实现高电压和大容量。目前这种采用 IGCT 器件的混合五电平变换器已经可以做到单机容量 30MW，并已在油气输送管线大型压缩机驱动等超大容量电力电子变换领域应用。

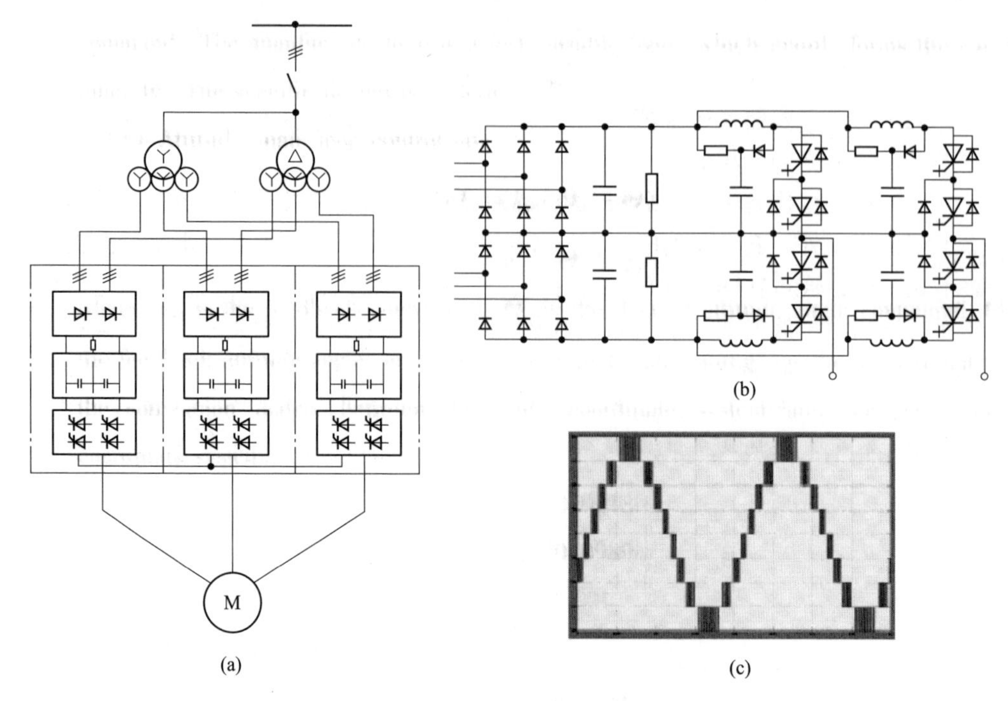

图 2-9　NPC/H 混合五电平变频器电路结构和电压波形
（a）电路拓扑；（b）功率单元；（c）输出电压

2.3　轧机传动交流变频调速技术

2.3.1　轧机传动对电气传动系统的要求

轧机电气传动系统应满足生产工艺的需要，同时又要适应电网的要求，实现高效率运行和高水平生产。在选择轧机传动电机调速系统时应考虑以下因素：

（1）满足工艺要求。电机调速系统应满足轧机工艺所要求的轧制功率、转矩、转速、调速范围，根据轧制的最大负荷确定传动系统的过载能力，同时要考虑电机是否可逆运转、加速减速时间、恒转矩和恒功率运行的范围等。

（2）传动系统的性能指标。作为电气传动系统，应考虑电机调速控制系统的性能指标、速度控制精度、转矩或电流控制动态响应、速度控制动态响应等。

（3）适应电网要求。电气传动系统中电机和电力电子变换器的能量变换效率，电力电子变换器注入电网的电流谐波和功率因数是否满足电业部门的规定和要求，是否考虑增加谐波与无功补偿装置。

（4）自动化信息化要求。电气传动系统与轧机自动化系统的硬件与软件接口，其通信接口应适应自动化网络的开放性，标准化和高性能的要求，同时应考虑电气传动系统状态信息的收集、管理、传递，具有良好的人机界面。

（5）经济性。电气传动系统的选择应考虑投资少、运行成本低、装备与系统的可靠性以及设备运行的维护和备件供应等经济因素。

大型轧机按生产工艺要求一般可分为中厚板轧机、热连轧机、冷连轧机、高速线材轧机、冷轧加工线。

轧机工艺对电机转速和功率范围的要求如图 2-10 所示，对调速性能指标的要求如图 2-11 所示。各轧机工艺对电气传动技术性能的要求见表 2-1。

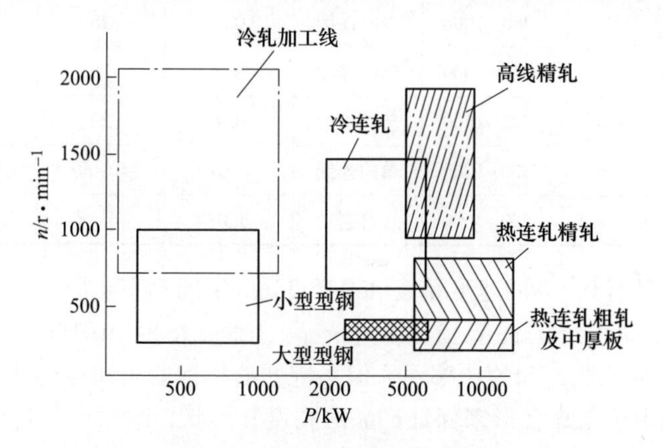

图 2-10 轧机工艺对电机转速和功率范围的要求

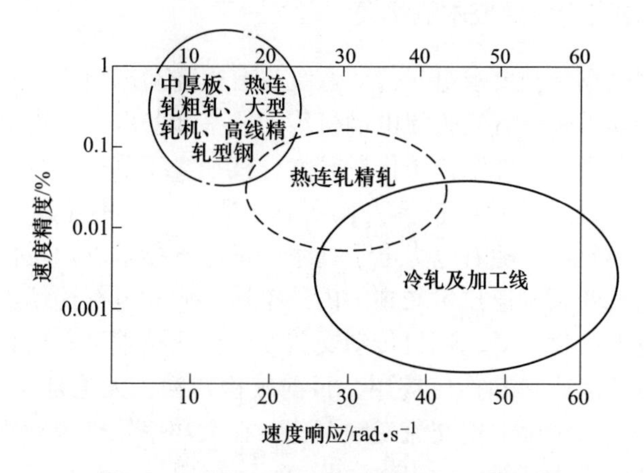

图 2-11 轧机工艺对调速性能指标的要求

由表 2-1 可以看出，中厚板和热连轧机的粗轧机属于低速、大容量可逆轧机，要求大转矩大过载能力，电机功率 5～12MW，转速在 50r/min 左右，过载 2.5 倍以上，但对速度精度和动态响应要求不高。热连轧精轧机传动功率大，电机功率 5～12MW，但转速不高于 600r/min，电机单方向连续运行，过载 1.5 倍，

表 2-1 各种轧机工艺对电气传动技术性能的要求

轧 机	功率/MW	转速 /r·min^{-1}	运转方式	速度精度 /%	速度响应 /rad·s^{-1}	其 他
中厚板，初轧机	5~12	50	可逆	0.5	20	大过载
热连轧粗轧机	5~12	50/100	可逆	0.1	30	大过载
热连轧精轧机	5~12	100~600	单向连续	0.05~0.1	30~40	高精度高动态响应
大型型钢轧机	3~5	300~1000	单向连续	0.1	30	
小型轧机中轧	0.3~0.8	300~1000	单向连续	0.5	15	
高速线材精轧	4~6	700~1800	单向连续	0.1	20	
冷连轧机	2~6	300~1000	单向连续	0.01	40~60	高精度高动态响应
冷轧加工线	0.1~1.5	500~1500	可逆	0.01	40~60	高精度高动态响应

要求传动系统具有0.1%的速度精度和高于30rad/s的动态响应。而冷连轧机功率2~6MW，对传动系统的性能指标要求最高，速度精度0.01%，动态响应达到60rad/s。冷轧加工线传动的功率不大但系统性能指标要求同冷连轧。这里需要指出，型钢轧机由于是靠孔形来保证产品的精度和形状，故对电气传动系统的性能指标要求不高。

2.3.2 轧机传动交流调速技术的比较

大功率轧钢机主传动要求电气传动系统具有很高动态响应和相当高的过载能力。这一领域长期以来一直被直流电动机传动所垄断，由于直流电机存在着换向问题，换向器、电刷等部件维护工作量较大，其在提高单机大容量、提高过载能力、降低转动惯量以及简化维护等方面受到了限制，已不能满足轧钢机向大型化、高速化方面的发展。随着电力电子技术、微电子技术以及现代控制理论的迅速发展，交流电机变频调速技术受到国内外钢铁工业和电气传动学术界的极大关注，并投入大量人力物力对轧钢机传动交流变频调速技术进行研究。随着交流电机变频调速技术日渐成熟和推广应用，目前轧机传动，无论是中板轧机还是热、冷连轧机，无一例外全部采用交流变频调速。在大功率轧机传动领域交流调速传动取代直流传动已成为趋势。

根据前述的交流调速技术，当前在大型轧机传动中应用的交流调速技术主要是交交变频，IGCT三电平变频，IGBT三电平变频，IGBT二电平并联供电变频，晶闸管同步电机交直交变频调速技术。图2-12列出这些调速技术的功率和输出频率应用范围，表2-2列出各种交流调速技术的技术性能和典型应用范围。

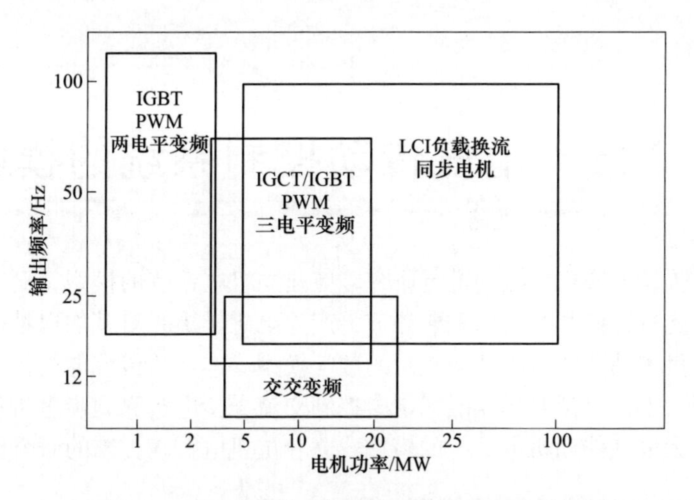

图 2-12 交流调速技术的功率和输出频率应用范围

表 2-2 各种交流调速技术的技术性能与典型应用

交流调速方式	IGBT PWM 两电平变频	IGBT PWM 三电平变频	IGCT PWM 三电平变频	晶闸管 交交变频	LCI 负载换流 同步电机
驱动电动机	异步电机	异步电机 同步电机	异步电机 同步电机	同步电机	同步电机
电动机电压/V	380~690	1140~3300	2400~3300	1650~3300	1200~3300
变频的容量/MVA	0.1~1	1.2~8	5~10	10~15	5~10
最高输出频率/Hz	120	90	75	20	100
最高转速（4 极）/$r \cdot min^{-1}$	3600	2700	2250	600	3000
速度范围/%	0~100	0~100	0~100	0~100	0~100
速度控制精度/%	±0.01	±0.01	±0.01	±0.01	±0.01
速度控制响应/$rad \cdot s^{-1}$	30~60	60	60~80	40~50	10~20
电流控制响应/$rad \cdot s^{-1}$	300~500	900~1000	900~1000	200~600	100~200
功率因数	0.9	0.9~1.0	0.9~1.0	0.5~0.7	0.6~0.8
变频的效率	0.98	0.96~0.98	0.95~0.96	0.99	0.97
应用范围	轧机辅机，加工线传动	冷连轧机、热连轧机、卷取机	冷连轧机、热连轧轧机，卷取机	低速可逆轧机，热连轧轧机	高速线材轧机

第3章　电气传动控制系统的模型

对电气传动系统机电振动进行研究，应建立机电系统的模型，而电机传动系统作为机电能量转换和控制的重要环节，产生电磁转矩并对其加以精确控制，必须先建立电机传动系统电磁转矩控制的数学模型。本章从传统电气传动系统的直流电机模型入手，讨论并建立磁场定向控制交流异步电机和同步电机的电磁转矩控制模型，为电气传动机电系统的模型建立和抗机电振动控制的研究奠定基础。

3.1　直流电机传动系统的模型

直流电机由于电枢整流子的作用，使电枢磁势与磁链正交，电枢电流和磁链可以分别控制，获得了良好的转矩控制特性。

直流电机主电路如图3-1所示，在电流连续条件下，直流电机电枢回路的电压方程为：

$$\begin{aligned} U_d &= E_a + i_a R_a + L_a \frac{di_a}{dt} \\ &= C_e \psi \omega + R_a \left(i_a + T_a \frac{di_a}{dt} \right) \end{aligned} \tag{3-1}$$

式中　E_a——直流电机反电势，$E_a = C_e \psi \omega$；

R_a——电枢回路等效电阻；

L_a——电枢回路总电感；

T_a——电枢回路电磁时间常数，$T_a = \frac{L_a}{R_a}$；

C_e——电机电势常数；

ψ——电机励磁磁链。

根据直流电机原理，电机转矩 T_M 与电枢电流 i_a 和磁链 ψ 成正比，即：

$$T_M = C_M \psi i_a \tag{3-2}$$

式中　C_M——电机转矩常数。

电机轴的转矩和转速由动力学平衡式决定：

$$T_M - T_L = J \frac{d\omega}{dt} \tag{3-3}$$

式中　J——电机的转动惯量；

T_L——负荷转矩。

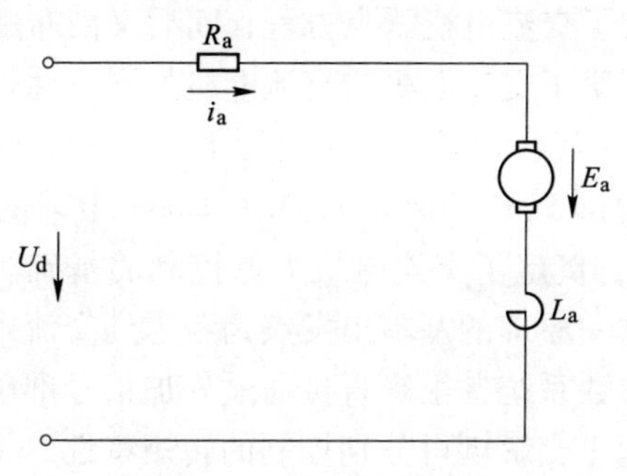

图 3-1　直流电机主电路

对直流电机的电压方程式（3-1），转矩方程式（3-2）和动力学方程式（3-3），取拉氏变换可以推出电机电压与电流之间的传递函数：

$$W_a(s)=\frac{i_a(s)}{U_d(s)-E_a(s)}=\frac{1/R_a}{1+T_a s} \tag{3-4}$$

转速与转矩间的传递函数：

$$W_b(s)=\frac{\omega(s)}{T_M(s)-T_L(s)}=\frac{1}{Js} \tag{3-5}$$

由此可以推导出直流电机传递函数如图 3-2 所示。

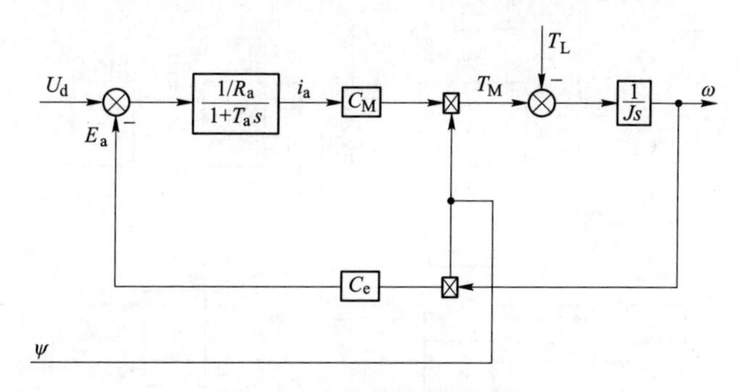

图 3-2　直流电机传递函数

3.2　交流异步电机矢量控制系统的模型

电机传动的控制性能，可以归结为主要是对电机转矩的控制性能。长期以来，直流电机广泛应用于电机调速领域，这是因为直流电机的电枢电流与磁场相互正交，可以分别控制，具有良好的转矩控制性能。而交流电机的可控量是输入交流电压，其转矩与磁场是复杂耦合的，不能简单地实现解耦控制，所以交流电机的转矩控制长期以来成为电机调速领域的难题。

20 世纪 30 年代以来，交流电机理论在同步电机双反应原理，旋转坐标变换等理论基础上逐步形成了交流电机派克方程，而后又由布朗进一步建立了电机的统一理论，从理论上证明了交流电机与直流电机的同一性。在这些理论研究成果的基础上，20 世纪 70 年代，德国西门子公司 F. Blaschke 提出的“感应电机磁场定向的控制原理”和美国 P. C. Custman，A. A. Clark 申请的专利“感应电机定子电压的坐标变换控制”，奠定了交流电机矢量控制的基础。交流电机矢量控制也称为磁场定向控制，这一原理的基本出发点是考虑到交流电机是一个多变量、强耦合、非线性的时变参数系统，很难直接通过外加信号准确地控制电磁转矩。仿效直流电机电流与磁通正交解耦可分别控制的转矩特性，将旋转的电机转子磁通作为空间矢量的参考轴，利用旋转坐标变换方法把定子电流变换为转矩电流分量和励磁电流分量，相互正交，可以分别独立控制，这种通过坐标变换重构的电机模型就可以等效为直流电机，从而像直流电机一样实现转矩与磁通的准确控制。

3.2.1　交流异步电机矢量控制系统

图 3-3 是一种较为典型的交流异步电机矢量控制系统。

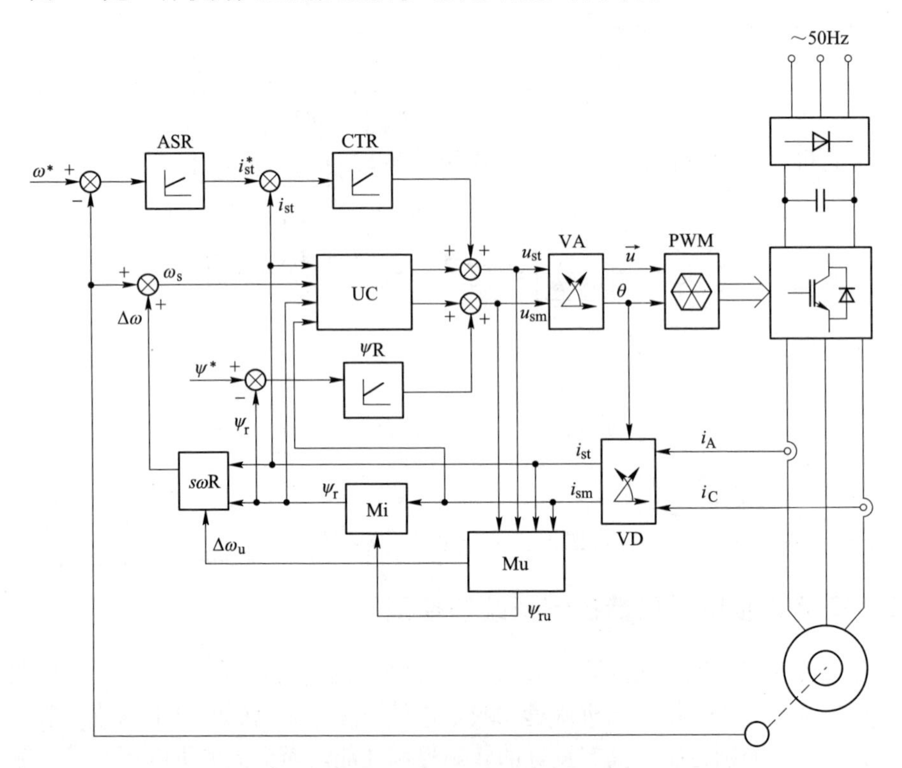

图 3-3　交流异步电机变频调速系统的原理图

ASR—转速调节器；VA—直角至极坐标变换单元；CTR—转矩电流调节器；VD—坐标旋转变换单元；

ψR——磁链调节器；PWM—PWM 脉冲产生单元；sωR—转差频率计算；

UC—电压前馈计算；Mu—电压模型磁链观测器；Mi—电流模型磁链观测器

异步电机变频调速多采用脉宽调制（PWM）电压型变频调速系统。三相交流电经二极管整流桥变换为直流电，电压型变频器的直流环节采用直流电容来稳定直流电压并实现整流与逆变之间的能量传递和控制解耦。逆变器采用可关断电力电子器件 IGBT 或 IGCT，采用 PWM 脉宽调制控制 IGBT 的通断，输出三相可变频率和幅值的交流电压，实现异步电机的变频调速。

3.2.2　交流异步电机矢量控制的数学模型

交流电机矢量变换控制是从电机坐标变换理论出发，在电机中建立与旋转磁场同步的坐标轴系，与磁场同相的轴称为 M 轴，与 M 轴正交的轴线称为 T 轴，也称为转矩轴。交流电机常用的各坐标系关系见图 3-4，ABC 轴系为交流电机定子三相绕组的静止坐标系，$\alpha\beta 0$ 轴系为交流电机定子等效两相绕组的静止坐标系，$dq0$ 轴系为电机转子机械轴线的旋转坐标系，$MT0$ 轴系为电机磁场的旋转坐标系。

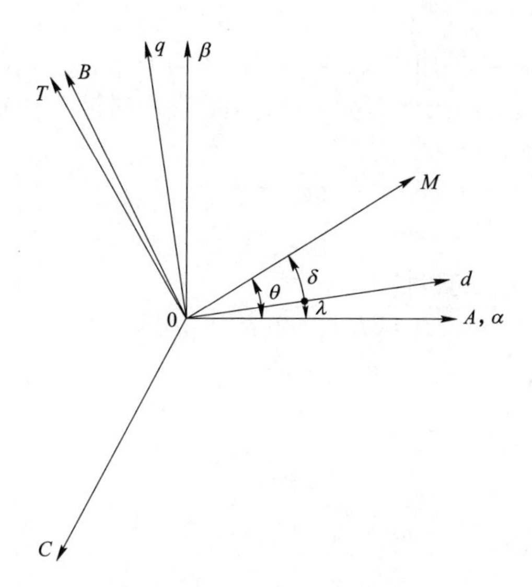

图 3-4　交流电机各坐标关系

异步电机是一个多变量时变非线性系统，其数学模型和物理分析请参考电机学的有关著作，这里直接采用 $MT0$ 轴旋转坐标系的异步电机数学模型。

其电压矩阵方程为：

$$\begin{bmatrix} u_{sm} \\ u_{st} \\ 0 \\ 0 \end{bmatrix} = \begin{bmatrix} R_s + pL_s & -\omega_s L_s & pL_m & -\omega_s L_m \\ \omega_s L_s & R_s + pL_s & \omega_s L_m & pL_m \\ pL_m & 0 & R_r + pL_r & 0 \\ s\omega_s L_m & 0 & s\omega_s L_r & R_r \end{bmatrix} \begin{bmatrix} i_{sm} \\ i_{st} \\ i_{rm} \\ i_{rt} \end{bmatrix} \tag{3-6}$$

式中　u_{sm}——定子电压磁场分量；
u_{st}——定子电压转矩分量；
i_{sm}——定子电流磁场分量；
i_{st}——定子电流转矩分量；
i_{rm}——转子电流磁场分量；
i_{rt}——转子电流转矩分量；
R_s——定子绕组电阻；
R_r——励磁绕组电阻；
L_s——定子绕组漏感；
L_r——转子绕组漏感；
L_m——电机激磁电感；
ω_s——定子磁场旋转角频率；
$s\omega_s$——滑差角频率；
p——微分算子。

交流异步电机矢量控制把 $MT0$ 磁场坐标系的坐标轴定向于电机转子磁链 ψ_r，即 ψ_r 与 M 轴重合，称为转子磁场定向，此时，转子磁链 T 轴分量为零（$\psi_{rt}=0$），M 轴分量就等于磁子磁链 ψ_r，即：

$$\begin{cases}\psi_{rm} = \psi_r \\ \psi_{rt} = 0\end{cases} \tag{3-7}$$

由式（3-6）转子侧可以推出：

$$\begin{aligned}0 &= pL_m i_{sm} + (R_r + pL_r) i_{rm} \\ &= R_r i_{rm} + p\psi_r\end{aligned}$$

所以

$$i_{rm} = -\frac{p\psi_r}{R_r} \tag{3-8}$$

因为转子磁链为：

$$\psi_r = L_r i_{rm} + L_m i_{sm}$$

故式（3-8）可以推为：

$$\psi_r = L_r\left(-\frac{p\psi_r}{R_r}\right) + L_m i_{sm}$$

因此：

$$\psi_r = \frac{L_m}{1 + \tau_r p} i_{sm} \tag{3-9}$$

式中，$\tau_r = L_r/R_r$，为电机转子回路时间常数。

式（3-9）为磁场定向控制异步电机的转子磁链方程，由式（3-9）可以看出，交流电机定子电流的励磁分量 i_{sm} 与转子磁链 ψ_r 间是一阶惯性的传递函数关系。

由电压方程的转子侧可以推出：

$$
\begin{aligned}
0 &= s\omega_s L_m i_{sm} + s\omega_s L_r i_{rm} + R_r i_{rt} \\
&= s\omega_s \psi_r + R_r i_{rt}
\end{aligned}
\tag{3-10}
$$

因为

$$\psi_{rt} = L_m i_{st} + l_r i_{rt} = 0$$

可以推出：

$$i_{rt} = -\frac{L_m}{L_r} i_{st} \tag{3-11}$$

$$s\omega_s = \frac{L_m}{\tau_r \psi_r} i_{st} \tag{3-12}$$

式（3-12）为磁场定向控制异步电机的转差方程。

交流异步电机的转矩方程为：

$$T_M = \frac{L_m}{L_r}(i_{st}\psi_{rm} - i_{sm}\psi_{rt}) \tag{3-13}$$

把式（3-9）代入式（3-13）转矩方程可以推出：

$$
\begin{aligned}
T_M &= \frac{L_m}{L_r} i_{st}\psi_r \\
&= \frac{L_m^2}{L_r(1 + \tau_r p)} i_{st} i_{sm}
\end{aligned}
\tag{3-14}
$$

由式（3-14）可以看出，转子磁链定向控制的交流异步电机，同直流电机转矩方程完全一致，其定子电流励磁分量 i_{sm} 与转矩分量 i_{st} 完全正交解耦，可以实现分别控制。

3.2.3 交流异步电机矢量控制的传递函数

由式（3-6）~式（3-10）可以推出电压方程式的另一种表达方式：

$$
\begin{aligned}
u_{sm} &= (R_s + pL_s) i_{sm} - \omega_s L_s i_{st} + pL_m i_{rm} - \omega_s L_m i_{rt} \\
&= \sigma L_s \frac{\tau_r}{L_r} p^2 \psi_r + (\tau_s + \tau_r) \frac{R_s}{L_m} p\psi_r + \frac{R_s}{L_m}\psi_r - \omega_s \sigma L_s i_{st}
\end{aligned}
\tag{3-15}
$$

式中，$\tau_s = \dfrac{L_s}{R_s}$，$\sigma = 1 - \dfrac{L_m^2}{L_s L_r}$。

同理可得：

$$u_{st} = \frac{R_s L_r}{L_m \psi_r} T_M + \sigma L_S \frac{L_r}{L_m} p\left(\frac{T_M}{\psi_r}\right) + \omega_s\left(\sigma L_s i_{sm} + \frac{L_m}{L_r}\psi_r\right) \tag{3-16}$$

在式（3-15）和式（3-16）中可以看到电压方程中存在有关 ω_s 的旋转耦合

项和感应电势项，令

$$\begin{cases} u_{sm} = u'_{sm} + u_{smc} \\ u_{st} = u'_{st} + u_{stc} \end{cases} \tag{3-17}$$

其中：

$$u'_{sm} = \left[\frac{\sigma L_s \tau_r}{L_m} p^2 + (\tau_s + \tau_r)\frac{R_s}{L_m} p + \frac{R_s}{L_m}\right]\psi_r$$

$$u'_{st} = (R_s + \sigma L_s p)\frac{L_r}{L_m \psi_r} T_M + \omega_s \frac{L_m}{L_r}\psi_r$$

$$u_{smc} = -\omega_s \sigma L_s i_{st}$$

$$u_{stc} = \omega_s \sigma L_s i_{sm}$$

将 M 轴磁链和电压关系写成传递函数形式：

$$\frac{\psi_r}{u'_{sm}} = \frac{L_m/R_s}{\sigma L_s \tau_r s^2 + (\tau_s + \tau_r)s + 1} \tag{3-18}$$

当考虑到 ψ_r 恒定控制时，由式（3-17）可以推出：

$$\frac{T_M}{u'_{st}} = \frac{K_t/R_s}{\sigma \tau_s s + 1} \tag{3-19}$$

其中，$K_t = \dfrac{L_m \psi_r}{L_r}$。由此可以推出转子磁链定向控制异步电机的传递函数框图，如图 3-5 所示。

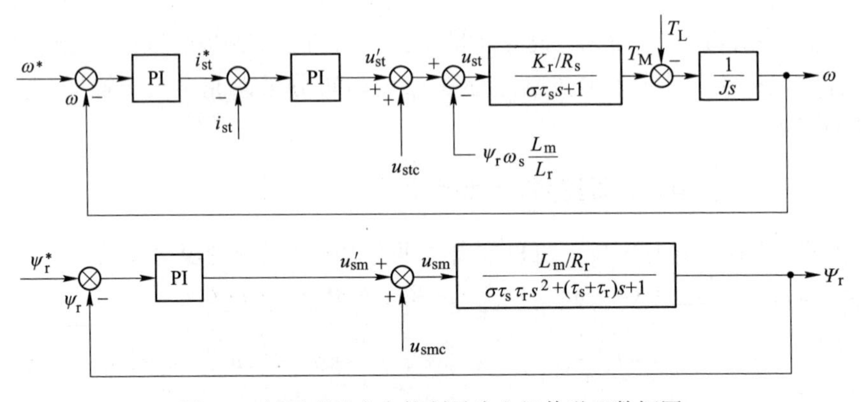

图 3-5 转子磁链定向控制异步电机传递函数框图

交流异步电机转子磁场定向控制系统可以实现电机反电势交叉耦合的解耦控制，同时考虑到转子磁链恒定的条件，上述传递函数进一步简化为与直流电机相近的形式。图 3-6 为简化的转子磁链定向控制异步电机传递函数框图。

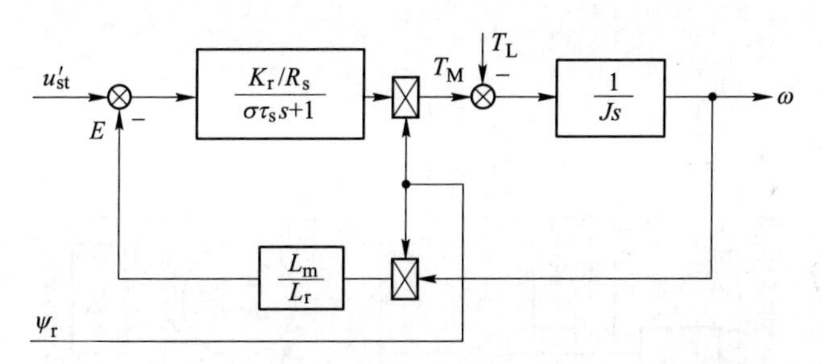

图 3-6　简化的转子磁链定向控制异步电机传递函数框图

3.3　交流同步电机矢量控制系统的模型

3.3.1　交流同步电机矢量控制系统

同步电机矢量控制系统的基本结构如图 3-7 所示。

磁场定向控制同步电动机经坐标变换后，可以等效为直流电机。因此，组成的调速系统与直流调速系统相仿，根据需要可以采用各种闭环以实现转速控制。图 3-7 中，速度给定值 n^* 与反馈值 n 综合，经速度调节器 ASR 运算后，得电磁转矩给定值 T_M^*。为了消除磁链与电流之间的非线性耦合，把 T_n^* 除以磁链 ψ 值后，得定子转矩电流给定值 i_{st}^*，i_{st}^* 和定子励磁电流给定值 i_{sm}^* 经坐标旋转变换单元 VD 变换，得 α，β 轴系电流给定值 $i_{s\alpha}^*$ 和 $i_{s\beta}^*$，然后经两相至三相坐标变换，得到 A、B、C 三相电流给定值 i_A^*、i_B^*、i_C^*。再由三组相电流调节器 ACR 控制同步电机的定子电流，使之按照定子转矩电流给定值 i_{st}^* 和励磁电流给定值 i_{sm}^* 的变化而变化。

像直流电机一样，产生电磁转矩的磁链 ψ 也需要控制。从图 3-7 中知道，电机的磁链控制通过磁链调节器 AψR 来实现，磁链反馈值 ψ 跟随给定值 ψ^* 变化。AψR 的输出为同步电机的磁化电流给定值 i_μ^*。所谓磁化电流，即产生该磁链 ψ 的电流。同步电机磁链反馈值由间接法获得，通常采用磁链观测器来实现。它是磁场定向控制的核心部分。图 3-7 中采用了两种磁链观测器：电压模型磁链观察器 Mu 以及电流模型磁链观测器 Mi。Mi 单元的功能是将输入的定子电流给定值 i_{st}^*、i_{sm}^* 及磁化电流给定值 i_μ^* 计算出负载角 δ 和励磁电流给定值 i_f^*。负载角 δ 与位置检测出的同步电机转子旋转角 γ，经坐标旋转变换，得磁场定向旋转角 θ。Mu 单元由同步电机实际三相交流电压 u_A、u_B、u_C 与交流电流 i_A、i_B、i_C，经三相至两相变换计算出 α、β 轴系的磁链 $\psi_{s\alpha}$、$\psi_{s\beta}$。再经直角至极坐标变换单元 VA，得出磁链旋转角度 θ 和磁链反馈值 ψ。电机高速运行时，Mu 单元较 Mi 单元观测精度高。但电机低速甚至静止状态时，Mu 单元精度很差，甚至无法运行。这时 Mi 单元担任磁链观测任务，并由它计算出抵消电枢反应所需的励磁电流给定值 i_f^*。

图 3-7 中的电压前馈单元 UC，是用来消除旋转电势和定子阻抗压降造成的

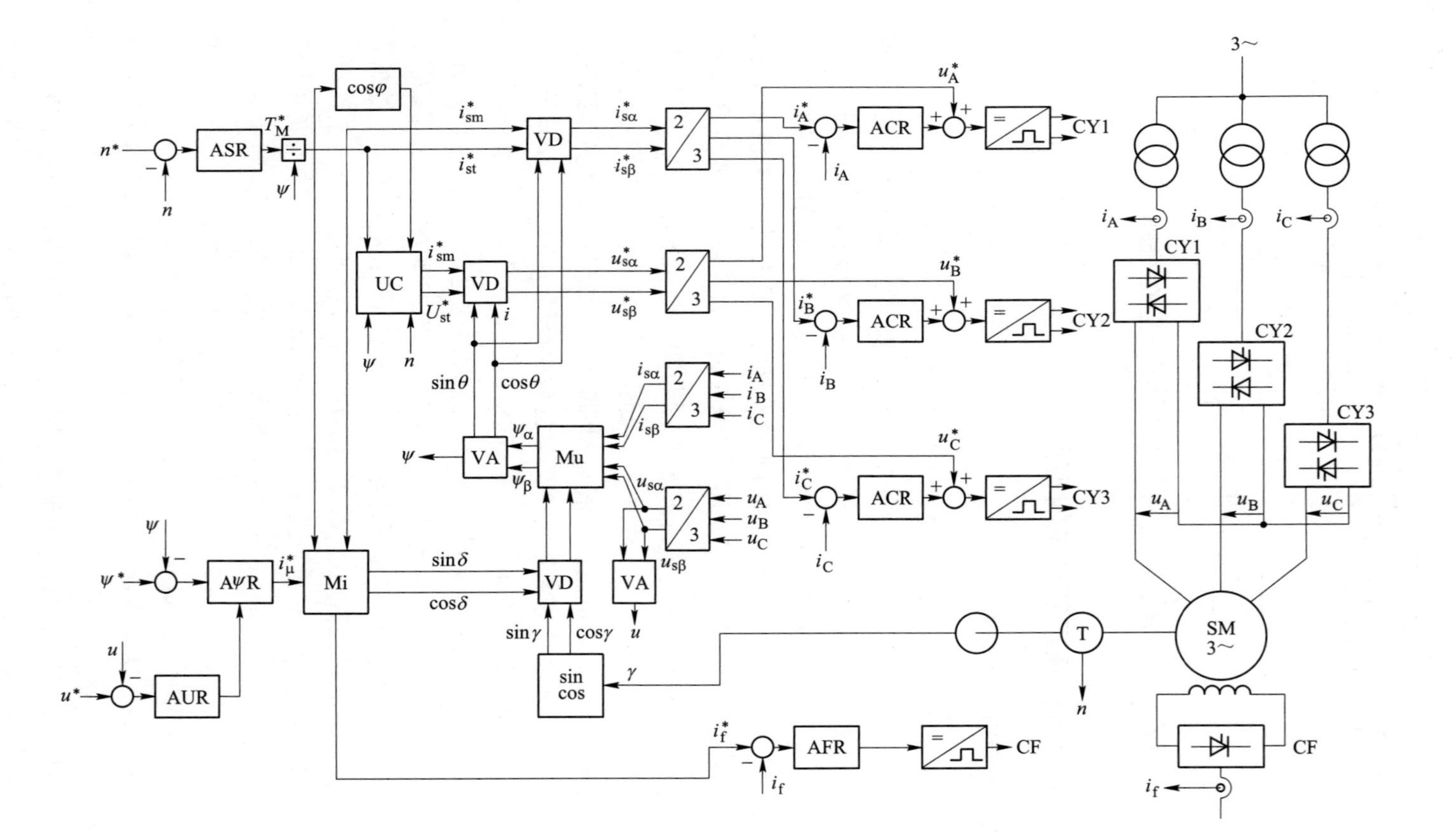

图 3-7 同步电机矢量控制系统

ASR—转速调节器；VD—坐标旋转变换单元；ACR—定子电流调节器；VA—直角至极坐标变换单元；
AUR—电压调节器；Mu—电压模型磁链观测器；AψR—磁链调节器；Mi—电流模型磁链观测器；
AFR—励磁电流调节器；UC—前馈电压计算单元；2/3—三相至两相或两相至三相变换器

电流通路交叉耦合，此外，还有弱磁控制电压调节器 AUR 以及保持电机定子功率因数为 1 的功率因数计算单元。

3.3.2 交流同步电机磁场定向控制原理

同步电机磁场定向控制的原则是改变转子激磁电流 i_f 使气隙合成磁链维持不变，同时保持定子电流 i_s 矢量与电压 U_s 矢量同相，即 $\cos\varphi=1$，在忽略定子电阻和漏抗条件下，使输入功率最小且产生最大的输出转矩。

图 3-8 为同步电机磁场定向控制矢量图。当电机空载运行时，电机定子电流为零，电机气隙磁链由转子激磁电流 i_f 产生，M 轴与 d 轴重合，电机电压为空载感应电势。但当电机加上负载电流时，电机定子电流 i_s 产生的电枢磁链 ψ_i 在 d 轴上产生去磁分量，同时使激磁轴线 M 轴与 d 轴打开负载角 δ。由图 3-8 可以看到，当电机负载运行时，加大激磁电流 i_f，使激磁磁链从 ψ_{fo} 变到 $\psi_{f\delta}$，$\psi_{f\delta}$与电枢磁链 ψ_i 构成直角三角形，角度为负载角 δ，合成气隙磁链 ψ_δ 矢量轨迹沿圆弧从 M_1 点移到 M_2，磁链三角形是 M_2 点的圆上切线，圆的半径是气隙磁链 ψ_δ。在忽略定子阻抗条件下，电机定子电压 U_s 与同步电抗压降，感应电势 E_δ 也构成直角三角形，电压维持恒定，其矢量轨迹从 N_1 点随负载电流大小沿圆弧线达到 N_2 点，圆的半径是电压 U_s，定子电压与电流同相保证 $\cos\varphi=1$，定子电压维持恒定。

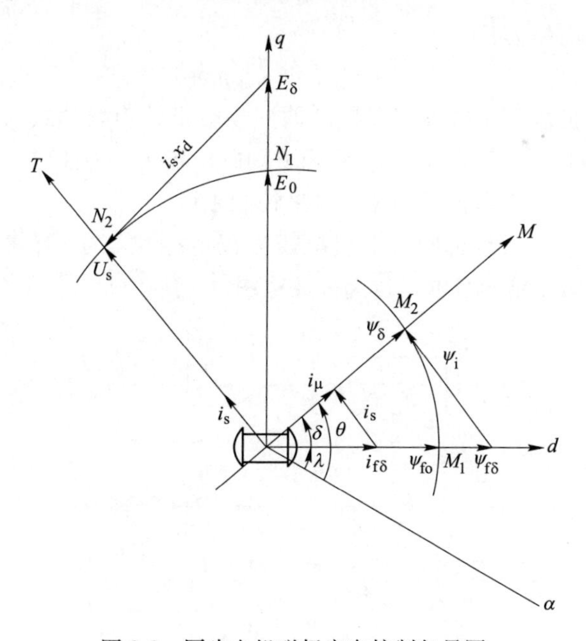

图 3-8 同步电机磁场定向控制矢量图

3.3.3 交流同步电机矢量控制的传递函数

交流同步电机的数学模型请参考有关著作，根据磁场定向控制同步电机的数学模型，可以写出气隙磁链定向控制的电压方程：

$$u_{sm} = (R_s + pL_{sl})i_{sm} + p\psi_\delta - L_{sl}i_{st}\omega_s$$

$$u_{st} = (R_s + pL_{sl})i_{st} + \omega_s\psi_\delta + L_{sl}\omega_s i_{sm} \tag{3-20}$$

式中　L_{sl}——同步电机定子绕组漏感。

当忽略阻尼绕组作用时其磁链表达式为：

$$\psi_\delta = L_{am}i_{sm} - L_{so}i_{st} + L_{ad}i_f\cos\delta \tag{3-21}$$

$$L_{am} = \frac{L_{ad} + L_{aq}}{2} + \frac{L_{ad} - L_{aq}}{2}\cos2\delta$$

$$L_{so} = \frac{L_{ad} - L_{aq}}{2}\sin2\delta$$

式中　L_{ad}——同步电机纵轴电枢反应电感；

L_{aq}——同步电机横轴电枢反应电感。

如果是隐极机，则：

$$L_{ad} = L_{aq}$$

则

$$L_{am} = L_{ad}, L_{so} = 0$$

磁链表达式简化为：

$$\psi_\delta = L_{ad}i_{sm} + L_{ad}i_f\cos\delta \tag{3-22}$$

由上述推导可以看出磁场定向控制的同步电机转矩表达式与直流电机相同，其气隙磁链 ψ_δ 可以由定子电流 i_{sm} 和转子励磁电流 i_f 分别控制。如果令 $i_{sm}=0$，则完全同直流电机一样由转子励磁电流来控制磁链。

由式（3-20）可以看到同步电机电压方程也存在与 ω_s 有关的交叉耦合项，图 3-9 为磁场定向控制同步电机传递函数框图。

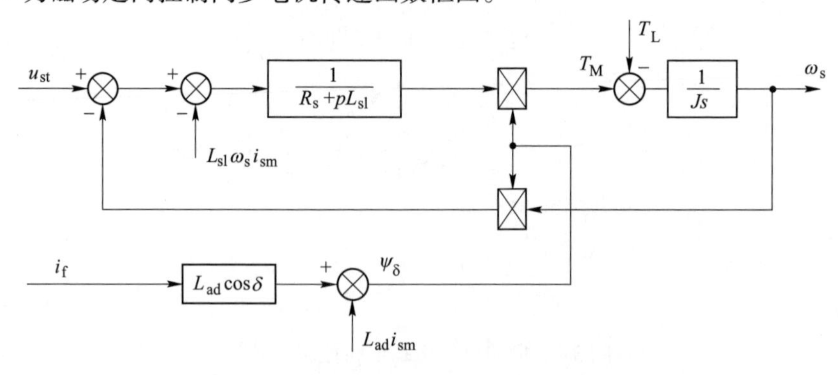

图 3-9　磁场定向控制同步电机传递函数框图

磁场定向控制系统采用电压前馈等环节实现交叉耦合解耦控制，同时控制 $i_{sm}=0$，则上述同步电机传递函数进一步简化为图 3-10，由此可见磁场定向控制同步电机可以完全等效为直流电机。

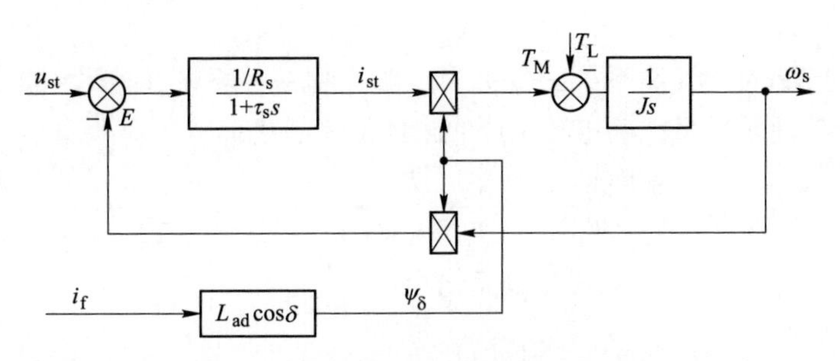

图 3-10 简化的同步电机传递函数框图

3.4 电机调速控制系统的传递函数

由磁场定向控制的异步电机和同步电机的传递函数推导可知，在磁场定向控制系统中，交流电机可以得到与直流电机完全相同的转矩控制特性。图 3-6、图 3-10 与直流电机传递函数框图完全相同，因此，在本书后面机电振动系统分析中，电机将不分交流或直流，统一由直流电机传递函数来等效。

一般电机调速控制系统多采用双闭环调节，即转矩内环和转速外环调节，当电机磁通恒定控制时，转矩控制即为电流控制，转矩电流调节环常常采用比例积分调节器来做闭环控制。图 3-11 为电机调速系统电流闭环控制传递函数框图。

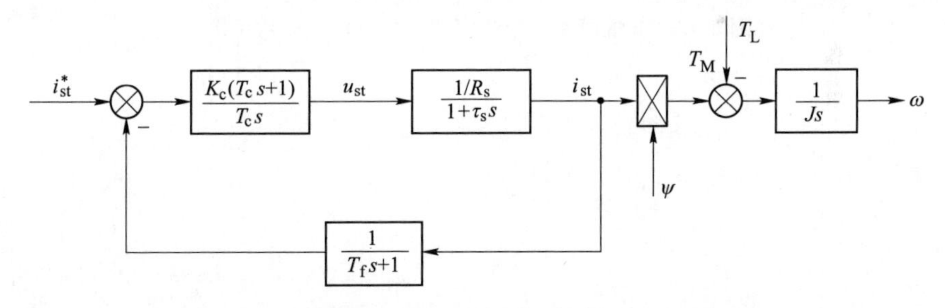

图 3-11 电机调速控制系统电流闭环控制传递函数框图

由于电流反馈存在滞后时间常数为 T_f 的一阶惯性环节，转矩调节环的开环传递函数为二阶系统，即：

$$\frac{T_M}{i_{st}}=\frac{K_m}{(1+\tau_s s)(1+T_f s)} \tag{3-23}$$

其中，$K_m=\frac{\psi}{R_s}$。引入比例积分调节器，$G_1(s)=\frac{K_c(T_c s+1)}{T_c s}$，由于 $T_f<\tau_s$ 可以令

$T_c=\tau_s$，$K_1=\dfrac{K_pK_m}{T_c}$，校正后的转矩调节环开环传递函数为：

$$W_K(s)=\frac{T_M}{i_{st}}=\frac{K_1}{s(T_fs+1)} \tag{3-24}$$

使该调节环变为 I 型系统，也称为二阶工程最佳系统，使 $\xi=0.707$，$K_1T_f=0.5$ 由开环传递函数可以确定转矩环的闭环传递函数：

$$W_B(s)=\frac{W_K(s)}{1+W_K(s)}=\frac{K_1}{T_fs^2+s+K_1}=\frac{1}{2T_fs^2+2T_fs+1}$$

当高阶项被忽略时，上式可以简化为：

$$W_B(s)=\frac{1}{2T_fs+1} \tag{3-25}$$

由式（3-25）可以得到，无论交流电机还是直流电机，转矩电流调节环的比例积分调节器的参数按二阶工程最佳系统整定，其转矩电流闭环传递函数将等效为一个一阶惯性环节，惯性时间常数为 2 倍的电流检测滤波时间常数 T_f，由此得出速度闭环调节的传递函数框图，如图 3-12 所示。

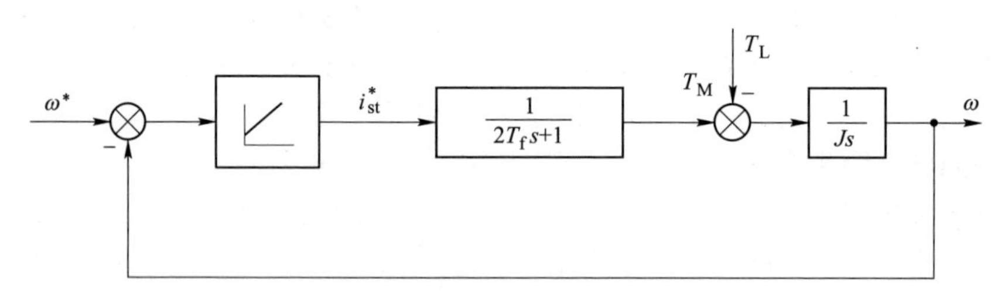

图 3-12　电机调速系统速度闭环控制传递函数框图

第 4 章　电气传动抗负载扰动控制

对于电气传动系统，当负载突然加入，例如轧钢机“咬钢”时，电机调速系统会产生动态速度降。从自动控制系统的角度出发，这种负载扰动出现的动态速降现象，可以归结为自动控制系统的外扰调节问题。自动控制系统的任务是在外扰作用条件下，保证系统稳定工作，并减少外扰对控制期望值的影响，增强系统抗扰动的鲁棒性。本章讨论负载扰动对电气传动系统的影响，研究负荷观测器抗扰动控制。介绍外扰负荷观测器的基本原理，推导外扰负荷观测器控制的关系式并讨论其抗扰动特性，然后介绍一种模型前馈补偿控制系统。最后介绍这些抗负载扰动控制方法在电气传动中实际应用的效果。

4.1　负载扰动对电气传动系统的影响

突加负载扰动是轧钢传动的典型应用。图 4-1 为一个轧钢工艺周期内电机传动转矩和转速的变化曲线。由图 4-1 的轧制扰动曲线可以看出，轧钢负荷是对电机传动系统施加了一个阶跃扰动，在轧制扰动的作用下，电机传动系统在“咬钢”时产生动态过程的速度降落。同理，当轧件离开轧辊的“抛钢”瞬间，电机从满负荷状态回复到空载运行，电机转速又会产生一个动态速度上升的过程。对于连轧机，各机架电气传动应满足轧件金属秒流量相等的平衡关系。当某一机架突然咬钢，电机产生动态速降，轧制平衡关系将被破坏，使轧件堆积或者拉伸，影响轧制产品的质量。

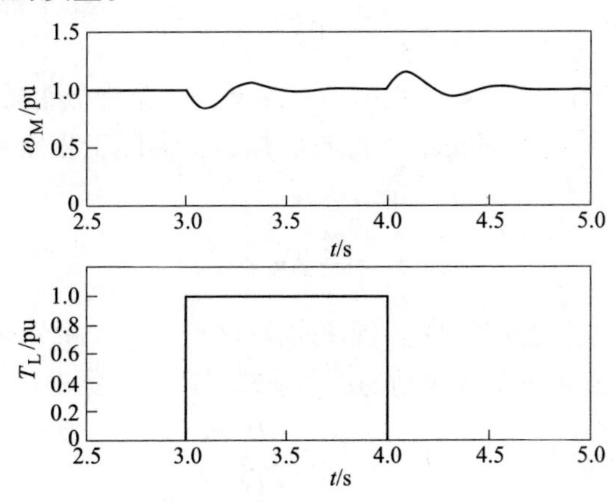

图 4-1　轧制扰动电机传动转矩和转速的变化曲线

在负载阶跃扰动的作用下，电机传动系统转速具有图 4-2 所示的过渡特性。我们用动态速降和动态速降当量作为评价该过程控制系统抗负载扰动的性能指标。

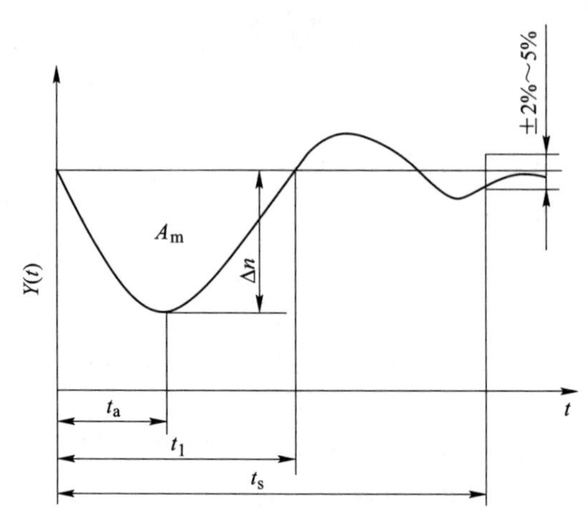

图 4-2　系统突加负载的过渡特性

（1）动态速降：图 4-2 中 Δn 为动态速度波动偏差，也称为动态速降，指转速偏移稳态值的最大偏差与稳态值之比，即：

$$\Delta n = \frac{n(t) - n(0)}{n(0)} \tag{4-1}$$

图 4-2 中，t_a为动态波动量最大值所对应的时间；t_1 为回升时间，指输出量第一次回到扰动信号作用前输出值所对应的时间；t_s 为恢复时间，指输出量进入原稳态值 95%～98% $n(0)$范围内，并不再逸出的时间。

（2）动态速降当量：动态速降当量为速度下降所包围的面积 A_m：

$$A_m = \int_0^{t_1} [n(0) - n(t)]\mathrm{d}t \tag{4-2}$$

A_m 对于电气传动，尤其是连轧机电气传动是一个十分重要的控制性能指标，但是，A_m 用积分计算在很多情况下比较麻烦，在实际工程中常用近似的方法来表示动态速降当量：

$$A_m = \frac{1}{2}\Delta n \times t_1 \tag{4-3}$$

用以 t_1 为底边长，Δn 为高的三角形面积来近似曲线积分面积。

下面我们来分析一下负载扰动的动态速降过程。根据电机动力学平衡关系：

$$T_M - T_L = \frac{GD^2}{375}\frac{\mathrm{d}n}{\mathrm{d}t} \tag{4-4}$$

当电机空载运行时，忽略空载转矩，即 $T_M = 0$，施加负载转矩，令其等于额

定转矩 T_N，$T_L = T_N$，该负载转矩呈阶跃变化时，传动系统在负载转矩的作用下降速，则有：

$$-T_N = \frac{GD^2}{375}\frac{dn}{dt} \tag{4-5}$$

可以推出：

$$dn = -\frac{375}{GD^2}T_N dt$$

由图 4-2 看到，动态速降到达最大值所需的时间为传动系统电磁转矩达到额定转矩 T_N 的响应时间 t_x，即 $t_a = t_x$，轧机动态速降指标一般取最高转速的标幺值，可以推出动态速降的表达式：

$$\Delta n = -\frac{375}{GD^2}T_N t_x \frac{1}{n_{max}} = \frac{366P_N}{GD^2 n_N n_{max}} t_x \tag{4-6}$$

式中 P_N——电机额定功率，kW；

GD^2——电机转动惯量，kg · m^2；

n_N——电机额定转速，r/min；

n_{max}——电机最高转速，r/min。

由上述公式可以看到，动态速降 Δn 与电机的额定转矩 T_N 和电磁转矩上升时间 t_x 成正比，而与转动惯量 GD^2 和最高转速 n_{max} 成反比。众所周知，电机转矩与转动惯量之比 T_N/GD^2 是衡量电机快速响应的一个重要指标，近代电气传动要求 T_N/GD^2 大大增加，以适应 AGC、APC 等工艺自动控制的要求。交流传动的转矩与惯量比远远大于直流传动。但 T_N/GD^2 越大，动态速降 Δn 就越大，从这一角度看，交流电机传动并不比直流电机传动优越。

图 4-3 为实际轧钢的电气传动系统动态速降过程。图 4-3（a）为电机转速波形，图 4-3（b）为交流电机的转矩电流波形。

由图 4-3 可见，在突加负载时，电气传动系统的动态速降过程可以分为两个阶段：

（1）$0<t<t_x$，动态速降阶段。动态速降 Δn 的大小取决于下降斜率、转矩调节响应时间 t_x；T_N/GD^2越大下降斜率越大，则动态速降越大；而转矩调节响应时间 t_x 越短，动态速降的过程越短。t_x 也是转矩电流的响应时间，单位为 s。当电机降速时，控制系统通过电流闭环的调节作用迫使电流上升，到 t_x 时间，电磁转矩 T_M 达到额定值 $T_M = T_N$，减速停止。

一般来讲，电机调速系统的电磁转矩响应时间：机组供电的直流电机传动 50~100ms，晶闸管供电的直流电机传动 20~50ms，交流电机变频调速传动 5~15ms。

（2）$t_x<t<t_s$，加速阶段。电气传动系统在速度闭环控制的作用下，加大电磁

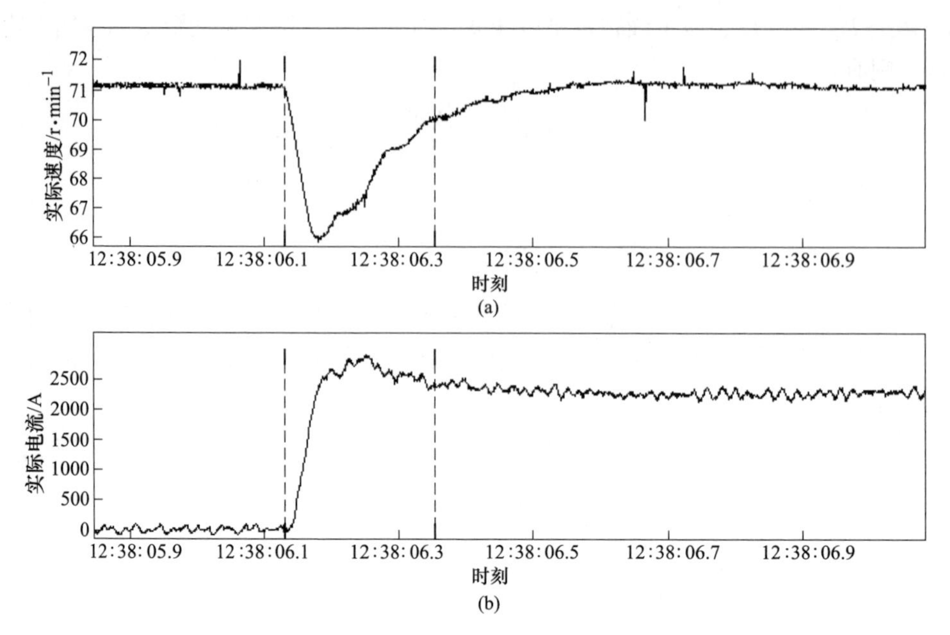

图 4-3　实际轧钢的电气传动系统动态速降过程

（a）电机转速波形；（b）交流电机的转矩电流波形

转矩，使 $T_M>T_L$，电机加速并恢复到原速度期望值，完成整个动态速降过程，所需时间为 $t_1 \sim t_x$。该加速过程相当于电机速度阶跃响应，显然 T_N/GD^2 大有利于电机加速。

下面以某钢厂热连轧机 F_4 机架为例，原直流电机 3500kW，转动惯量 86.25t · m²，电机额定转速 100r/min，最高转速为 205r/min。

直流传动为机组供电，其电流响应时间为 80ms，速度响应时间为 1s。

将直流传动参数代入式（4-6），计算动态速降为：

$$\Delta n = \frac{366 \times 3500 \times 0.08}{86.25 \times 100 \times 205} = 5.8\% \tag{4-7}$$

动态速降当量为：

$$A_m = \frac{0.058 \times 1}{2} = 2.9\% \tag{4-8}$$

该轧机改造为变频同步电机传动，电机功率为 5000kW，转动惯量为 42.48t · m²，改造后，转矩调节时间可加快到 10ms 左右，速度响应时间为 150ms，计算动态速降为：

$$\Delta n = \frac{366 \times 5000 \times 0.01}{42.48 \times 100 \times 205} = 2.1\% \tag{4-9}$$

动态速降当量为：

$$A_m = \frac{0.021 \times 0.15}{2} = 0.157\%s \tag{4-10}$$

随着交流电机变频调速技术的发展，采用三电平 PWM 变频调速系统的电磁转矩响应时间已可以做到 2~4ms，轧制扰动的动态速降可进一步减少。综合分析 Δn、恢复时间 t_s 以及动态速降当量 A_m 等指标，交流电机传动要优于直流电机传动。表 4-1 列出国内一些钢厂的热连轧机电气传动的动态速降指标。

表 4-1 热连轧机电气传动动态速降指标案例

应用钢厂	传动形式	动态速降 $\Delta n/\%$	恢复时间 t_s/s	动态速降当量 $A_m/\%s$ $(A_m=\Delta n t_s/2)$
某钢厂 1700mm 热连轧	机组供电，直流传动	5	1.5	2.5~3.75
某钢厂 1700mm 热连轧	晶闸管供电，模拟调速，直流传动	3	1	2.5
某钢厂 1549mm 热连轧	晶闸管供电，数字调速，直流传动	2	0.2	0.25
某钢厂 1700mm 热连轧（改造前）	机组供电，直流传动	5	1	2.5
某钢厂 1700mm 热连轧（改造后）	交流传动，交直交变频	2	0.15	0.15
某钢厂 1450mm 热连轧（改造前）	机组供电，直流传动	5.8	1	2.9
某钢厂 1450mm 热连轧（改造后）	交流传动，交交变频	2.1	0.15	0.157

4.2 电气传动控制系统的负载扰动特性分析

前面章节我们推导出电气传动控制系统的数学模型。由交流电机磁场定向控制原理可知，无论是异步电机还是同步电机调速都可以等效为直流电机调速的模型。而电气传动自动控制系统常采用电流和速度闭环控制。从闭环结构上看，电流调节环在里面，称为内环；转速调节环在外边，称为外环。这样就形成了转速、电流双闭环调速系统。图 4-4 为典型的电气传动自动控制系统的框图。图中电机的模型仅考虑负载转矩直接加在电机轴上，不计多质量弹性连接的影响，转动惯量 J 为电机和轧辊惯量之和，$J=J_M+J_L$。电流调节器 G_i 和速度调节器 G_n 均为比例积分调节器。

假定负载扰动转矩施加在电机轴上时，电机端电压 U 不变，控制系统 G_n，G_i 调节器没有起作用。负载转矩 T_L 大于电磁转矩 T_M，根据机械动力学平衡关系，电机产生动态速度降 $\Delta\omega_M$，电机的速降引起电机的内部感应电势降落，由于电压在负载转矩施加的瞬间维持不变，感应电势的降落将导致电流的上升，增加的电流来产生更大的电磁转矩 T_M，以平衡 T_L 引起的速降。由于 U 不变，ω_M 与 T_L 之间的传递函数可推出：

$$\frac{\omega_{\mathrm{M}}(s)}{T_{\mathrm{L}}(s)}=-\frac{(T_{\mathrm{a}}s+1)}{JT_{\mathrm{a}}s^{2}+Js+K} \tag{4-11}$$

其中
$$K=K_{\mathrm{a}}K_{\mathrm{T}}C_{\mathrm{e}}$$

可以写成二阶系统的标准形式：

$$-\frac{\omega_{\mathrm{M}}(s)}{T_{\mathrm{L}}(s)}=\frac{\omega_{\mathrm{n}}^{2}(T_{\mathrm{a}}s+1)}{K(s^{2}+2\xi\omega_{\mathrm{n}}s+\alpha\omega_{\mathrm{n}}^{2})} \tag{4-12}$$

其中
$$\omega_{\mathrm{n}}=\sqrt{\frac{K_{\mathrm{K}}}{T_{\mathrm{a}}}}$$

$$\xi=\frac{1}{2\sqrt{K_{\mathrm{K}}T_{\mathrm{a}}}}$$

$$K_{\mathrm{K}}=\frac{K_{\mathrm{T}}K_{\mathrm{a}}C_{\mathrm{e}}}{J}$$

式中，K_{K} 为系统开环放大系数。

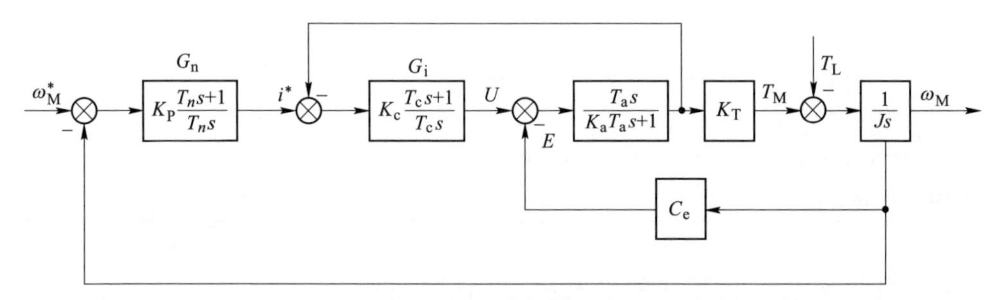

图4-4　典型的电气传动控制系统框图

K_{a}—电磁传递系数；T_{a}—电机电磁时间常数；K_{T}—电磁转矩系数；

J—总转动惯量；C_{e}—电机感应电势系数

由此可以推出速度 ω 的时间响应表达式：

$$\omega_{(t)}=\frac{-T_{\mathrm{L}}}{K}\left[1-\frac{\sqrt{(\xi^{2}-2r\xi^{2}+r^{2})}}{\xi\sqrt{(1-\xi^{2})}}\mathrm{e}^{-\xi\omega_{\mathrm{n}}t}\sin(\sqrt{1-\xi^{2}}\,\omega_{\mathrm{n}}t+\phi+\vartheta)\right],t\geqslant 0 \tag{4-13}$$

这里由于：

$$\xi\omega_{\mathrm{n}}=\frac{1}{2T_{\mathrm{a}}},\quad r=\frac{\xi\omega_{\mathrm{n}}}{1/\tau_{\mathrm{a}}}=\frac{1}{2},\quad \vartheta=\varphi,\quad \vartheta=\tan^{-1}\frac{\sqrt{1-\xi^{2}}}{\xi}$$

式（4-13）写为：

$$\omega_{(t)}=-\frac{T_{\mathrm{L}}}{K}\left[1-\frac{\mathrm{e}^{-\frac{t}{2T_{\mathrm{a}}}}}{2\xi\sqrt{1-\xi^{2}}}\sin\left(\frac{\sqrt{1-\xi^{2}}}{2\xi}\frac{t}{T_{\mathrm{a}}}+2\vartheta\right)\right],t\geqslant 0 \tag{4-14}$$

可以推出稳态速降为：

$$\Delta\omega(\infty) = -\frac{T_L}{K} \tag{4-15}$$

扰动超调量为：

$$\delta\% = \frac{1}{2\xi}e^{-\frac{\xi}{\sqrt{1-\xi^2}}(\pi-\vartheta)} \tag{4-16}$$

最大动态速降为：

$$\Delta\omega_{max} = -\frac{T_L}{K}\left[1 + \frac{1}{2\xi}e^{-\frac{\xi}{\sqrt{1-\xi^2}}(\pi-\vartheta)}\right] \tag{4-17}$$

上升时间为：

$$t_r = \frac{\pi - (\phi + \vartheta)}{\sqrt{1-\xi^2}\omega_n} \tag{4-18}$$

恢复时间为：

$$t_s(2\%) = \left[4 + \ln\left(\frac{1}{\xi}\sqrt{\xi^2 - 2r\xi^2 + r^2}\right)\right]\frac{1}{\xi\omega_n} \tag{4-19}$$

由上述分析可以看出，当负载扰动转矩施加到电机轴上时，如果速度及电流调节器没有参与控制，电机将产生动态速度降落，速度降的幅值与负载转矩 T_L 成正比，与电机内部传递系统 K 成反比，速度按式（4-14）呈指数规律变化。

电气传动双闭环控制系统在突加负载时，负载转矩的变化破坏了原有的转矩平衡关系，迫使电机很快地减速，电机反电势因而迅速降低。在转速闭环还未来得及做出反馈调节之前，功率变换器输出电压保持原值。电机电流随着反电势的减小而迅速上升。电流增加使电磁转矩增大到负载转矩的数值，以达到新的平衡。

而实际情况并非如此，由于电机转速下降，转速负反馈信号变小，转速调节器输出的电流给定值上升，试图增大电磁转矩加速电机，使转速回到原设定值上去。另一方面，电机电流的迅速上升，电流负反馈信号加大，它力图通过电流闭环的调节作用，迫使功率变换器输出电压降低以遏制电流的增大。上述两个调节作用是矛盾的，由于电流内环调节的响应时间比速度外环调节时间快得多，从而延缓了电磁转矩增大的速度，拖长了到达转矩平衡的时间，加大了动态速降的幅度。

因此我们可以看出，电流闭环控制中的电流负反馈调节作用对于转速变化起的是“正反馈”的作用，它使动态速降进一步加大，恢复时间拖长。而速度调节器输出的电流给定值首先用于产生克服负载转矩的电流，而后再产生用以加速的电流来克服电机速降，这就使动态速降的恢复时间拉长了。由此可见，传统双闭环控制系统对于负载扰动的动态调节方法存在着明显的缺陷。电气传动系统在负载扰动时造成的动态速降和恢复时间有相当大一部分是由于双环控制系统固有缺陷所“人为”造成的。这一控制结构在外扰情况下不仅不能消除其影响，反而延长和扩大了扰动引起的动态过程。

图 4-5 是双闭环控制系统突加阶跃扰动负荷情况下过渡过程的仿真。由图可以看出，双闭环控制系统在突加阶跃扰动负荷情况下产生较大的动态速降，动态恢复时间长，同时，电机与负载间连接轴存在机械扭振现象，并引起动态速度振荡。

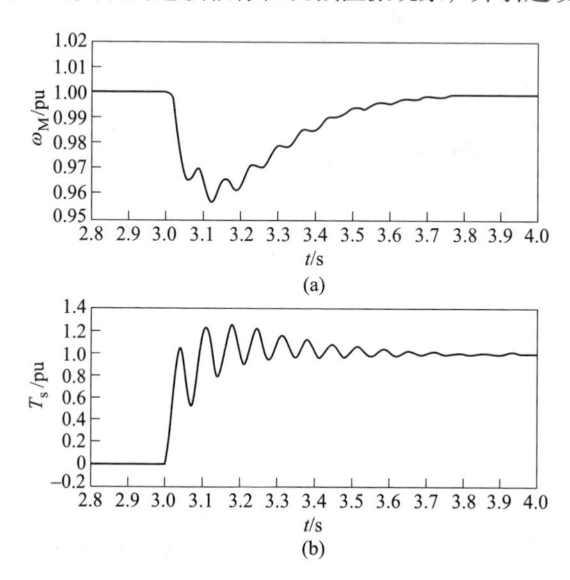

图 4-5　双闭环控制系统在突加阶跃扰动负荷情况下的过渡过程

（a）突加阶跃扰动的速度变化过程；（b）电机与负载间连接轴的转矩变化

4.3　外扰负荷观测器控制系统

关于外扰对控制系统的影响，一直是自动控制学术界的研究课题之一。20 世纪 30 年代，反馈控制技术得到了工程应用，与开环控制比较，反馈控制具有较好的抗扰动性，采用积分控制已可以消除由外扰引起的稳态误差。但反馈控制对复杂的外扰模型和外扰引起的动态误差基本上无能为力，满足不了更高的生产工艺要求。20 世纪 50 年代复合控制系统出现，它一般由反馈和外扰前馈补偿两个性质不同的控制手段和控制通道组成，外扰补偿器可以从理论上实现对外扰的完全抵消，即所谓扰动不变性原理。由不变性原理构造的外扰补偿器复合控制系统较好地解决了自动控制系统抗扰动问题。

4.3.1　带外扰的反馈控制系统

图 4-6 是带外扰的反馈控制系统框图。我们讨论一个简单的单输入单输出控制系统。

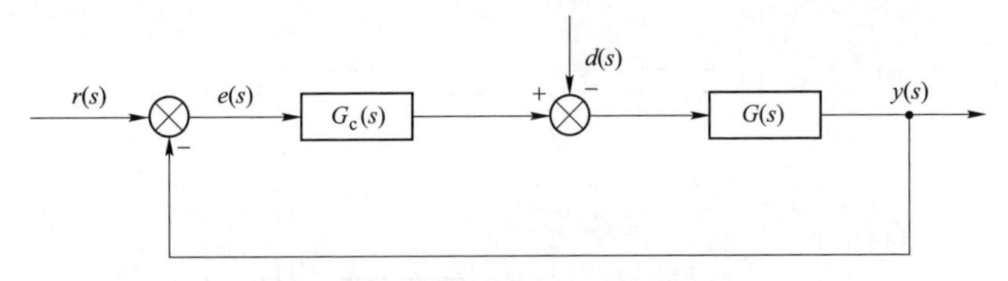

图 4-6 带外扰的反馈控制系统框图

图 4-6 中 $G(s)$ 为被控制对象的模型，$G_c(s)$ 为控制器模型，$y(s)$ 为被控制量又叫输出量，$r(s)$ 为被控制量的期望值又叫给定量，$d(s)$ 是外扰量。这里所说的外扰（或称外部扰动）是从系统外部作用到系统上的扰动，而且是一个确定性扰动，它有确定的函数形式，如阶跃函数，斜坡函数，可描述的振荡函数等。

控制系统有外扰时的综合目标是如何消除外扰对受控系统的状态和输出量的影响，至少要做到稳态不受扰动影响，以保证系统的稳态精度，即输出量 $y(s)$ 不受扰动 $d(s)$ 的影响，达到稳态无差，用公式表示为：

$$\lim_{t\to\infty} e(t) = \lim_{t\to\infty}[r(t) - y(t)] = 0$$

如果给定量 $r(t)=0$，保证被控制量 $y(t)$ 不受 $d(t)$ 影响，称为恒值调节问题。

如果外扰量 $d(t)=0$，要求被控制量 $y(t)$ 跟随给定量 $r(t)$ 变化，保证误差较小，称为随动跟踪问题。

由图 4-6，可以推导出输出量 $y(s)$ 与给定量 $r(s)$ 及外扰 $d(s)$ 之间的传递函数，

$$y(s) = \frac{G(s)G_c(s)}{1 + G_c(s)G(s)}r(s) - \frac{G(s)}{1 + G_c(s)G(s)}d(s) \tag{4-20}$$

图 4-6 的反馈控制系统中控制器 $G_c(s)$ 的设计同时既要满足输出量 $y(s)$ 快速跟踪给定值 $r(s)$ 变化的跟随问题，又要满足 $y(s)$ 不受 $d(s)$ 影响的恒值调节问题，显然是很困难的。

4.3.2 外扰负荷观测器控制的基本原理

图 4-7 为外扰负荷观测控制系统的原理框图。由被控对象 $G(s)$ 的状态变量 $x(s)$ 或输出量 $y(s)$，构造出一个外扰观测器，输出一个外扰观测值 $\hat{d}(s)$，使观测值 $\hat{d}(s)$ 等于外扰值 $d(s)$，然后通过补偿控制器 $G_b(s)$ 按一定控制规律加到控制器 $G_c(s)$ 的输出中，形成反馈控制与外扰观测补偿前馈控制组合的复合控制系统。这里 $G_b(s)$ 控制器的任务是依据不变性原理实现对外扰的完全抵消或大大减少。而控制器 $G_c(s)$ 则由于外扰问题已被 $G_b(s)$ 解脱而只针对给定值 $r(s)$ 的跟踪

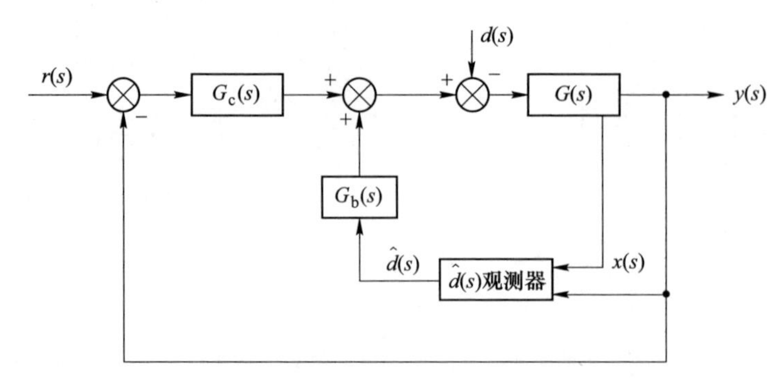

图 4-7　外扰负荷观测控制系统的原理框图

问题来设计综合。图 4-8 为电气传动外扰负荷观测器控制系统的基本结构。

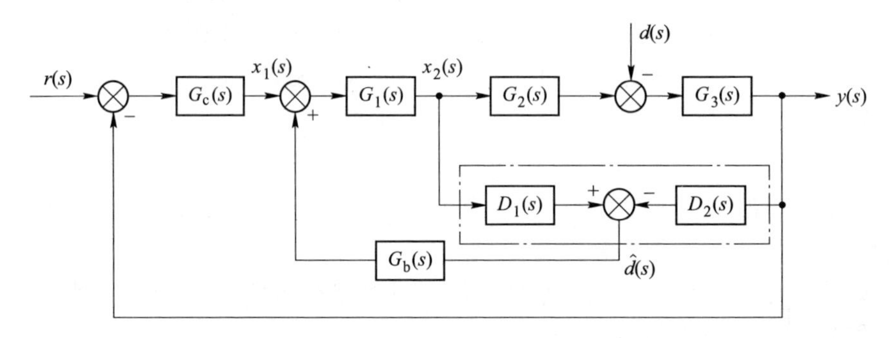

图 4-8　外扰负荷观测器控制系统的基本结构

由图 4-8 可以写出扰动观测值 $\hat{d}(s)$：

$$\hat{d}(s)=D_1(s)x_2(s)-D_2(s)y(s) \tag{4-21}$$

由此可推出输出量 $y(s)$ 为：

$$y(s)=\frac{G_1(s)G_2(s)G_3(s)G_c(s)r(s)-[1-G_1(s)G_b(s)D_1(s)]G_3(s)d(s)}{1+G_1(s)G_2(s)G_3(s)G_c(s)+G_1(s)G_b(s)G_2(s)G_3(s)D_2(s)-G_1(s)D_1(s)G_b(s)} \tag{4-22}$$

下面推导观测器构造模型，由式（4-21）可推导出：

$$\begin{aligned}\hat{d}(s)&=D_1(s)x_2(s)-D_2(s)y(s)\\&=[D_1(s)-G_2(s)G_3(s)D_2(s)]x_2(s)+G_3(s)D_2(s)d(s)\end{aligned} \tag{4-23}$$

由式（4-23）可以得到观测值 $\hat{d}(s)$ 等于 $d(s)$ 的条件为：

$$\begin{cases}G_3(s)D_2(s)=1\\D_1(s)-G_2(s)G_3(s)D_2(s)=0\end{cases} \tag{4-24}$$

由此推出：

$$\begin{cases} D_2(s) = \dfrac{1}{G_3(s)} \\ D_1(s) = G_2(s) \end{cases} \tag{4-25}$$

将此观测器构造模型式（4-25），代入式（4-22）得：

$$y(s) = \frac{G_K(s)r(s) - [1 - G_1(s)G_2(s)G_b(s)]G_3(s)d(s)}{1 + G_K(s)} \tag{4-26}$$

其中：$G_K(s)= G_1(s)G_2(s)G_3(s)G_c(s)$

如果我们设计补偿控制器 $G_b(s)$，使下列等式成立：

$$1 - G_1(s)G_2(s)G_b(s) = 0 \tag{4-27}$$

那么 $G_b(s)$ 补偿器构造为：

$$G_b(s) = \frac{1}{G_1(s)G_2(s)} \tag{4-28}$$

因此式（4-26）变为：

$$y(s) = \frac{G_K(s)}{1 + G_K(s)} r(s) \tag{4-29}$$

由此看到当构造 $G_b(s)$ 补偿器满足式（4-26）外扰项分子等于零时，则完全消除了外扰 $d(s)$ 对输出量 $y(s)$ 的影响，系统闭环传递函数完全变成一个只对给定量 $r(s)$ 的跟随系统。这就是所谓的外扰不变性原理，外扰对系统完全没有任何影响。

但应该指出，完全的外扰不变性在实际工程中是无法实现的，由于实际的传动系统中，$G_3(s)$ 是纯积分环节，$G_1(s)$ 也是滞后惯性环节，要实现完全的外扰不变性，$D_2(s)$ 和 $G_b(s)$ 必须是微分环节，这在实际系统中难以构造，并易引入干扰，造成系统不稳定。因此，在控制器 $G_b(s)$ 中往往要设置一个惯性环节，以求得系统的稳定，即：

$$G_b(s) = \frac{1}{G_1(s)G_2(s)} \cdot \frac{1}{T_q s + 1} \tag{4-30}$$

4.3.3 电气传动外扰负荷观测器控制系统

根据前面外扰负荷观测器控制原理，结合电气传动系统数学模型可以推出该系统的传递函数框图，见图 4-9。

为了分析方便，先简化机械动力学模型，认为负载转矩直接加在电机轴上，不考虑电气传动机械弹性体扭振的影响。控制对象与调节器各环节的传递函数为：

$$G_n(s) = K_p \frac{T_n s + 1}{T_n s};\ G_1(s) = \frac{1}{T_c s + 1};G_2(s) = K_T;\ G_3(s) = \frac{1}{Js} \tag{4-31}$$

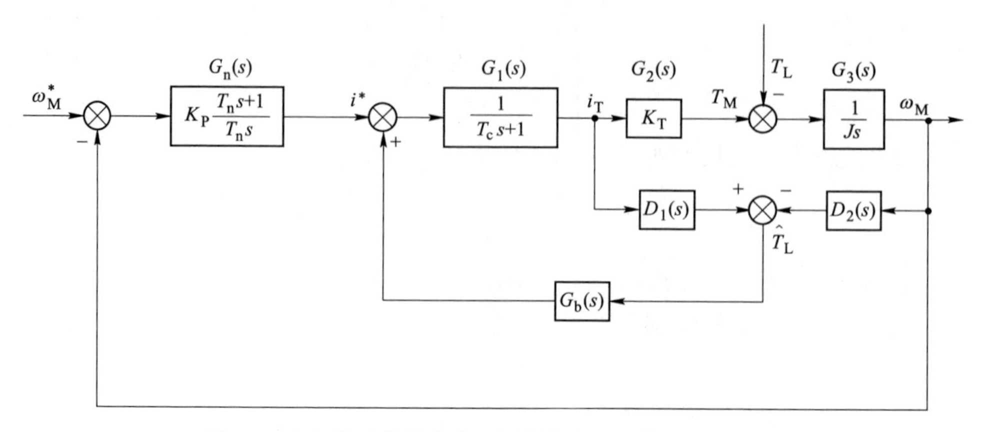

图 4-9　电气传动外扰负荷观测器控制系统传递函数框图

根据前面外扰负荷观测器设计的原则式（4-25）、式（4-30），由扰动不变原理可以构造出轧制扰动负荷观测器为：

$$D_1(s) = G_2(s) = \hat{K}_T, \qquad D_2(s) = \frac{1}{G_3(s)} = \hat{J}s$$

$$G_b(s) = \frac{1}{G_1(s)G_2(s)} \cdot \frac{1}{T_q s + 1} = \frac{T_c s + 1}{T_q s + 1} \cdot \frac{1}{K_T} \tag{4-32}$$

由式（4-32）构造出外扰负荷观测器，见图 4-10。

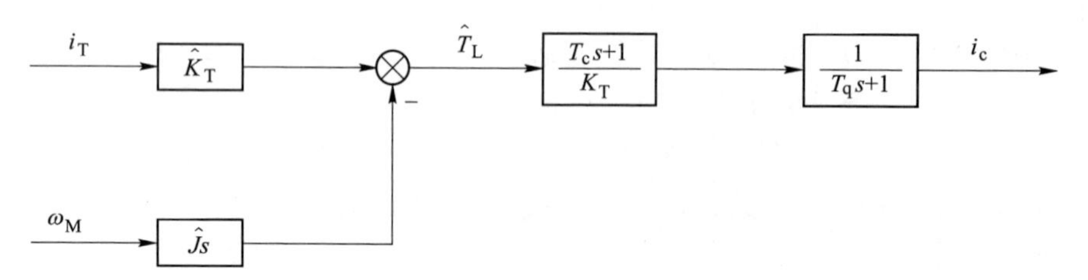

图 4-10　外扰负荷观测器框图

如图 4-9 所示系统开环传递函数为：

$$G_K(s) = G_1(s)G_2(s)G_3(s)G_c(s) = \frac{K_p K_T(T_n s + 1)}{T_n J s^2 (T_c s + 1)} \tag{4-33}$$

当 $T_q(s)=0$ 时，实现完全的扰动不变性，系统闭环传递函数中消除了负载转矩 $T_L(s)$的影响，变为只对速度给定值 $\omega_M^*(s)$的跟随系统，即：

$$\omega_M(s) = \frac{G_K(s)}{1 + G_K(s)}\omega_M^*(s)$$

$$= \frac{K_p K_T(T_n s + 1)}{T_n J T_c s^3 + T_n J s^2 + K_p K_T T_n s + K_p K_T}\omega_M^*(s) \tag{4-34}$$

实际上补偿环节必须要加入滤波器，$T_q(s)$不可能等于零。在实际中，往往设计让 $T_q(s)=T_i(s)$，即 $T_q(s)$设计为电流调节环的等效时间常数 T_i，因此，补偿控制器变为

$$G_b(s)=\frac{1}{K_T} \tag{4-35}$$

观测器输出不用经过微分环节而直接送到电流调节器输入相加，在实际工程中易于实现并得到了广泛应用。

为此，系统闭环传递函数为：

$$\begin{aligned}\omega_M(s)&=\frac{G_K(s)\omega_M^*(s)-[1-G_1(s)]G_3(s)T_L(s)}{1+G_K(s)}\\&=\frac{K_pK_T(T_ns+1)\omega_M^*(s)-T_nT_cs^2T_L(s)}{T_nT_cJs^3+T_nJs^2+K_pK_TT_ns+K_pK_T}\end{aligned} \tag{4-36}$$

下面我们讨论传统速度电流双闭环控制和扰动负荷观测器控制系统在负载扰动阶跃变化情况下，电机速度和连接轴所承受转矩的动态响应。

图 4-11（a）是负载扰动阶跃变化的电机速度响应波形，图 4-11（b）是连接轴转矩的响应波形。在突加负载时，双闭环控制的动态速降大约为 4.5%，恢复时间大约为 425ms；带扰动负荷观测器控制系统的动态速降大约为 2.5%，恢复时间大约为 125ms；连接轴上所承受的转矩强度减小，时间缩短 70%。对比双闭环控制，扰动负荷观测器控制系统对轧机突加负载的动态响应特性和连接轴的扭振现象有很大程度的改善。

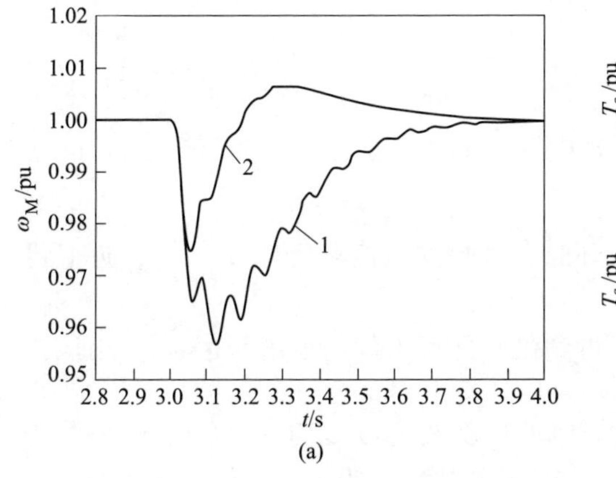

(a)

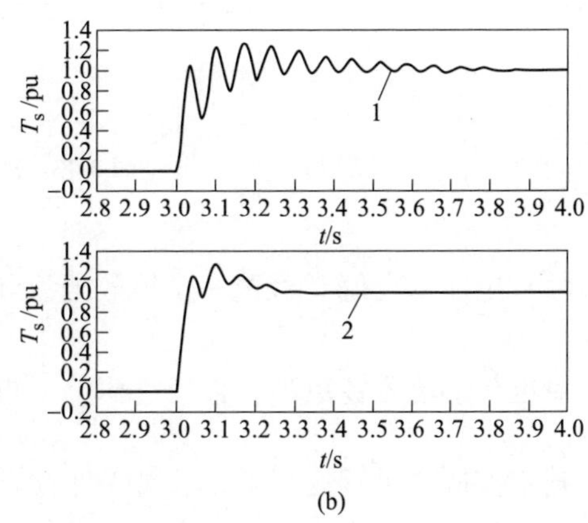

(b)

图 4-11 突加负载时的电机的动态响应波形

（曲线 1 为 PI 调节器，曲线 2 为负荷观测器控制）

（a）电机速度的响应波形；（b）连接轴转矩的响应波形

4.4　外扰模型前馈控制

4.4.1　外扰模型前馈控制的基本原理

前述的外扰负荷观测器控制系统具有较好的抗扰动特性，本节介绍日本学者提出的一种工程简化的外扰观测控制系统，称为模拟前馈控制 SFC（simulation following control）。图 4-12 是 SFC 的基本结构。

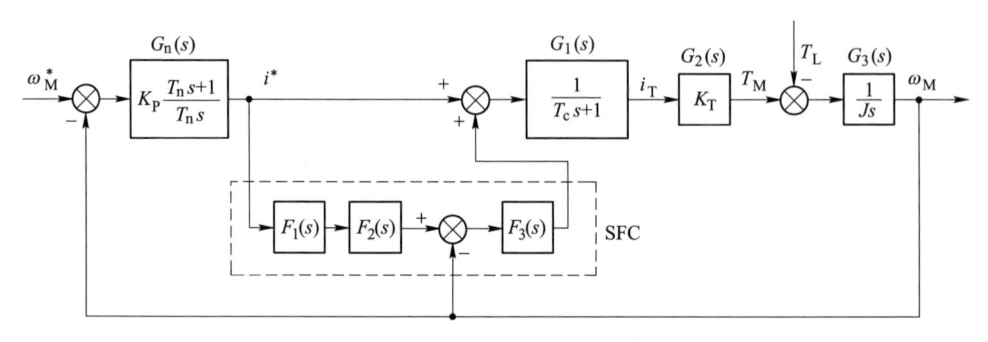

图 4-12　模型前馈控制 SFC 的基本结构

图 4-12 中 $F_1(s)$、$F_2(s)$、$F_3(s)$构成 SFC 模拟器。由于该模拟器取电流给定值作为输入量，其输出又加到电流给定值中，形成了前馈控制。图 4-13 为 SFC 模拟器的构成示意图。

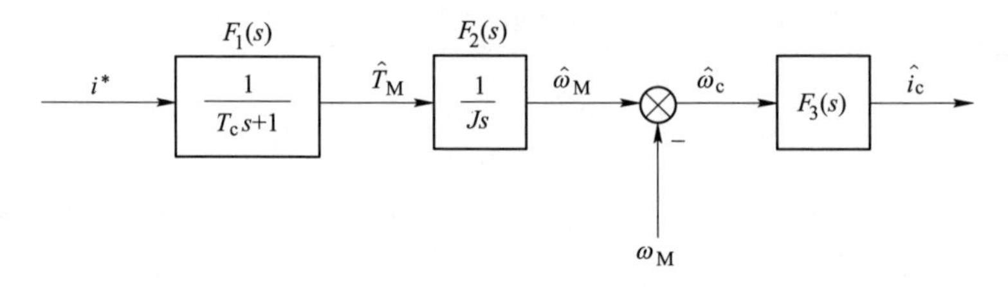

图 4-13　SFC 模拟器构成

电流给定值 i^* 经过一个等效电流环时间常数的惯性滞后环节$\frac{1}{T_c s+1}$，近似得到电机的电磁转矩$\hat{T}_M$，再经过积分$\frac{1}{Js}$得到没有外扰条件的电机转速 $\hat{\omega}_M$，用该转速与实际电机转速相减，求出受外扰影响的速度变化 $\hat{\omega}_c$，将 $\hat{\omega}_c$ 经 $F_3(s)$环节作为外扰电流补偿量加入电流给定值中，消除外扰影响。为了消除负载转矩的外扰影响，外扰速度 $\hat{\omega}_c$ 变换到外扰负载转矩，再折算到电流给定侧，应经过 $G_3(s)$、$G_2(s)$和 $G_1(s)$传递函数的逆，即理想的补偿控制器 $F_3(s)$应设计为

$$F_3(s)=\frac{1}{G_3(s)G_2(s)G_1(s)}=\frac{1}{K_T}Js(T_is+1) \tag{4-37}$$

这是一个二阶微分环节，在实际工程中是很难实现的，即使仿真分析也容易造成系统的发散振荡。实际工程往往只把 $F_3(s)$ 变为一个比例环节，$F_3(s)=K_3$，直接将观测到的外扰速度，加权送入电流给定值相加点作为外扰转矩补偿值。图 4-14 为 SFC 模拟器在轧制扰动时的各点波形。

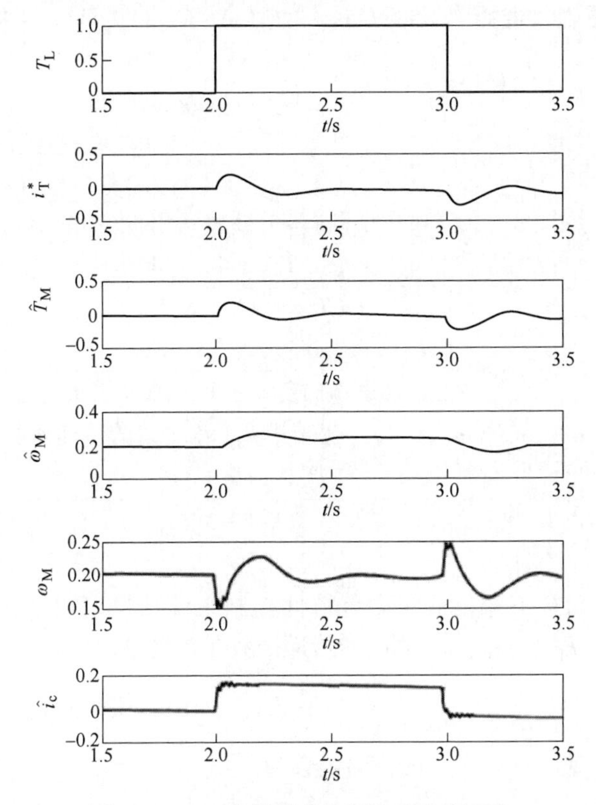

图 4-14 SFC 模拟器在轧制扰动时的波形

由图 4-14 可见，当外扰转矩 T_L 阶跃变化时，电机转速 ω_M 产生速度降，SFC 计算的前馈电机速度 $\hat{\omega}_M$ 由于经惯性滞后和积分环节呈缓慢变化，$\hat{\omega}_M$ 与 ω_M 相减得到外扰速度 $\hat{\omega}_c$ 的变化值，将其作比例变换加到电流给定值中作为外扰补偿电流 $\hat{i}_c$，可以发现补偿电流 $\hat{i}_c$，与负载转矩 T_L 波形相同，可见 $\hat{i}_c$ 是作为负载转矩电流加入电流给定值中，达到与前述负荷观测器控制相同的效果。

4.4.2 外扰模型前馈控制系统

由图 4-13 可以写出：

$$\omega_{M}(s)=\frac{1}{1+G_{k}(s)}[G_{K}(s)\omega_{M}^{*}(s)-G_{a}(s)T_{L}(s)] \tag{4-38}$$

其中

$$G_{a}(s)=\frac{G_{3}(s)}{1+G_{1}(s)G_{2}(s)G_{3}(s)F_{3}(s)}$$

$$G_{k}(s)=G_{n}(s)[1+F_{1}(s)F_{2}(s)F_{3}(s)]\frac{G_{1}(s)G_{2}(s)G_{3}(s)}{1+G_{1}(s)G_{2}(s)G_{3}(s)F_{3}(s)}$$

根据 SFC 原理，选择 $F_{1}(s)=G_{1}(s)$，$F_{2}(s)=G_{3}(s)$，$F_{3}(s)=K_{3}(s)$，那么：

$$G_{a}(s)=\frac{G_{3}(s)}{1+G_{1}(s)G_{2}(s)G_{3}(s)K_{3}(s)}$$

$$G_{k}(s)=G_{n}(s)[1+G_{1}(s)G_{3}(s)K_{3}(s)]\frac{G_{1}(s)G_{2}(s)G_{3}(s)}{1+G_{1}(s)G_{2}(s)G_{3}(s)F_{3}(s)} \tag{4-39}$$

代入 $G_{1}(s)$、$G_{2}(s)$、$G_{3}(s)$、$G_{n}(s)$各关系式求出：

$$G_{a}(s)=\frac{T_{c}s+1}{Js(T_{c}s+1)+K_{T}K_{3}} \tag{4-40}$$

$$G_{K}(s)=\frac{K_{p}K_{T}(T_{n}s+1)[Js(T_{c}s+1)+K_{3}]}{T_{n}Js^{2}(T_{c}s+1)[Js(T_{c}s+1)+K_{T}K_{3}]}$$

可以推导出电机转速 $\omega_{M}(s)$与外扰转矩 $T_{L}(s)$之间的传递函数

$$\frac{\omega_{M}(s)}{T_{L}(s)}=-\frac{JT_{n}s^{2}(T_{c}s+1)^{2}}{T_{n}Js^{2}(T_{c}s+1)[Js(T_{c}s+1)+K_{T}K_{3}]+K_{p}K_{T}(T_{n}s+1)[Js(T_{c}s+1)+K_{3}]} \tag{4-41}$$

由此可见，SFC 不像负荷观测鲁棒性控制系统那样可以实现扰动不变性控制，其外扰转矩 T_{L} 与转速 ω_{M} 之间的传递函数非常复杂。

如果令 $F_{3}(s)=\dfrac{1}{G_{1}(s)G_{2}(s)G_{3}(s)}=\dfrac{1}{K_{T}}Js(T_{c}s+1)$，实现理想 SFC 控制，可以推导出外扰与转速 $\omega_{M}(s)$之间的传递函数为

$$\frac{\omega_{M}(s)}{T_{L}(s)}=-\frac{T_{n}s(T_{c}s+1)}{2T_{n}s^{2}M+K_{p}J(K_{T}+1)(T_{n}s+1)} \tag{4-42}$$

由式（4-42）可见，理想的 SFC 控制尽管可以大大简化表达式，但仍不能消除外扰 $T_{L}(s)$对 $\omega_{M}(s)$转速的影响。

下面我们讨论传统速度电流双闭环控制和外扰模型前馈（SFC）控制系统在负载扰动阶跃变化情况下，电机速度和连接轴所承受转矩的动态响应。

图 4-15（a）是负载扰动阶跃变化的电机速度响应波形，图 4-15（b）是连接轴转矩的响应波形。在突加负载时，双闭环控制的动态速降大约为 4.5%，恢复时间（设允许误差为 1%）大约为 425ms；SFC 控制的动态速降大约为 2.4%，恢复时间大约为 120ms；连接轴上所承受的转矩强度减小，时间缩短 70%。对比双闭环控制，采用 SFC 控制对轧机突加负载的动态响应特性和连接轴的扭振现象

有很大程度的改善。应该指出，采用负荷观测器和SFC控制后，连接轴在承受突加负荷时产生的扭振要比双闭环系统有所改善，见图4-12和图4-17，但仍不能消除扭振的影响。

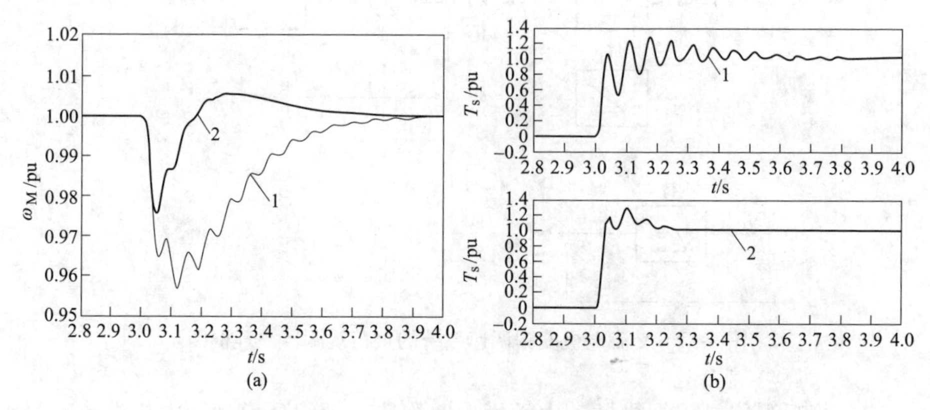

图4-15　突加负载时的电机的动态响应波形

（曲线1为PI调节器，曲线2为SFC控制）

（a）电机速度的响应波形；（b）连接轴转矩的响应波形

综上所述，SFC控制简单易行，避免了微分环节构造，只用积分器和滞后惯性环节，抗干扰能力强，调整参数少。SFC控制已用于大型热、冷连机电气传动系统中，取得较好的应用效果。图4-16为大型热连电气传动系统采用SFC抗轧制扰动补偿的电机速度和轧辊速度实际波形。

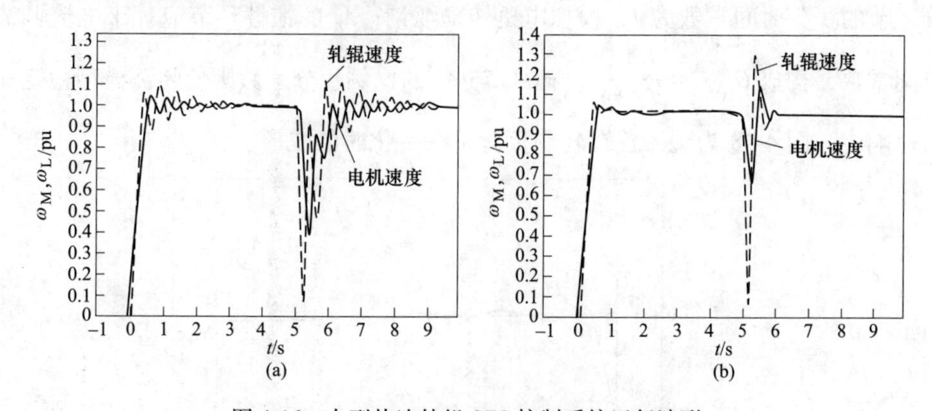

图4-16　大型热连轧机SFC控制系统运行波形

（a）双闭环控制的电机和轧辊速度波形；（b）SFC控制的电机和轧辊速度波形

4.5　抗负载扰动控制的工程应用

本节介绍抗负载扰动控制在电气传动中的实际应用。图4-17为交流电机变频调速系统工程实际的负荷观测器原理框图。

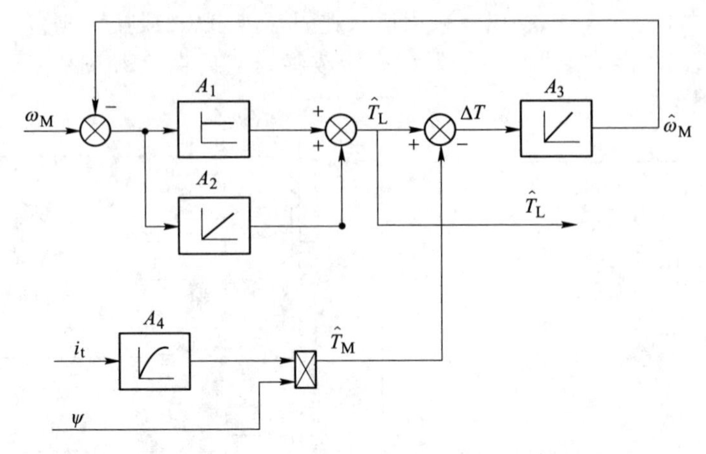

图 4-17　交流电机变频调速系统的负荷观测器原理框图

该负荷观测器是根据机械动力学模型，构造一个闭环模型，电机电流 i_t 经 A_4 惯性环节后与磁通 ψ 相乘得到电机电磁转矩观测值 $\hat{T}_M$，$\hat{T}_M$ 与闭环模型的观测值 $\hat{T}_L$ 相减得到动态转矩 ΔT，经 A_3 的积分环节形成转速观测值 $\hat{\omega}_M$，$\hat{\omega}_M$ 与实际速度 ω_M 相比较再由 A_1、A_2 构成的比例积分调节器形成闭环控制系统。在 A_2 的积分调节作用下，使 $\hat{\omega}_M$ 观测值始终跟随实际转速 ω_M 的变化，达到机械动力学方程的平衡。该观测器避免了微分环节，改由积分环节闭环控制来构成。其中 A_3 积分环节的积分时间常数为 $\hat{J}$，模拟电机转动惯量；A_4 的惯性环节应等于电流调节时间常数，构成 $G_1(s)=\dfrac{1}{T_c s+1}$，而 A_1 与 A_2 的比例积分系数则使闭环模型稳定和快速响应。图 4-18 为观测器在轧制负荷阶跃变化时的波形。

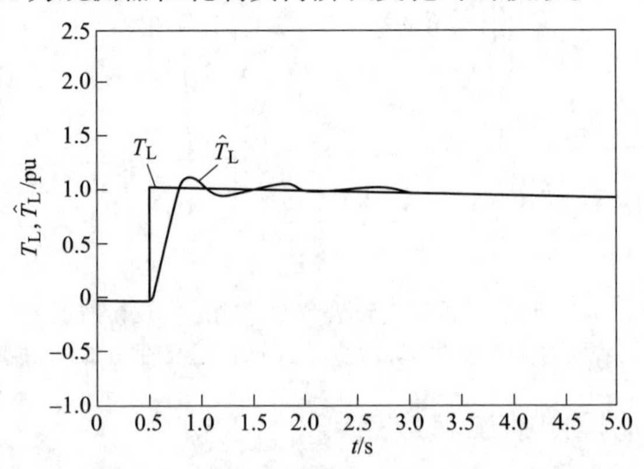

图 4-18　轧制负荷阶跃变化时观测器的波形

某热连轧机精轧机 $F_1 \sim F_6$ 主传动系统由直流传动改造为交交变频同步电机全数字调速后，速度响应大大加快，咬钢时动态恢复时间由 500ms 减少到 150ms 以内，但快速灵敏的电气传动系统对负荷扰动的敏感性亦大大提高，图 4-19（a）为 F_4 机架由于轧辊偏心，负荷周期性变化，引起电流振荡，造成系统速度不稳定，使活套调节困难。而这种负荷周期性变化的频率是随转速等状态变量变化的，无法用陷波滤波器避开。由图 4-19（b）可以看到，加入负荷观测器控制之后，轧辊偏心造成的电流波动对速度的影响明显减少，说明该系统对负荷扰动有良好的鲁棒性，大大改善了活套和 AGC 控制，为提高产品质量奠定了坚实的基础。

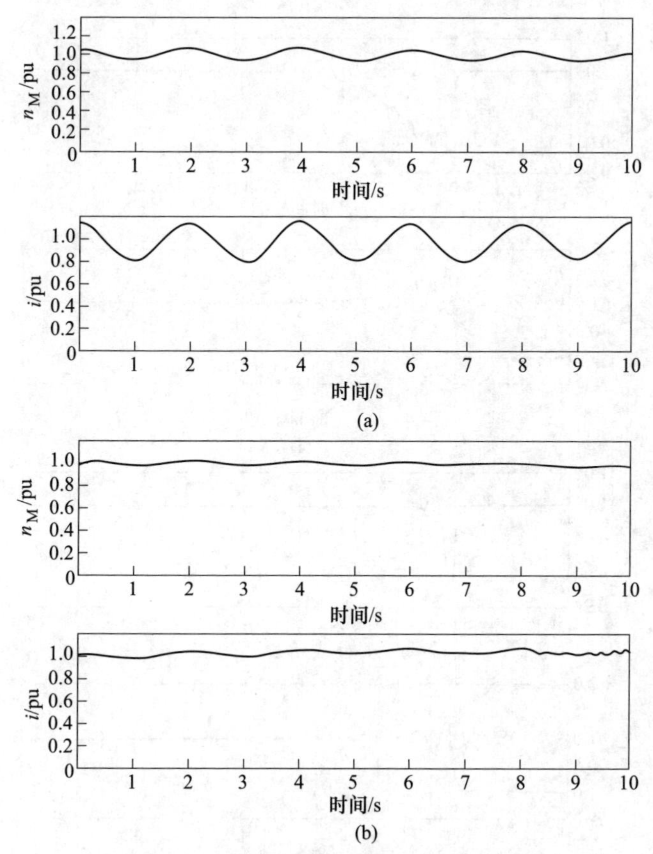

图 4-19 轧辊偏心负荷周期性变化实际波形
（a）没有加负荷观测器；（b）加入负荷观测器

改造后的热连轧机为了增加品种，轧制薄钢板，需要增加各机架的轧制力和轧制功率，咬钢时电机的冲击负荷转矩达到其额定值的 2 倍。由于交流电机功率大，响应快，传动系统的快速响应给原轧机机械系统带来了新的问题，原轧机机架和机械传动系统在巨大的咬钢冲击，传动系统强有力的驱动和快速响应作用下，产生强烈的机械刚性振荡，反映到电机控制系统中出现负荷电流激振，如图 4-20（a）所示，该振荡甚至引起过电流跳闸。为了防止突加负载引起的电流激振，只好牺牲速度控制系统的响应，减少速度调节器的放大系数，系统动态响应减到 400ms。加入负荷观测器控制后，系统抗负荷冲击的能力大大加强，动态速降和恢复时间明显减少，充分发挥了交流调速高精度，高动态响应的优势。由图 4-20（b）看到，传动系统在咬钢时，电机转速只一个振荡周期就恢复到原来速度，消除了电流激振，加快了速度降恢复时间，使整个轧机系统的稳定性大大加强，提升了轧机的轧制能力。

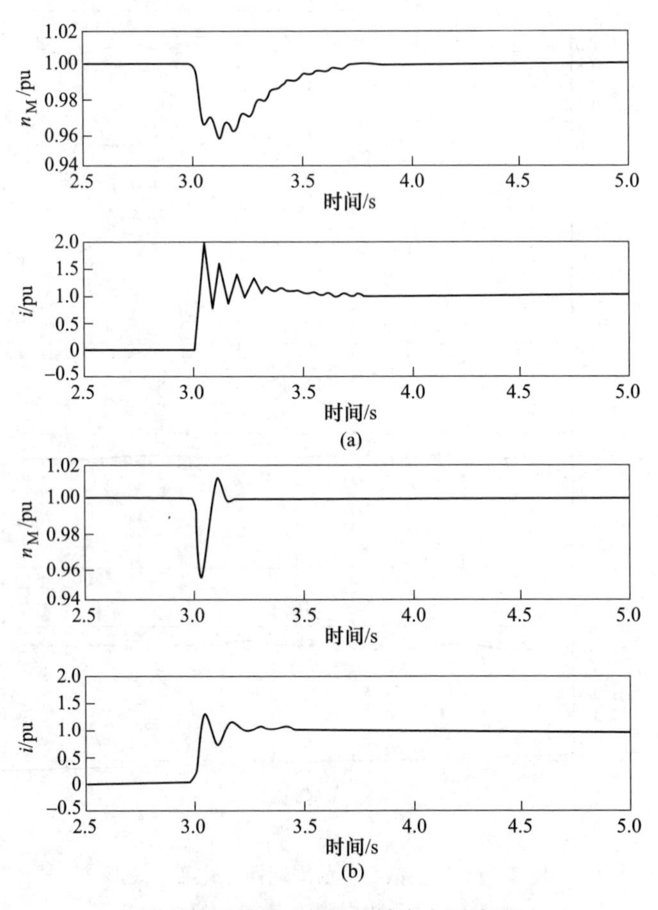

图 4-20　轧钢过程咬钢冲击实际波形

（a）没有加负荷观测器；（b）加入负荷观测器

第 5 章　电气传动系统的动力学模型

大功率电气传动系统的传动链由电机、连接轴、减速机以及机械负载等组成。为了便于分析，机械传动系统可以简化为由电动机和负载通过中间弹性轴连接在一起的二质量传动系统，本章将建立二质量传动系统的数学模型，研究各物理量之间的关系，并推导其传递函数；采用 MATLAB 软件绘制系统频率特性曲线，分析二质量传动系统的谐振特性；并在此基础上，讨论机械参数对谐振特性的影响。

5.1　二质量系统的数学模型

为了分析方便，对复杂的电气传动系统进行简化，化简为电机和负载通过弹性轴连接的二质量模型，如图 5-1 所示。

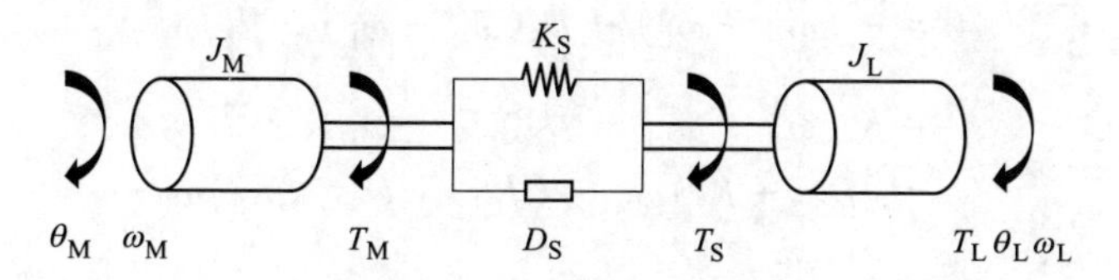

图 5-1　二质量传动系统

T_M—电机输出电磁转矩；T_L—负荷转矩；T_S—连接轴扭矩；K_S—连接轴弹性系数；D_S—连接轴阻尼系数；ω_M—电机旋转角频率；ω_L—负载旋转角频率；θ_M—电机旋转角度；θ_L—负载旋转角度；J_M—电机转动惯量；J_L—负载转动惯量

5.1.1　二质量模型的传递函数

根据动力学原理，图 5-1 的二质量传动系统的运动方程为：

$$\begin{cases} T_M - T_S = J_M \dfrac{d\omega_M}{dt} = J_M s\omega_M \\ T_S - T_L = J_L \dfrac{d\omega_L}{dt} = J_L s\omega_L \end{cases} \tag{5-1}$$

式中，s 为微分算子，$s=\dfrac{d}{dt}$。

连接轴扭矩由两部分组成，一部分是弹性连接轴传递转矩时产生扭转变形的

弹性扭矩 T_W，该扭矩与连接轴的弹性系数 K_S、电机转子转角 θ_M 与负载转角 θ_L 之差相关，连接轴弹性扭矩为：

$$T_W = K_S(\theta_M - \theta_L) = \frac{K_S}{s}(\omega_M - \omega_L) \tag{5-2}$$

连接轴传递的另一部分扭转力矩为阻尼扭矩 T_D，该扭矩与连接轴阻尼系数 D_S、电机旋转角频率 ω_M 与负载旋转角频率 ω_L 之差相关：

$$T_D = D_S(\omega_M - \omega_L) \tag{5-3}$$

则动力学方程式（5-1）可以写为：

$$\begin{cases} T_M - T_W - T_D = J_M s\omega_M \\ T_W + T_D - T_L = J_L s\omega_L \end{cases} \tag{5-4}$$

将式（5-2）、式（5-3）代入式（5-4），推导得到：

$$T_M = \frac{K_S}{s}(\omega_M - \omega_L) + D_S(\omega_M - \omega_L) + J_M s\omega_M \tag{5-5}$$

$$T_L = \frac{K_S}{s}(\omega_M - \omega_L) + D_S(\omega_M - \omega_L) - J_L s\omega_L \tag{5-6}$$

为了便于分析，考虑负载转矩为 0，即 $T_L=0$，式（5-6）为：

$$\begin{aligned} 0 &= \frac{K_S}{s}(\omega_M - \omega_L) + D_S(\omega_M - \omega_L) - J_L s\omega_L \\ &= K_S(\omega_M - \omega_L) + D_S(\omega_M - \omega_L)s - J_L\omega_L s^2 \\ &= (D_S s + K_S)\omega_M - (J_L s^2 + D_S s + K_S)\omega_L \end{aligned} \tag{5-7}$$

求得 ω_L 为：

$$\omega_L = \frac{D_S s + K_S}{J_L s^2 + D_S s + K_S}\omega_M \tag{5-8}$$

将式（5-8）代入式（5-5）中，得：

$$T_M = \frac{s(J_M + J_L)\left(\dfrac{J_M J_L}{J_M + J_L}s^2 + D_S s + K_S\right)}{J_L s^2 + D_S s + K_S}\omega_M \tag{5-9}$$

推导得到电机旋转角频率与电机转矩的传递函数为：

$$\frac{\omega_M}{T_M} = \frac{1}{(J_M + J_L)s} \cdot \frac{J_L s^2 + D_S s + K_S}{\dfrac{J_M J_L}{J_M + J_L}s^2 + D_S s + K_S} \tag{5-10}$$

将式（5-8）和式（5-10）联立，推导得到负载旋转角频率与电机转矩的传递函数为：

$$\frac{\omega_L}{T_M} = \frac{1}{(J_M + J_L)s} \cdot \frac{D_S s + K_S}{\dfrac{J_M J_L}{J_M + J_L}s^2 + D_S s + K_S} \tag{5-11}$$

电机旋转角频率与电机转矩的传递函数式（5-10），当分子为0时，该传递函数的增益最小：

$$J_{\mathrm{L}}s^2 + D_{\mathrm{S}}s + K_{\mathrm{S}} = 0 \tag{5-12}$$

将 $s = \mathrm{j}\omega_{\mathrm{a}}$ 代入式（5-12）中，则：

$$-\omega_{\mathrm{a}}^2 J_{\mathrm{L}} + \mathrm{j}\omega_{\mathrm{a}} D_{\mathrm{S}} + K_{\mathrm{S}} = 0 \tag{5-13}$$

得到系统的反谐振频率为：

$$\omega_{\mathrm{a}} = \sqrt{\frac{K_{\mathrm{S}}}{J_{\mathrm{L}}}} \tag{5-14}$$

反谐振频率大小与连接轴弹性系数正相关，当连接轴弹性系数大时，反谐振频率也大，当连接轴弹性系数小时，反谐振频率小；同时，反谐振频率大小与负载转矩大小成负相关，当负载转矩大时，反谐振频率小，当负载转矩小时，反谐振频率大。

当电机旋转角频率与电机转矩的传递函数式（5-10）的分母为0时，该传递函数的增益最大：

$$\frac{J_{\mathrm{M}}J_{\mathrm{L}}}{J_{\mathrm{M}} + J_{\mathrm{L}}}s^2 + D_{\mathrm{S}}s + K_{\mathrm{S}} = 0 \tag{5-15}$$

将 $s = \mathrm{j}\omega_{\mathrm{r}}$ 代入式（5-15），则：

$$-\frac{J_{\mathrm{M}}J_{\mathrm{L}}}{J_{\mathrm{M}} + J_{\mathrm{L}}}\omega_r^2 + \mathrm{j}D_{\mathrm{S}}\omega_{\mathrm{r}} + K_{\mathrm{S}} = 0 \tag{5-16}$$

得到系统的谐振频率为：

$$\omega_{\mathrm{r}} = \sqrt{\frac{K_{\mathrm{S}}(J_{\mathrm{M}} + J_{\mathrm{L}})}{J_{\mathrm{M}}J_{\mathrm{L}}}} \tag{5-17}$$

系统的谐振频率与连接轴弹性系数正相关，当连接轴弹性系数增大时，谐振频率增大；而当连接轴弹性系数减小时，谐振频率随之减小。

5.1.2 二质量模型传递函数的谐振表达式

电机角频率与电机转矩的传递函数式（5-10）可以写成二阶振荡系统形式：

$$\frac{\omega_{\mathrm{L}}}{T_{\mathrm{M}}} = \frac{1}{J_{\mathrm{M}}s} \cdot \frac{s^2 + \dfrac{D_{\mathrm{S}}}{J_{\mathrm{L}}}s + \dfrac{K_{\mathrm{S}}}{J_{\mathrm{L}}}}{s^2 + D_{\mathrm{S}}\dfrac{J_{\mathrm{M}} + J_{\mathrm{L}}}{J_{\mathrm{M}}J_{\mathrm{L}}}s + K_{\mathrm{S}}\dfrac{J_{\mathrm{M}} + J_{\mathrm{L}}}{J_{\mathrm{M}}J_{\mathrm{L}}}} \tag{5-18}$$

将式（5-18）变成二阶振荡系统形式：

$$\frac{\omega_{\mathrm{M}}}{T_{\mathrm{M}}} = \frac{1}{J_{\mathrm{M}}s} \cdot \frac{s^2 + 2\xi_{\mathrm{a}}\omega_{\mathrm{a}}s + \omega_{\mathrm{a}}^2}{s^2 + 2\xi_{\mathrm{r}}\omega_{\mathrm{r}}s + \omega_{\mathrm{r}}^2} \tag{5-19}$$

在式（5-19）中，可推出谐振频率为：

$$\omega_r = \sqrt{\frac{K_S(J_M + J_L)}{J_M J_L}} \tag{5-20}$$

谐振阻尼系数为：

$$\xi_r = \frac{1}{2}D_S\sqrt{\frac{1}{K_S}\frac{J_M + J_L}{J_M J_L}} \tag{5-21}$$

反谐振频率为：

$$\omega_a = \sqrt{\frac{K_S}{J_L}} \tag{5-22}$$

推导得到反谐振阻尼系数为：

$$\xi_a = \frac{1}{2}D_S\sqrt{\frac{1}{K_S}\frac{1}{J_L}} \tag{5-23}$$

上述二阶振荡系统的谐振频率、阻尼系数等与前面传递函数的推导结果完全一致。

如果我们令负载与电机的惯性之比为 R：

$$R = \frac{J_L}{J_M} \tag{5-24}$$

则系统的谐振频率和反谐振频率有如下关系：

$$\omega_r = \omega_a\sqrt{1 + R} \tag{5-25}$$

系统的谐振阻尼系数和反谐振阻尼系数有如下关系：

$$\xi_r = \xi_a\sqrt{1 + R} \tag{5-26}$$

当系统的惯性比大时，谐振频率增大，系统的谐振频率和反谐振频率两者距离增大，谐振阻尼系数和反谐振阻尼系数的数值相差增加；当系统惯性比小时，谐振频率减小，系统的谐振频率和反谐振频率两者距离减小，谐振阻尼系数和反谐振阻尼系数的数值相差减小。

通常我们在二质量传动系统的分析中，忽略连接轴阻尼系数，即 $D_S = 0$，前面推出的传递函数式（5-10）则变为电机旋转角频率与电机转矩传递函数的简化形式：

$$\frac{\omega_M}{T_M} = \frac{1}{(J_M + J_L)s} \cdot \frac{J_L s^2 + K_S}{\frac{J_M J_L}{J_M + J_L}s^2 + K_S} \tag{5-27}$$

同理，在忽略连接轴阻尼系数的情况下，负载旋转角频率与电机转矩的传递函数变为如下形式：

$$\frac{\omega_L}{T_M} = \frac{1}{(J_M + J_L)s} \cdot \frac{K_S}{\frac{J_M J_L}{J_M + J_L}s^2 + K_S} \tag{5-28}$$

将式（5-27）进行化简，写为含有谐振频率和反谐振频率的形式：

$$\frac{\omega_M}{T_M}=\frac{1}{J_M s}\cdot\frac{s^2+\omega_a^2}{s^2+\omega_r^2} \tag{5-29}$$

将式（5-28）进行化简，写为含有谐振频率和反谐振频率的形式：

$$\frac{\omega_L}{T_M}=\frac{1}{J_M s}\cdot\frac{\omega_a^2}{s^2+\omega_r^2} \tag{5-30}$$

由式（5-29）、式（5-30）推导得到谐振频率和反谐振频率的传递函数为：

$$\frac{\omega_L}{\omega_M}=\frac{\omega_a^2}{s^2+\omega_a^2} \tag{5-31}$$

根据上述的数学关系式，可得到负载旋转角频率与电机转矩的传递函数结构，如图 5-2 所示。

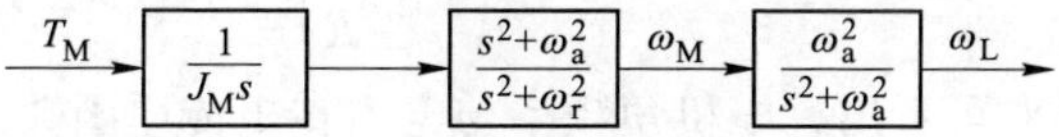

$$T_M \rightarrow \boxed{\frac{1}{J_M s}} \rightarrow \boxed{\frac{s^2+\omega_a^2}{s^2+\omega_r^2}} \xrightarrow{\omega_M} \boxed{\frac{\omega_a^2}{s^2+\omega_a^2}} \xrightarrow{\omega_L}$$

图 5-2　传递函数结构图

5.1.3　二质量模型的谐振幅值

将 $s=j\omega_r$ 代入电机旋转角频率与电机转矩的传递函数式（5-10）中，推导得到：

$$\begin{aligned}G(j\omega_r)&=\frac{1}{(J_M+J_L)j\omega_r}\cdot\frac{J_L^2(j\omega_r)^2+D_S j\omega_r+K_S}{\dfrac{J_M+J_L}{J_M J_L}(j\omega_r)^2+D_S j\omega_r+K_S}\\&=\frac{1}{(J_M+J_L)\omega_r}\cdot\frac{(J_L\omega_r^2-K_S)j+D_S\omega_r}{\left(K_S-\dfrac{J_M+J_L}{J_M J_L}\omega_r^2\right)+D_S j\omega_r}\\&=\frac{J_L\omega_r^2-K_S}{(J_M+J_L)\omega_r^2 D_S}-\frac{1}{(J_M+J_L)\omega_r}j\end{aligned} \tag{5-32}$$

将谐振频率式代入式（5-32），对其进行化简，推导出：

$$G(j\omega_r)=\frac{J_L^2}{(J_M+J_L)^2 D_S}-\sqrt{\frac{J_M J_L}{K_S(J_M+J_L)^2}}j \tag{5-33}$$

对式（5-33）求其模值，推导得到谐振峰值：

$$|G(j\omega_r)|=\sqrt{\left[\frac{J_L^2}{(J_M+J_L)^2 D_S}\right]^2+\left[\sqrt{\frac{J_M J_L}{K_S(J_M+J_L)^3}}\right]^2}$$

$$= \sqrt{\frac{J_L^4}{(J_M + J_L)^4 D_S^2} + \frac{J_M J_L}{K_S (J_M + J_L)^3}} \tag{5-34}$$

考虑式中各机械参数大小的量级差别，可以得到：

$$\frac{J_L^4}{(J_M + J_L)^4 D_S^2} \gg \frac{J_M J_L}{K_S (J_M + J_L)^3} \tag{5-35}$$

传递函数谐振峰值式（5-34）可以近似化简为：

$$|G(j\omega_r)| = \frac{J_L^2}{(J_M + J_L)^2 D_S} \tag{5-36}$$

将式（5-36）化为含惯性比的形式为：

$$|G(j\omega_r)| = \frac{1}{D_S\left(1 + \frac{1}{R}\right)^2} \tag{5-37}$$

通过式（5-37）可看出，电机角频率与电磁转矩传递函数谐振峰值的大小与阻尼系数成反比关系，阻尼系数大谐振峰值小，阻尼系数小则谐振峰值大；谐振峰值与惯性比成正相关，惯性比大谐振峰值大，惯性比小，谐振峰值小。

5.1.4　二质量系统频率特性实例分析

下面我们以某钢厂粗轧机组可逆中板轧机传动系统为例，对其谐振频率特性进行分析。该传动系统实际参数如下：

电机的转动惯量 $J_M = 64300\text{kg}\cdot\text{m}^2$，负载转动惯量 $J_L = 25116\text{kg}\cdot\text{m}^2$，轧机阻尼比为 0.02 时，计算出：阻尼系数 $D_S = 6.7566\times10^4$，连接轴弹性系数 $K_S = 1.5839\times10^8\text{N}\cdot\text{m/rad}$。

传动系统的谐振角频率为：

$$\omega_r = \sqrt{\frac{K_S(J_M + J_L)}{J_M J_L}} = \sqrt{\frac{1.5839 \times 10^8 \times (64300 + 25116)}{64300 \times 25116}} = 93.6451\text{rad/s} \tag{5-38}$$

$$f_r = \frac{\omega_r}{2\pi} = \frac{93.6451}{2\pi} = 14.9116\text{Hz} \tag{5-39}$$

系统的反谐振频率：

$$\omega_a = \sqrt{\frac{K_S}{J_L}} = \sqrt{\frac{1.5839 \times 10^8}{25116}} = 79.4125\text{rad/s} \tag{5-40}$$

$$f_a = \frac{\omega_a}{2\pi} = \frac{79.4125}{2\pi} = 12.6453\text{Hz} \tag{5-41}$$

传动系统电机角频率与电磁转矩传递函数的谐振峰值：

$$|G(j\omega_r)| = \frac{J_L^2}{(J_M + J_L)^2 D_S} = 1.1662 \times 10^{-6} \tag{5-42}$$

借助 MATLAB 仿真平台，对二质量传动系统的频率特性进行仿真分析，得到二质量传动系统电机旋转角频率与电机转矩传递函数的频率特性曲线 Bode 图，如图 5-3 所示。

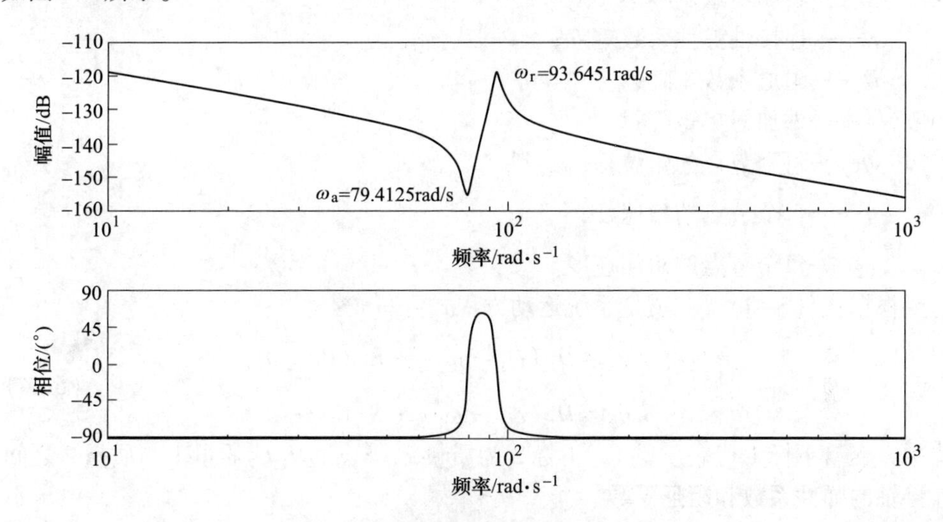

图 5-3　二质量传动系统的频率特性曲线

仿真得到频率特性曲线的谐振频率、反谐振频率以及谐振峰值等与公式计算结果一致，验证了理论分析的有效性。

5.2　多质量系统的数学模型

轧机的传动系统实际上是很多惯量通过连接轴、变速箱以及齿轮连接而成的复杂轴系，并随之产生一系列系统固有振荡频率，而每个轴上的扭振情况取决于这些系统固有振荡频率（即系统特征根）的共同作用。系统极点的数量与系统的阶数（等于连接轴数量）相同。

5.2.1　二质量系统的状态方程

在上一小节，我们对两质量系统的传递函数模型进行了分析。传递函数方法的优点是它提供了一种实用的系统分析和设计方法，并且可以用框图模型将子系统或部件组合成一个整体加以描述和分析。而目前控制理论通常采用另一种时域内的系统建模方法——状态空间法。同前面一样，我们仍以 n 阶常微分方程描述的物理系统作为研究对象。通过引入一组状态变量之后（状态变量的选取不是唯一的），可以得到一个 1 阶微分方程组。在状态空间模型中，将用矩阵形式表示这个方程组，这样更便于用计算机进行求解和分析。

根据多质量弹性系统动力学，可以写出以矩阵形式表示的通用系统运动方程式：

$$J\ddot{\theta} + D\dot{\theta} + K\theta = T(t) \tag{5-43}$$

式中　J——转动惯量矩阵；

K——连接轴弹性系数矩阵；

D——阻尼系数矩阵；

$T(t)$——外加力矩矩阵；

θ——每个节点的角位移；

$\dot{\theta}$——每个节点的角速度；

$\ddot{\theta}$——每个节点的角加速度。

根据式（5-43），二质量系统运动方程式可写成：

$$\begin{cases} T_1 - J_1\ddot{\theta}_1 = D_{12}(\omega_1 - \omega_2) + K_{12}(\theta_1 - \theta_2) \\ T_2 - J_2\ddot{\theta}_2 = D_{12}(\omega_2 - \omega_1) + K_{12}(\theta_2 - \theta_1) \end{cases} \tag{5-44}$$

式中，变量下标 1 代表质量 1，下标 2 为质量 2，K_{12}和 D_{12}为质量 1 与质量 2 之间连接轴的弹性系数和阻尼系数。

对上式等号两端进行拉氏变换，得到的传递函数为：

$$\begin{bmatrix} s^2J_1 + sD_{12} + K_{12} & -(sD_{12} + K_{12}) \\ -(sD_{12} + K_{12}) & s^2J_2 + sD_{12} + K_{12} \end{bmatrix} \begin{bmatrix} \theta_1(s) \\ \theta_2(s) \end{bmatrix} = \begin{bmatrix} T_1(s) \\ T_2(s) \end{bmatrix} \tag{5-45}$$

设：

$$\begin{cases} x_1 = \theta_1 \\ x_2 = \dot{\theta}_1 = \omega_1 \\ x_3 = \theta_2 \\ x_4 = \dot{\theta}_2 = \omega_2 \end{cases}$$

则：

$$\begin{cases} \dot{x}_1 = x_2 \\ \dot{x}_2 = \dfrac{-K_{12}}{J_1}x_1 - \dfrac{D_{12}}{J_1}x_2 + \dfrac{K_{12}}{J_1}x_3 + \dfrac{D_{12}}{J_1}x_4 + \dfrac{T_1}{J_1} \\ \dot{x}_3 = x_4 \\ \dot{x}_4 = \dfrac{K_{12}}{J_2}x_1 + \dfrac{D_{12}}{J_2}x_2 - \dfrac{K_{12}}{J_2}x_3 - \dfrac{D_{12}}{J_2}x_4 + \dfrac{T_2}{J_2} \end{cases}$$

设：

$$\begin{cases} \Delta\theta = \theta_1 - \theta_2 \\ \Delta\dot{\theta} = \omega_1 - \omega_2 = \dot{\theta}_1 - \dot{\theta}_2 \end{cases}$$

则式（5-45）改写成：

$$\begin{cases}\Delta\dot{\theta}=\omega_1-\omega_2\\ \dot{\omega}_1=\dfrac{-K_{12}}{J_1}\Delta\theta-\dfrac{D_{12}}{J_1}\omega_1+\dfrac{D_{12}}{J_1}\omega_2+\dfrac{T_1}{J_1}\\ \dot{\omega}_2=\dfrac{K_{12}}{J_2}\Delta\theta+\dfrac{D_{12}}{J_2}\omega_1-\dfrac{D_{12}}{J_2}\omega_2+\dfrac{T_2}{J_2}\end{cases} \tag{5-46}$$

又因为

$$T_{12}=K_{12}\Delta\theta+D_{12}(\omega_2-\omega_1) \tag{5-47}$$

因此根据现代控制理论，我们可以写出轧机二质量模型的状态方程：

$$\begin{bmatrix}\Delta\dot{\theta}\\ \dot{\omega}_1\\ \dot{\omega}_2\end{bmatrix}=\begin{bmatrix}0 & 1 & -1\\ \dfrac{-K_{12}}{J_1} & \dfrac{-D_{12}}{J_1} & \dfrac{D_{12}}{J_1}\\ \dfrac{K_{12}}{J_2} & \dfrac{L}{J_2} & \dfrac{-L}{J_2}\end{bmatrix}\begin{bmatrix}\Delta\theta\\ \omega_1\\ \omega_2\end{bmatrix}+\begin{bmatrix}0\\ \dfrac{1}{J_1}\\ 0\end{bmatrix}T_1+\begin{bmatrix}0\\ 0\\ \dfrac{1}{J_2}\end{bmatrix}T_2 \tag{5-48}$$

$$T_{12}=[K_{12}\quad -D_{12}\quad D_{12}][\Delta\theta\quad \omega_1\quad \omega_2]^{\mathrm{T}}$$

5.2.2　三质量系统模型

前一节所分析的二质量系统是电气传动系统的最简单模型，实际的轧机传动是个多质量弹簧系统。如图 5-4 所示的一个不带减速机的四辊轧机传动系统可以看成是一个三质量、两个连接轴的系统。三质量系统的模型如图 5-5 所示。其中 J_1 代表电机，J_3 代表轧辊，J_2 代表变速箱以及齿轮，K_{12}、K_{23} 是各轴的弹性系数。

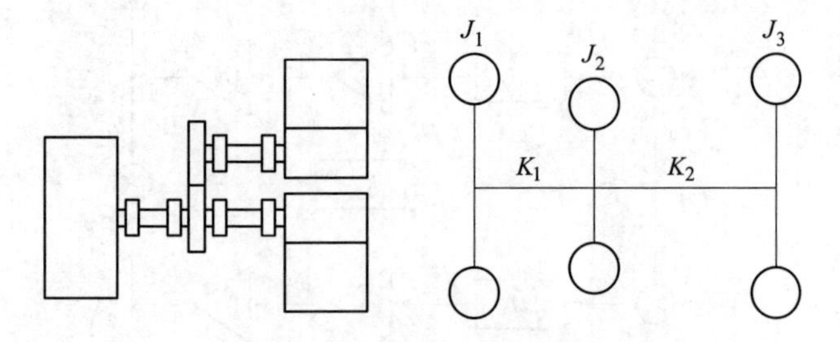

图 5-4　四辊轧机（无减速机）

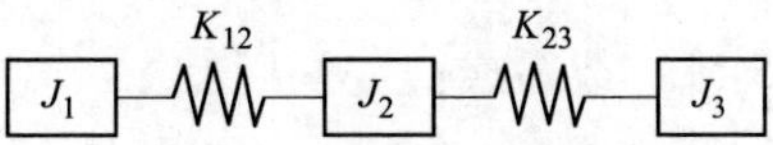

图 5-5　三质量系统的模型

由式（5-44），在忽略阻尼系数 $D=0$ 的情况下，可以写出三质量系统动力学方程：

$$\begin{cases} J_1 s^2 \theta_1 + K_{12}(\theta_1 - \theta_2) = T_1 \\ J_2 s^2 \theta_2 + K_{12}(\theta_2 - \theta_1) + K_{23}(\theta_2 - \theta_3) = 0 \\ J_3 s^2 \theta_4 + K_{23}(\theta_3 - \theta_2) = -T_3 \end{cases} \tag{5-49}$$

图 5-6 为三质量系统的模型框图，根据图 5-6 写出传递函数：

$$\frac{\omega_1}{T_1} = \frac{1}{J_1 s} \cdot \frac{s^4 + f_3 s^2 + f_4}{s^4 + f_1 s^2 + f_2} \tag{5-50}$$

$$\frac{\omega_3}{T_1} = \frac{1}{J_1 s} \cdot \frac{f_4}{s^4 + f_1 s^2 + f_2} \tag{5-51}$$

其中：

$$f_1 = K_{12}\left(\frac{1}{J_1} + \frac{1}{J_2}\right) + K_{23}\left(\frac{1}{J_2} + \frac{1}{J_3}\right)$$

$$f_2 = K_{12}K_{23}\left(\frac{1}{J_1 J_2} + \frac{1}{J_1 J_3} + \frac{1}{J_2 J_3}\right)$$

$$f_3 = \frac{K_{12}}{J_1} + \frac{K_{23}}{J_2} + \frac{K_{23}}{J_3}$$

$$f_4 = \frac{K_{12}}{J_1} \cdot \frac{K_{23}}{J_3}$$

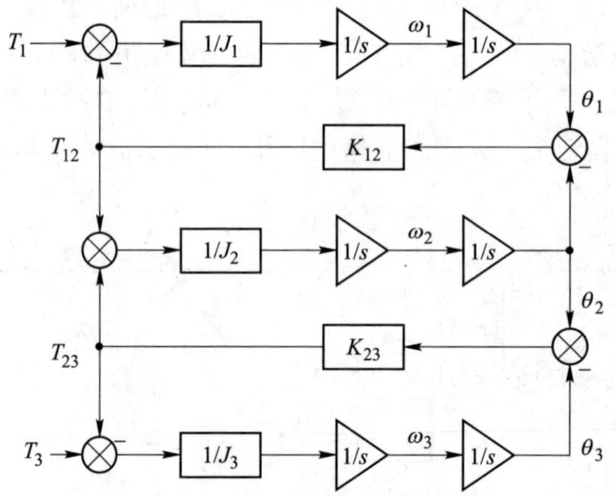

图 5-6　三质量系统的模型框图

将式（5-50）、式（5-51）改写成：

$$\frac{\omega_1}{T_1} = \frac{1}{J_1 s} \cdot \frac{s^4 + f_3 s^2 + f_4}{s^4 + f_1 s^2 + f_2} = \frac{1}{J_1 s} \cdot \frac{s^2 + f_{z1}^2}{s^2 + f_{p1}^2} \cdot \frac{s^2 + f_{z2}^2}{s^2 + f_{p2}^2} \tag{5-52}$$

$$\frac{\omega_3}{T_1} = \frac{1}{J_1 s} \cdot \frac{f_4}{s^4 + f_1 s^2 + f_2} = \frac{1}{J_1 s} \cdot \frac{f_{z1}^2}{s^2 + f_{p1}^2} \cdot \frac{f_{z2}^2}{s^2 + f_{p2}^2} \tag{5-53}$$

其中：

$$f_{p1} = \sqrt{\frac{f_1 - \sqrt{f_1^2 - 4f_2}}{2}}; \qquad f_{p2} = \sqrt{\frac{f_1 + \sqrt{f_1^2 - 4f_2}}{2}}$$

$$f_{z1} = \sqrt{\frac{f_3 - \sqrt{f_3^2 - 4f_4}}{2}}; \qquad f_{z2} = \sqrt{\frac{f_3 + \sqrt{f_3^2 - 4f_4}}{2}}$$

画出其频率特性 Bode 图如图 5-7 所示。从图中可以看出，三质量系统有两个极点、两个零点，极点的数量与连接轴数量相同。每个轴上的扭振情况取决于这两个极点（即谐振频率）的共同作用。

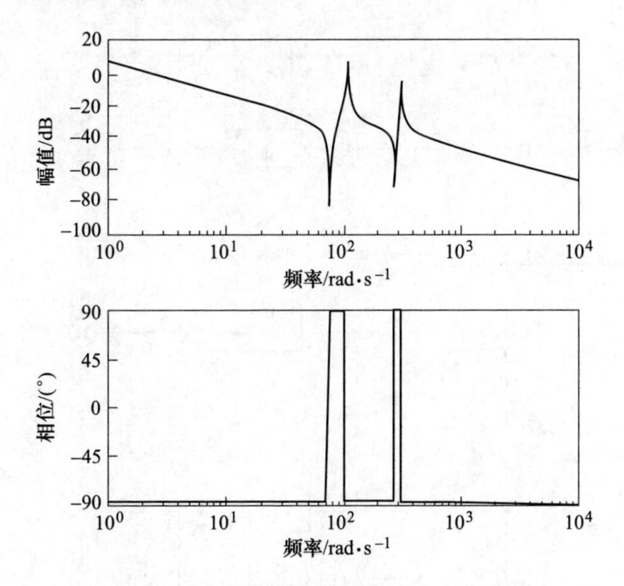

图 5-7 三质量系统的频率特性 Bode 图

5.2.3 *n* 质量系统模型

由二质量系统模型和三质量系统模型，可以推广到任意 n 质量系统的模型。图 5-8 为由 $n-1$ 个连接轴构成的 n 质量系统。

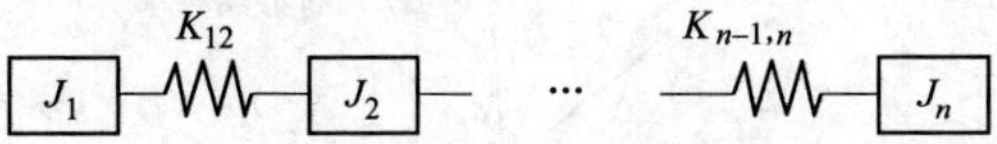

J_1 —K_{12}— J_2 — ··· —$K_{n-1,n}$— J_n

图 5-8 n 质量系统

根据式（5-43）多质量系统的通用运动矩阵方程，可以推出 n 质量系统的动力学状态方程：

$$\begin{cases} J_1 s^2\theta_1 + K_{12}(\theta_1 - \theta_2) = T_1 \\ J_2 s^2\theta_2 + K_{12}(\theta_2 - \theta_1) + K_{23}(\theta_2 - \theta_3) = 0 \\ J_3 s^2\theta_3 + K_{23}(\theta_3 - \theta_2) + K_{34}(\theta_3 - \theta_4) = 0 \\ \qquad \vdots \\ J_{n-1} s^2\theta_{n-1} + K_{n-2,n-1}(\theta_{n-1} - \theta_{n-2}) + K_{n-1,n}(\theta_{n-1} - \theta_n) = 0 \\ J_n s^2\theta_n + K_{n-1}(\theta_n - \theta_{n-1}) = -T_n \end{cases} \tag{5-54}$$

同时，可以画出 n 质量系统的模型框图，见图 5-9。图 5-10 为 n 质量系统的频率特性 Bode 图。从图 5-10 的 Bode 图可以看出，n 质量系统具有 $n-1$ 个系统的

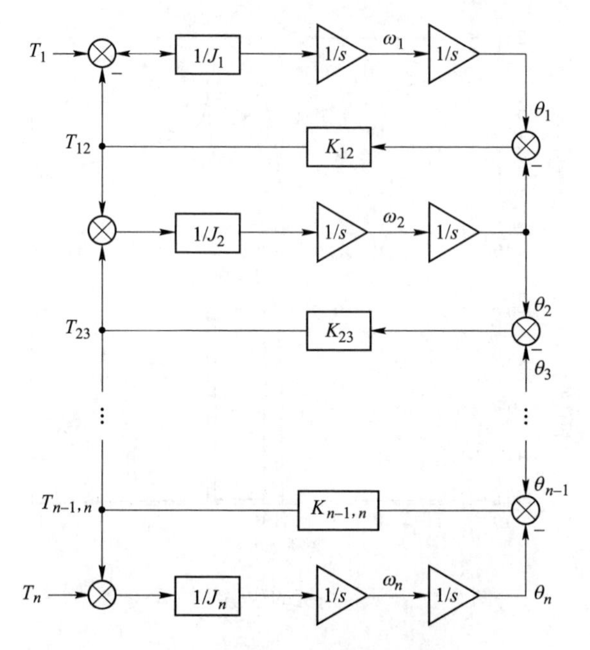

图 5-9　n 质量系统的模型框图

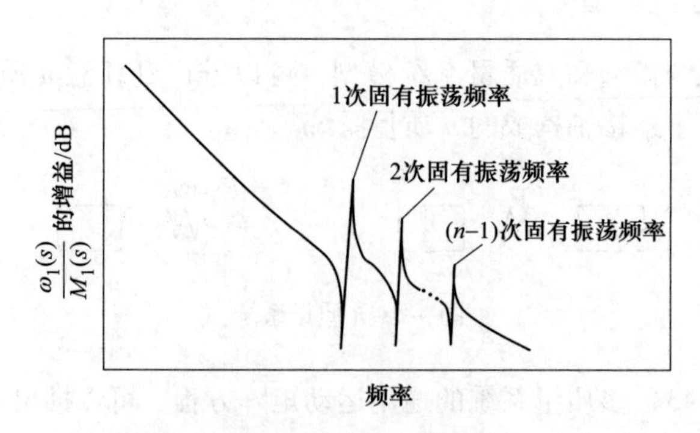

图 5-10　n 质量系统的频率特性 Bode 图

谐振频率，而每个轴上的扭振情况取决于这些系统谐振频率（即系统的特征根）的共同作用。

5.3　机械参数对传动系统谐振特性的影响

首先，将二质量传动系统电机角频率与电磁转矩的传递函数等效为一个刚性传递函数 $G_1(s)$ 和一个柔性传递函数 $G_2(s)$ 的叠加，传递函数为：

$$\frac{\omega_L}{T_M}=\frac{1}{(J_M+J_L)s}\frac{D_S s+K_S}{\frac{J_M J_L}{J_M+J_L}s^2+D_S s+K_S}=G_1(s)+G_2(s) \tag{5-55}$$

其中：

$$G_1(s)=\frac{1}{(J_M+J_L)s}$$

$$G_2(s)=\frac{J_L s^2+D_S s+K_S}{\frac{J_M J_L}{J_M+J_L}s^2+D_S s+K_S}$$

借助于 MATLAB 平台，得到二质量传动系统电机角频率与电磁转矩的传递函数的 Bode 图，如图 5-11 所示。图中曲线 1 为刚性传递函数 $G_1(s)$ 系统谐振特性，曲线 2 为柔性传递函数 $G_2(s)$ 曲线，曲线 3 为二质量系统的传递函数 $G(s)$ 曲线。

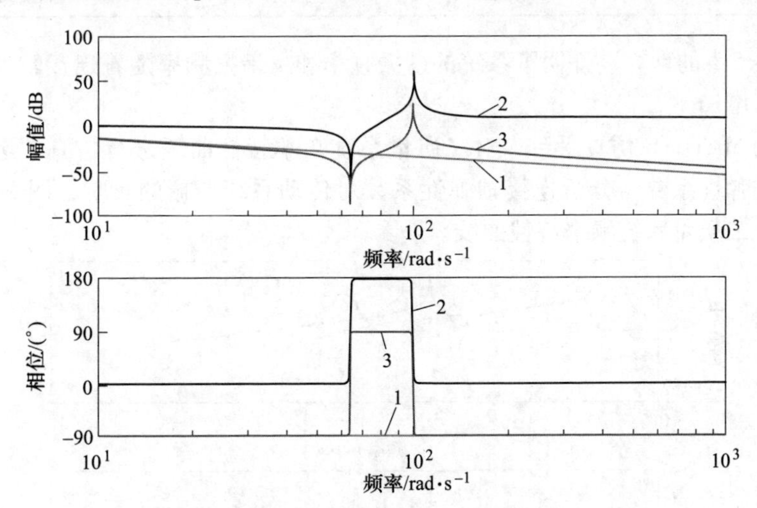

图 5-11　刚性系统、柔性系统、二质量系统 Bode 图

依据经典控制理论的系统稳定性理论，谐振现象（即系统不稳定）发生在谐振频率与系统相位穿越频率重叠（接近）时，且两频率离得越近谐振现象越明显，这是因为如果在谐振幅值附近，系统开环增益被拉升至 0dB 以上，且此处刚好在相

位穿越处，根据稳定性判断该系统不稳定。如果谐振频率与相位穿越频率不重叠，无论谐振频率小于还是大于相位穿越频率，系统都不会进入不稳定状态。

5.3.1　连接轴弹性系数对传动系统谐振特性的影响

由前面分析得出，传动系统的谐振频率为 $\omega_r = \sqrt{\dfrac{K_S(J_M+J_L)}{J_M J_L}}$，系统的反谐振频率为 $\omega_a = \sqrt{\dfrac{K_S}{J_L}}$。当系统的连接轴弹性系数发生变化时，谐振频率和反谐振频率随之变化。

选择模型参数：电机转动惯量 $J_M = 64300\mathrm{kg\cdot m^2}$，负载转动惯量 $J_L = 6708\mathrm{kg\cdot m^2}$，连接轴弹性系数 $K_S = 1.63\times10^8\mathrm{N\cdot m/rad}$。当改变连接轴弹性系数，变为 $K_S/10$ 或 $K_S\times10$ 时，系统的谐振频率发生变化，表 5-1 为不同连接轴弹性系数情况下的谐振频率。

表 5-1　不同连接轴弹性系数情况下的谐振频率

不同弹性系数	$K_S/10$	K_S	$K_S\times10$
谐振频率/rad · s^{-1}	51.80	163.81	518.02
反谐振频率/rad · s^{-1}	49.29	155.88	492.94

由表 5-1 的计算，证明了系统的谐振频率和反谐振频率随着连接轴弹性系数的增加而增加。

借助 MATLAB 仿真平台，对二质量系统频率特性曲线进行仿真。选择不同的连接轴弹性系数，分析连接轴弹性系数对传动系统谐振的影响，图 5-12 为不同情况下二质量系统频率特性曲线。

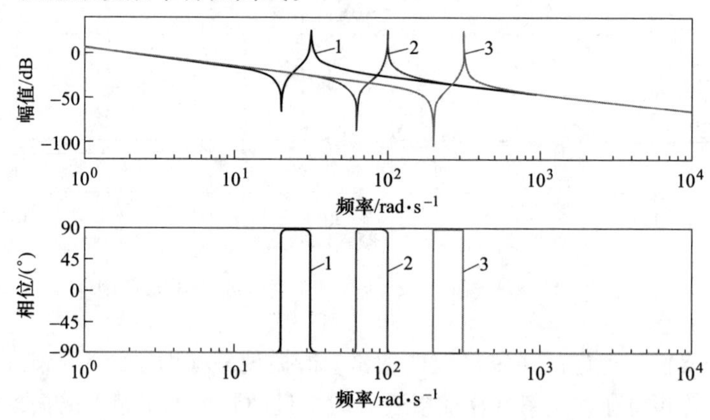

图 5-12　不同 K_S 情况下二质量系统频率特性曲线

在图 5-12 中，曲线 1 为 $K_S/10$ 的系统谐振特性，曲线 2 为 K_S 的系统谐振特性，曲线 3 为 $K_S×10$ 的系统谐振特性。由图可见，连接轴弹性系数越大，对应的零极点越大，曲线 1 到曲线 3 右移。K_S 大小与反谐振角频率 ω_a 和谐振角频率 ω_r 大小均成正相关的关系，与理论分析结论一致。

5.3.2 阻尼系数对传动系统谐振特性的影响

借助 MATLAB 仿真平台，对二质量系统频率特性曲线进行仿真。选择不同的连接轴阻尼系数，分别为 0.02、0.08，分析连接轴阻尼系数对传动系统谐振特性的影响。图 5-13 为不同 D_S 情况下二质量系统频率特性曲线。

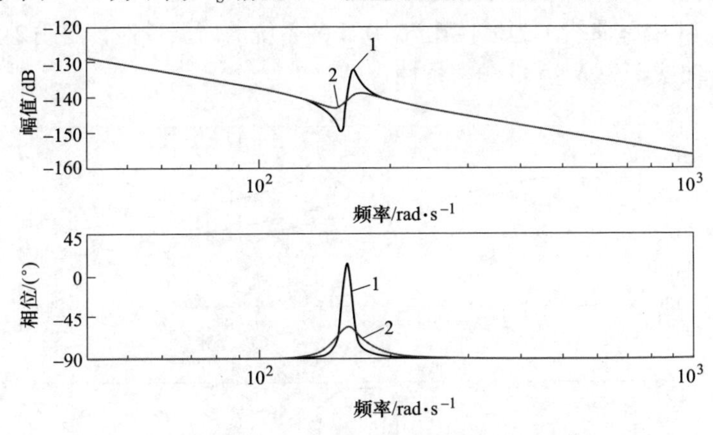

图 5-13 不同阻尼比情况下二质量系统频率特性曲线

在图 5-13 中，曲线 1 为阻尼比为 0.02 的频率特性，曲线 2 为阻尼比为 0.08 的频率特性。

对谐振频率特性曲线进行分析，阻尼比对于零点和极点的大小没有影响。系统的阻尼比不同，但两个系统的零极点对应相等，与前面理论分析结论一致。

阻尼比为 0.02 的谐振峰值比阻尼比为 0.08 的谐振峰值大。阻尼比主要影响系统的谐振峰值，阻尼比小的谐振峰值大，阻尼比大的谐振峰值小，与理论分析结论一致。

5.3.3 惯性比对传动系统谐振特性的影响

由前面分析可知，二质量系统的惯性比为 $R=\dfrac{J_L}{J_M}$，将谐振频率用含惯性比的量来表示：

$$\omega_r=\sqrt{\frac{K_S(1+R)}{J_L}}$$

选择不同的惯性比 R 计算谐振频率，见表 5-2。

表 5-2　不同惯性比情况下系统的谐振频率

不同惯性比 R	0.5	1	5
谐振频率/rad · s^{-1}	190.92	220.45	381.83

当系统的惯性比 R 增加时，即当系统的负载转动惯量不变，电机转动惯量减少，系统的谐振频率也会增加。

借助 MATLAB 仿真平台，对二质量系统频率特性曲线进行仿真。得到系统在不同惯性比 R 下的频率特性曲线，如图 5-14 所示。

在图 5-14 中，曲线 1 为惯性比 $R=0.5$ 的系统的谐振特性，曲线 2 为 $R=1$ 的频率特性，曲线 3 为 $R=5$ 的频率特性。

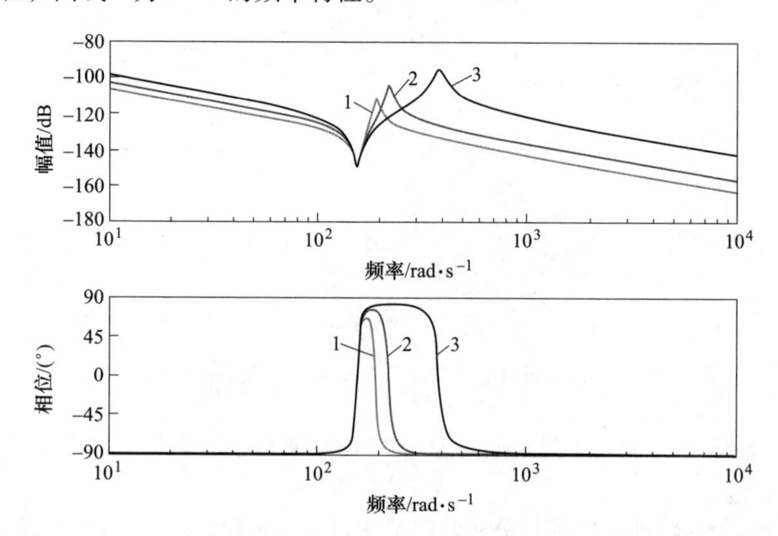

图 5-14　不同惯性比 R 情况下二质量系统频率特性曲线

由图可见，随着惯性比 R 的增加，频率特性曲线从 1 到 3，向右移动，系统的谐振频率增加，与理论分析结论一致。三个不同惯性比 R 对应的零点反谐振频率不变，说明反谐振频率与惯性比 R 无关，这同理论分析结论一致。随着惯性比 R 的增加，谐振峰值也增大，这一结论也与理论分析一致。

第6章　电气传动系统机电谐振机理与特征辨识

电气传动系统为什么会产生机电谐振，系统在什么情况下会引发机电谐振，如何防止和抑制机电谐振？本章将讨论传动系统的机电谐振机理，分析影响系统谐振的因素，讨论电力电子变频器传动系统引发机电谐振的谐波转矩，弹性体负载谐振转矩波动对变频系统的影响，再介绍电气传动系统机电谐振频率特征的辨识方法。

6.1　传动系统的机电谐振机理

6.1.1　传动系统谐振的数学模型

电气传动特别是调速控制系统设计和控制的目标是提供满足工艺要求的电机转速、转矩。从电气工程师的视角，传动弹性体扭振是“机械”对“电气”的扰动，电气工程师设计理念通常是如何减少负载波动对电气系统的转速、电流等的影响，传动轴转矩扭振并不是其关注的范围，而传动轴的可靠运行恰恰是机械工程师的设计目标。在实际工程中，特别是发生传动扭振事故时，“电气”与“机械”专业间的沟通往往比较困难。

下面我们从机械工程师的角度来讨论传动系统谐振。从机械视角来看，给弹性体传动链提供动力的可以是内燃机、汽轮机和电动机等多种动力源，根据前面的二质量弹性体动力学模型，我们已经推出电机转速与电机转矩的传递函数，并分析其频率特性。据此，可以推出连接轴扭矩与电机转矩间的数学方程：

$$\begin{aligned} T_{M} - T_{S} &= J_{M} s \omega_{M} \\ T_{S} - T_{L} &= J_{L} s \omega_{L} \end{aligned} \tag{6-1}$$

连接轴转矩方程为：

$$T_{S} = \frac{K_{S}}{s}(\omega_{M} - \omega_{L}) + D_{S}(\omega_{M} - \omega_{L}) \tag{6-2}$$

我们在谐振分析中忽略负载转矩，认为 $T_{L} = 0$，式（6-1）变为：

$$T_{S} = J_{L} s \omega_{L} \tag{6-3}$$

将式（6-3）代入式（6-2），可以得到

$$J_{L} s \omega_{L} = \left(\frac{K_{S}}{s} + D_{S}\right)(\omega_{M} - \omega_{L})$$

由此推出：

$$\omega_{L} = \frac{D_{S}s + K_{S}}{J_{L}s^{2} + D_{S}s + K_{S}}\omega_{M} \tag{6-4}$$

将式（6-4）代入式（6-3），得到：

$$\omega_{M} = \frac{J_{L}s^{2} + D_{S}s + K_{S}}{L_{L}s(D_{S}s + K_{S})}T_{S} \tag{6-5}$$

将式（6-5）代入式（6-1），得到：

$$T_{M} - T_{S} = J_{M}s\frac{J_{L}s^{2} + D_{S}s + K_{S}}{J_{L}s(D_{S}s + K_{S})}T_{S} \tag{6-6}$$

整理得到连接轴转矩与电机转矩的传递函数：

$$\frac{T_{S}}{T_{M}} = \frac{J_{L}}{J_{M} + J_{L}} \cdot \frac{D_{S}s + K_{S}}{\frac{J_{M}J_{L}}{J_{M} + J_{L}}s^{2} + D_{S}s + K_{S}} \tag{6-7}$$

将式（6-7）写成二阶谐振表达式：

$$\frac{T_{S}}{T_{M}} = \frac{1}{J_{M}} \cdot \frac{D_{S}s + K_{S}}{s^{2} + 2\xi\omega_{r}s + \omega_{r}^{2}} \tag{6-8}$$

式中，谐振频率为

$$\omega_{r} = \sqrt{\frac{K_{S}(J_{M} + J_{L})}{J_{M}J_{L}}} \tag{6-9}$$

谐振阻尼系数为

$$\xi_{r} = \frac{1}{2}D_{S}\sqrt{\frac{1}{K_{S}} \cdot \frac{J_{M} + J_{L}}{J_{M}J_{L}}} \tag{6-10}$$

由此得出与前面数学推导相同的谐振特性结论。

我们也可以仿效电路原理，根据运动学方程和连接轴扭矩方程，画出传动链轴系等值电路图，如图 6-1 所示。在该等值电路中，转矩 T_{M} 、T_{L} 和 T_{S} 等效为电

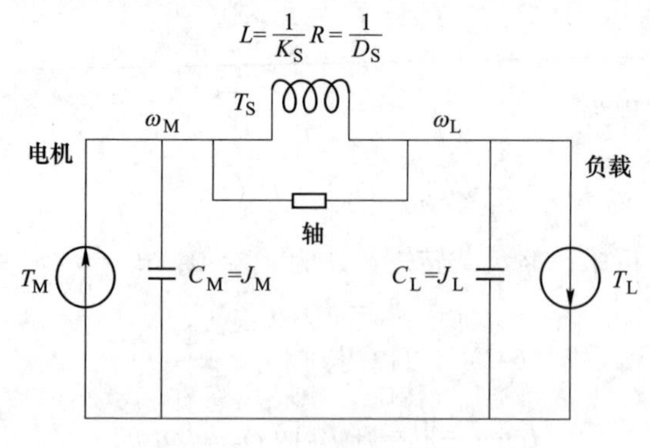

图 6-1　轴系等值电路图

流，角速度ω_M 和ω_L 等效为电压，转动惯量J_M 和J_L 用电容等效，轴的弹性K_S 和阻尼D_S 用电感和电阻等效$\left(L = \frac{1}{K_S}, R = \frac{1}{D_S}\right)$。这是一个$LC$ 振荡电路，发生谐振时，振荡能量在电感（磁场能量）和电容（电场能量）间交换，不需要从电源获取较大能量。对于传动轴扭振，轴的弹性势能和旋转部件的动能在交换，不必从电机转矩中获取较大能量。

6.1.2 传动系统机电谐振的分析

根据机械振动原理，动力源提供的转矩，特别是电力电子变频器供电的电气传动系统会含有许多谐波脉动转矩，这些脉动转矩对传动链的扰动，会引发二质量弹性体传动链的谐振。

含有谐波脉动的电机电磁转矩可以表述为：

$$T_M = T_{Mdc} + \sum_{\rho=1}^{\infty} T_\rho \cos(\omega_\rho t + \theta_\rho) \tag{6-11}$$

式中，T_{Mdc} 为电磁转矩的直流分量，对应于工艺负载所需的转矩，其稳态值等于负载转矩；T_ρ 、ω_ρ 分别是谐波脉动转矩的幅值和角频率。

图 6-2 为典型的速度闭环传动系统，传动对象为二质量机电模型，其传动链仍以前述的 3800 轧机传动参数为例。为了分析电气传动系统的机电谐振机理，我们在电磁转矩中注入一个谐波转矩。

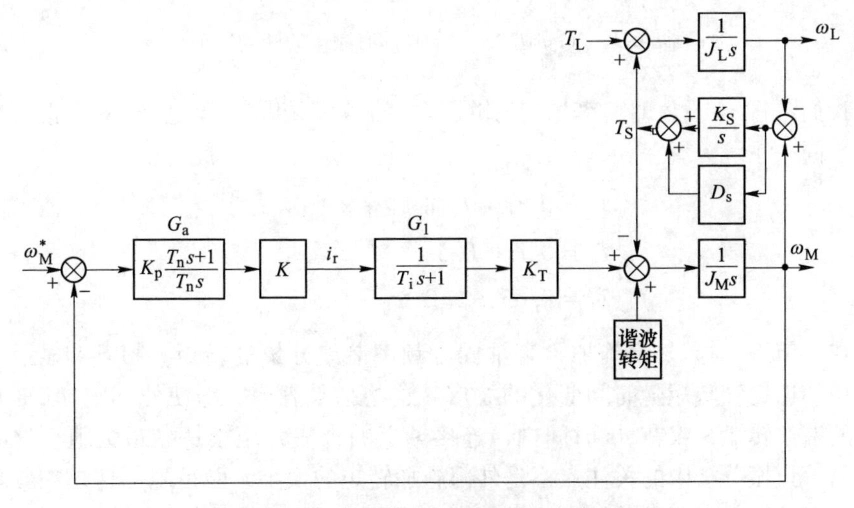

图 6-2 二质量模型的速度闭环传动系统

该传动链的固有谐振频率为 16Hz。假设电机在额定转速、额定负载条件下，在电磁转矩中注入频率 55Hz，幅值为 30%额定的谐波转矩，该谐波频率不同于

传动链固有谐振频率。电机合成电磁转矩为:

$$T_{M} = 1.0 + 0.3\cos(2\pi \times 55 \times t) \tag{6-12}$$

仿真结果如图 6-3 所示，由图可见，即使外部施加的谐波转矩幅值高达30%，传动轴上的合成转矩略有增加，仍保持在可接受的范围内。

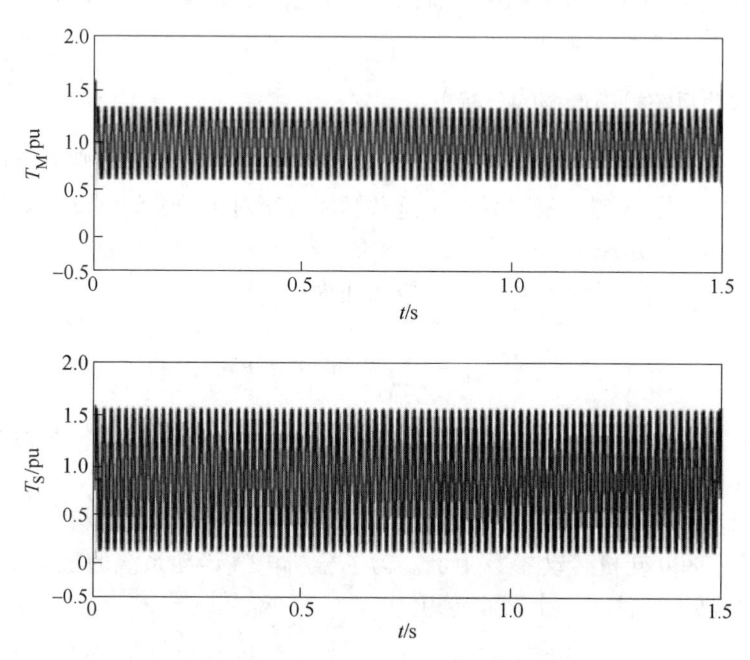

图 6-3　外部施加不同于轴固有频率的脉动转矩

我们再将 16Hz，即频率与传动链固有谐振频率相同，幅值为 5%的谐波转矩施加于同一系统。

$$\begin{cases} T_{M} = 1.0 + T_{1}\cos(2\pi \times 16 \times t) \\ T_{1} = 0, t < 0.5\text{s} \\ T_{1} = 0.05, t \geqslant 0.5\text{s} \end{cases} \tag{6-13}$$

在 $t=0.5$s 时，外部施加含有轴固有频率谐波分量的转矩。图 6-4 显示了外部转矩和连接轴转矩随时间变化的波形。这些结果表明，即使外部施加 5%直流分量的谐波转矩，仅在 4s 时间内，连接轴上的合成转矩会达到最大值。这些结果证明，扭振分析中的关注点不是外部施加转矩的大小，而是施加转矩在频域中的关键参数。在大型传动链中，变频驱动系统（VFD）是外部施加转矩的主要原因。理论上，VFD 可以产生无穷多的转矩谐波。电气工程师面临的主要挑战是：根据工艺要求来控制电机转矩的直流分量，同时，还需要避免传动轴固有频率附近的脉动谐波转矩。

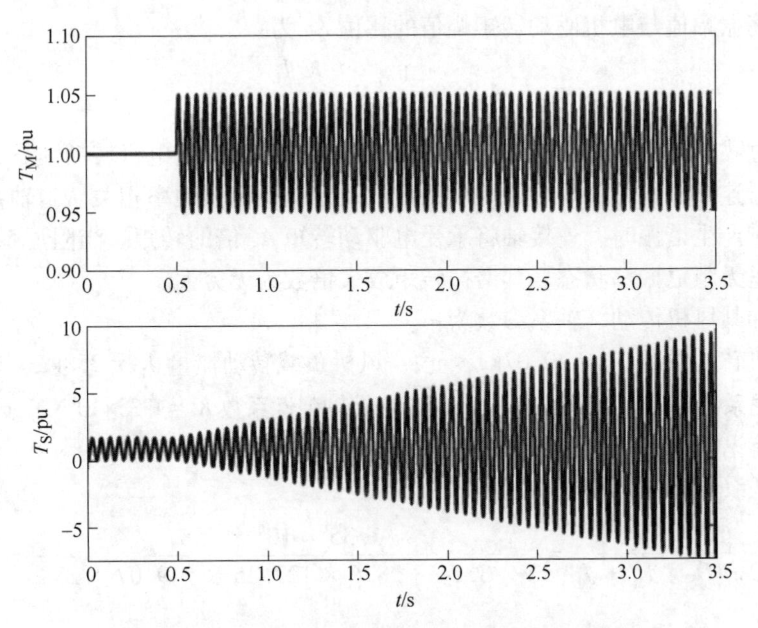

图 6-4 外部施加与轴固有频率相同频率的脉动转矩

6.1.3 传动系统谐振幅值分析

下面分析传动系统在谐振时的幅值。由传动轴转矩与电机转矩的传递函数式（6-7），考虑到分子中 $K_S \gg D_S$，传递函数式（6-7）可以近似为：

$$\frac{T_S}{T_M} \approx \frac{J_L}{J_M + J_L} \cdot \frac{K_S}{\frac{J_M J_L}{J_M + J_L} s^2 + D_S s + K_S} \tag{6-14}$$

将 $s = j\omega$ 代入式（6-14），我们将传递函数写为复数形式：

$$\frac{T_S}{T_M} = \frac{J_L}{J_M + J_L} \cdot \frac{K_S}{\frac{J_M J_L}{J_M + J_L} (j\omega)^2 + D_S(j\omega) + K_S} \tag{6-15}$$

轴系产生谐振时，将谐振角频率 $\omega_r = \sqrt{\frac{K_S(J_M + J_L)}{J_M J_L}}$ 代入式（6-15）中，得到：

$$\frac{T_S}{T_M} = -j \frac{1}{\omega_r D_S} \cdot \frac{K_S J_L}{J_M + J_L} \tag{6-16}$$

对式（6-16）取其幅值，得到连接轴转矩与电磁转矩传递函数的谐振峰值：

$$\left| \frac{T_S}{T_M} \right| = \frac{1}{\omega_r D_S} \cdot \frac{K_S J_L}{J_M + J_L} \tag{6-17}$$

该传递函数的谐振峰值也称为谐振转矩放大倍数，即轴系在谐振时，连接轴转矩振荡振幅值与电机驱动转矩幅值的比值 A_S 为：

$$A_S = \frac{1}{2\pi f_r D_S} \cdot \frac{K_S J_L}{J_M + J_L} \tag{6-18}$$

通过式（6-18）分析可知，谐振转矩放大倍数与系统电机转动惯量、负载转动惯量、连接轴的弹性系数、阻尼系数以及系统的谐振频率相关。当轴系受谐波转矩影响产生谐振时，连接轴将承受电驱动转矩 A_S 倍的转矩。当阻尼系数为零，传动链呈无阻尼振荡状态，其谐振转矩放大倍数为无穷大。

例如某风机传动，轴系参数为：

电机转动惯量 $J_M = 49.07\text{kg} \cdot \text{m}^2$，风机负载转动惯量 $J_L = 258\text{kg} \cdot \text{m}^2$

阻尼系数 $D_S = 127.35\text{N} \cdot \text{m} \cdot \text{s/rad}$，连接轴弹性系数 $K_S = 1.35 \times 10^6 \text{N} \cdot \text{m/rad}$

固有谐振频率 $f_r = 28.6\text{Hz}$

由式（6-18）计算出 A_S 为：

$$A_S = \frac{1}{2\pi f_r D_S} \cdot \frac{K_S J_L}{J_M + J_L} = \frac{1.35 \times 10^6 \times 258}{2 \times 3.14 \times 28.6 \times 127.35 \times (49.07 + 258)} = 50.3 \tag{6-19}$$

该风机在 28.6Hz 谐振时，连接轴将承受 50.3 倍于电驱动的巨大转矩，换而言之，只要电机输出转矩中有 2% 的 28.6Hz 谐波转矩，便可激发出 100%的轴转矩，造成振荡。

二质量机械系统在无阻尼自由扭转振动时，连接轴上有一点扭转振幅为零，该点称为结点。尽管结点的扭振振幅为零，但承受的机械应力最大，损坏一般出现在结点位置（见图 6-5）。

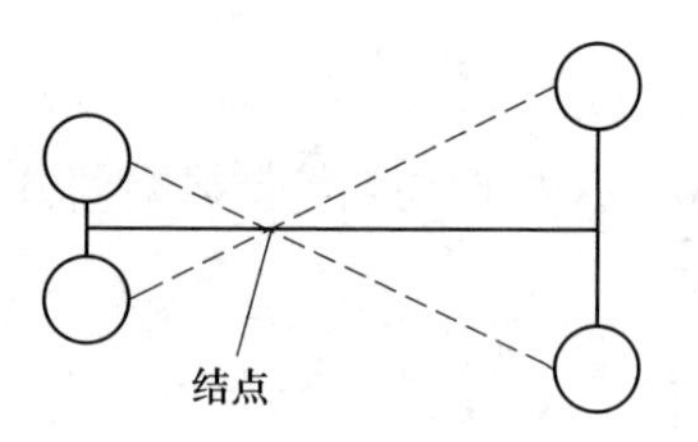

图 6-5 二质量系统扭转振动示意图

从轴系损坏的现象上看，损伤部位多呈 45°角，这种轴系长时间的反复扭动会引起疲劳损伤，造成连接轴断裂。

某厂增压风机采用高压变频调速节能，电动机功率 2800kW/6kV，额定转速 498r/min，高压变频器容量 3500kVA。该增压风机在进行变频器改造后，发现变频器输出电流出现波动，在电流波动的状态下，系统运行了不足一个月，就出现了风机轴系损坏，轴系损坏的情况见图 6-6，轴系的损坏发生在风机侧靠近与电机连接端，断口呈 45°角，事故触目惊心。

由谐振幅值分析可知，阻尼系数对抑制谐振振幅放大系数至关重要，阻尼系数越大，振幅放大系数越小。

借助 MATLAB 仿真平台对不同阻尼系数的谐振进行仿真，先给系统注入与系统固有谐振频率相同的 16Hz 频率，幅值为 1%，然后去掉谐振频率，观察不同阻尼系数的系统的动态性能。

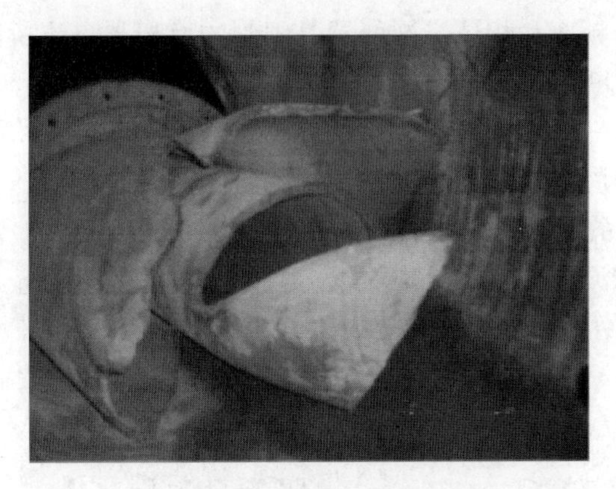

图 6-6　风机传动轴损坏

图 6-7 为连接轴扭矩波形。其中 1 代表阻尼系数 0.1 系统的波形，2 代表阻尼系数为 100 系统的波形。系统的阻尼系数越大，在系统产生谐振后的抑制更加明显，振荡小，且恢复时间短。

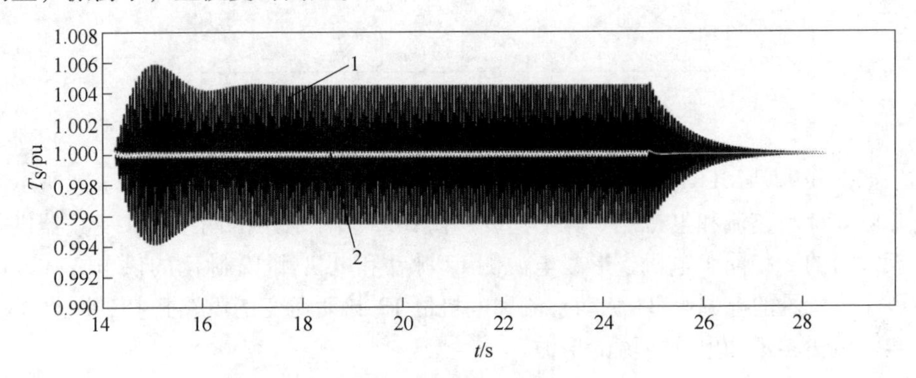

图 6-7　不同阻尼系数的连接轴扭矩波形

6.2　电力电子变频产生的谐波转矩

电机的脉动转矩是电机气隙中的一组转矩谐波。它们对应于电磁转矩和负载转矩波动之间的差值。在忽略电机齿槽、磁路不对称，转子偏心等与电机结构相关的转矩脉动条件下，电机脉动转矩的频率主要取决于供电变频器的拓扑结构和控制方式。众所周知，电力电子变频器的输出电压、电流中含有大量谐波，这些谐波会在电机中产生谐波转矩，引发传动系统的机电谐振。

6.2.1　电流源型变频器传动的谐波转矩

首先讨论电流源型变频器。典型的电流源型变频器是 LCI 同步电机负载换流变频系统。该系统由整流器和逆变器组成，整流器负责调节输出电流的幅值，而逆变器调节电流的频率和相位。逆变器晶闸管的换相与整流桥晶闸管的换相极其类似，晶闸管的关断主要靠同步电动机定子反电势自然完成，不需要强迫换相。变频器的输出频率一般不是独立调节的，而是依靠转子位置检测器得到的转子位置信号按一定顺序周期性地触发逆变器中相应的晶闸管调节。

LCI变频调速系统输出电流波形为方波，见图6-8所示，当电机恒磁通运行时，电机转矩与电流成正比，该电流谐波会造成较大的电机转矩脉动，特别是电机运行在低速时更为严重。

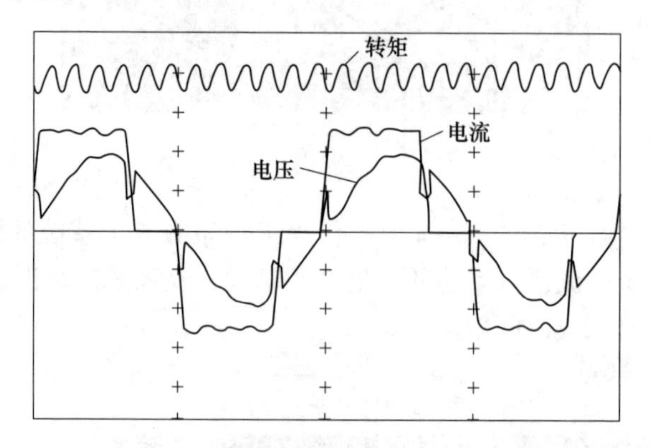

图6-8　LCI变频系统的电压、电流及转矩波形

如图6-9所示LCI晶闸管电流型变频系统，拓扑结构有如图6-9（a）所示的电源侧6脉动整流和电机侧6脉动逆变；图6-9（b）所示的两组LCI变频器供电给双绕组的6相同步电机，形成电源侧12脉动和电机侧12脉动的供电方式；图6-9（c）所示的电源侧24脉动整流和电机侧12脉动逆变的电路拓扑，减少了变频器对电机转矩和电网电流的谐波。

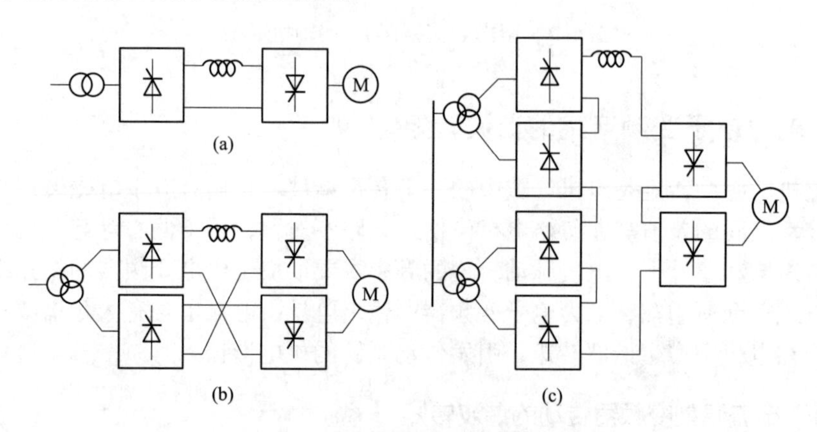

图6-9　LCI晶闸管电流型变频系统

（a）6脉动整流和6脉动逆变；（b）12脉动整流和12脉动逆变；

（c）24脉动整流和12脉动逆变

LCI 变频器输出电流施加给电机，电机电流的谐波频率取决于变频器电路拓扑、电网频率和电机运行频率。根据 LCI 变频器原理，LCI 变频 12 脉动整流和其脉动变频系统的电磁转矩谐波频率为式（6-20）：

$$f_{mn} = |m \cdot f_g \pm n \cdot f_m| \tag{6-20}$$

其中 $m = pl$；$n = ql$；$p = 12$；$q = 12$；$l = 0，1，2，3\cdots$

$$\begin{cases} F_{0,12} = 12f_m, F_{0,24} = 24f_m, F_{0,36} = 36f_m \cdots \\ F_{12,0} = 12f_g, F_{24,0} = 24f_g, F_{36,0} = 36f_g \cdots \\ F_{24,12} = |24f_g \pm 12f_m|, F_{24,24} = |24f_g \pm 24f_m| \cdots \\ F_{36,12} = |36f_g \pm 12f_m|, F_{36,24} = |36f_g \pm 24f_m| \cdots \end{cases} \tag{6-21}$$

由式（6-20）可以推出电磁转矩谐波频率与电机运行频率的表达式（6-21）。由此得到 LCI -12/12 脉动变频调速电机驱动转矩脉动频率与电机速度的关系，也称为坎贝尔（Campbell）图，如图 6-10 所示。当 $f_m = 50\text{Hz}$ 时，电机的转速为 1500r/min。

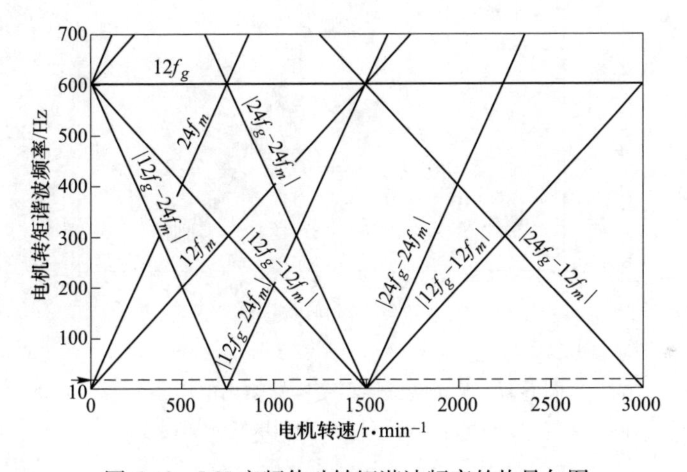

图 6-10 LCI 变频传动转矩谐波频率的坎贝尔图

如果传动链的固有谐振频率为 19.5Hz（图中虚线），它与 12/12 脉动转矩的脉动频率（图中实线）在额定转速 1500r/min 附近约 5%处相交，表明 LCI 变频传动运行在这一速度附近，电磁转矩会含有 19.5Hz 频率的谐波，相当于前面章节提到的在电机电磁转矩中注入传动链固有谐振频率的谐波转矩，所以该运行速度是潜在的机电谐振点。传动系统在该转速区域运行，电气、机械设计工程师和用户要给予充分的关注，采取必要的措施以避免产生机电谐振的危害。

6.2.2 电压源型变频器传动的谐波转矩

随着电力电子器件的进步，采用 IGBT、IGCT 等可关断器件的电压源型变频器（VSI）已成为变频传动的主流。与电流源型变频器供给电机电流不同，VSI

电压源型变频器供电给电机的是电压。VSI 变频器输出电压波形与其电路拓扑相关，图 6-11（a）为典型的大功率三电平变频器输出电压波形，图 6-11（b）为 H 桥级联型高压变频器输出电压波形。

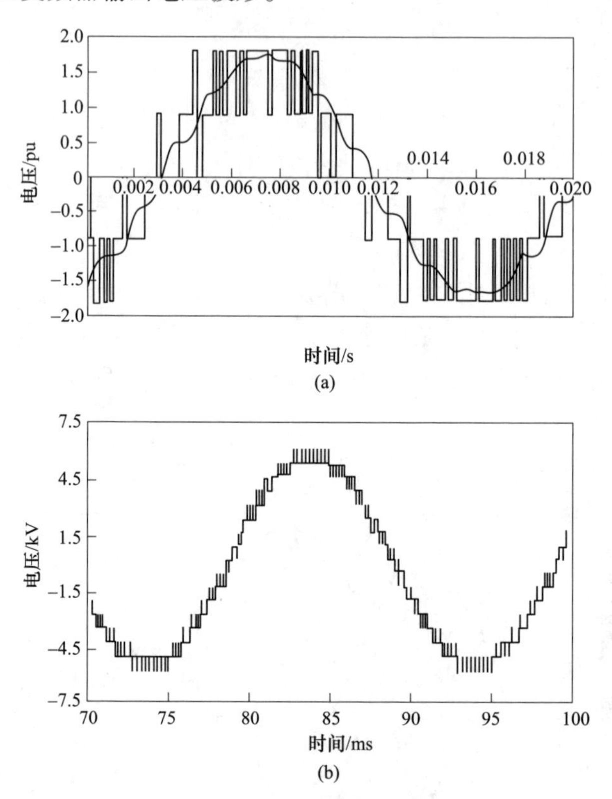

图 6-11　VSI 电压源型变频器输出电压波形

（a）三电平变频器；（b）H 桥级联型高压变频器

VSI 变频器输出电压含有大量的谐波，变频器输出电压供电给电机，电机电流由电压产生，而电机电流谐波产生电磁脉动转矩，其大小与电机参数相关。含有谐波的电流将使电机转矩发生脉动，如果这些频率分量与传动链固有频率相一致，将可能使传动轴产生较大的机电谐振幅值。

VSI 电压源型变频器产生的谐波转矩比较复杂，该谐波的频率与幅值与电路拓扑、运行频率、PWM 控制、开关延迟以及输出电压的不平衡等诸多因素相关。通常要借助计算机仿真来确定 VSI 电压源型变频系统的坎贝尔图。

以某大型油气输送压缩机 35MW 电机传动系统为例，该电机由三电平中点钳位电压型变频器供电，PWM 载波频率为 825Hz，图 6-12 为电机运行在 65Hz 时电磁转矩的仿真波形，图 6-13 为该转矩的谐波频谱图。可以看到谐波频率与 PWM 开关频率、电机运行频率等相关。

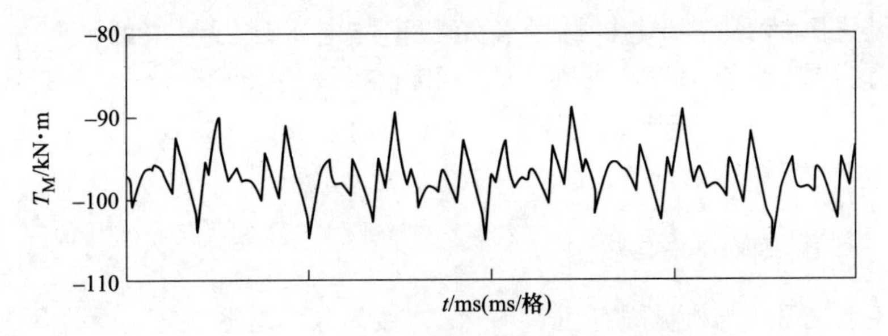

图 6-12　电机电磁转矩的仿真波形

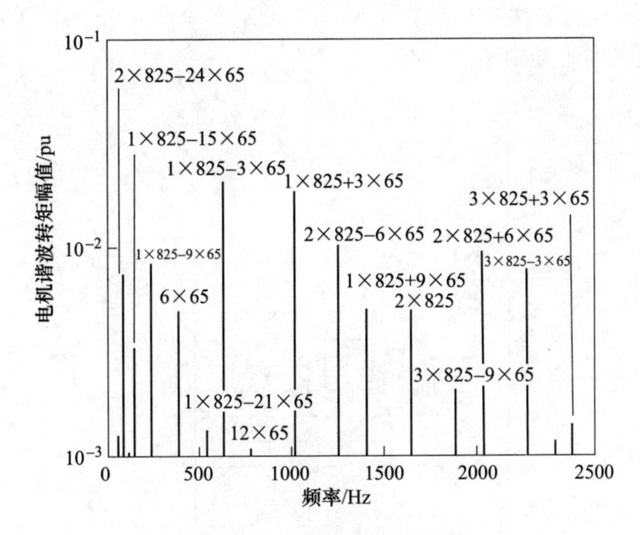

图 6-13　电机转矩谐波频谱

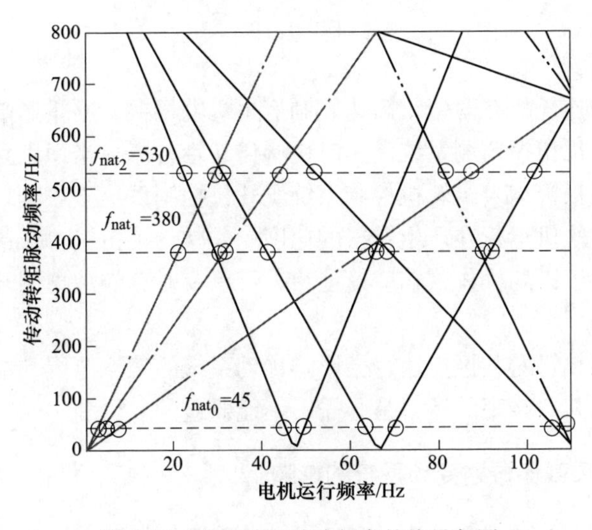

图 6-14　电机转矩谐波频率的坎贝尔图

通过仿真计算得到电机脉动转矩频率与电机运行频率的坎贝尔图，见图 6-14。该传动系统为多质量传动链，其轴段固有频率为 f_{nat_0} = 45Hz，f_{nat_1} = 380Hz，f_{nat_2} = 380Hz，这些固有频率直线与传动系统坎贝尔线相交点，即为与各阶固有频率产生机电谐振的预测点，要给予充分的关注。

6.2.3　躲避谐振频率点运行

避免电气系统与机械固有频率共振最直接的方法是避免电气传动系统在谐振频率点运行。变频器运行频率给定通常都设置了频率跳跃环节，见图 6-15。该环节可以根据实际运行发生的机电谐振频率，设定多个给定频率跳跃点，使变频调速系统避免在这些谐振频率点运行。

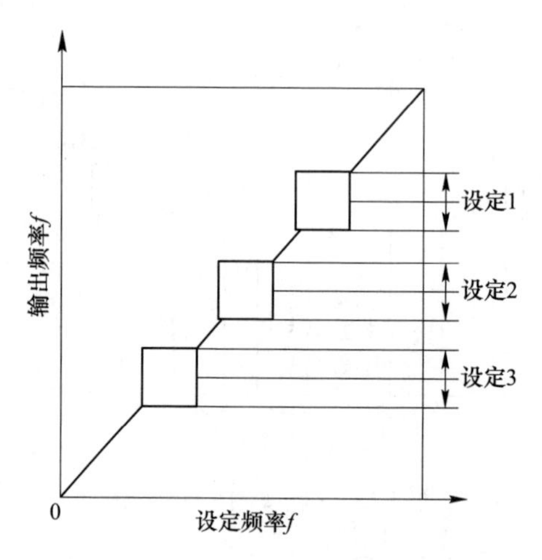

图 6-15　变频器设定运行频率跳跃环节

某钢铁厂冷连轧机在薄带钢高速轧制产生机电扭振，严重影响产品质量。工厂研制了一套轧机扭振监测系统，实时检测传动轴转矩，当识别到轧机发生振动时，快速地发送报警信号给轧机控制系统，轧机控制系统接收到信号后，立即对轧机降速，避免轧机运行在产生谐振的速度点，减少了扭振对产品的影响。该扭振监测系统相比于人工操作，响应速度快，可以及时有效地抑制轧机扭振对生产的影响。

但应该看到，躲避共振点运行会影响传动系统的工作范围和成效，在很多情况下，传动系统某些频率的运行是必需，不能躲避的。

6.2.4　弹性体负载谐振对变频系统的影响

当电气传动系统驱动弹性体负载时，由于弹性体扭转振动，负载会发生波动，而负载变化会造成电机电流的波动。如果波动的频率恰好为传动链的固有谐振频率，系统会引发机电谐振。

某发电厂 1000MW 超超临界机组配 2 台轴流式引风机，驱动电机功率 6450kW，电压 6kV，额定转速 596r/min。采用 H 桥级联型高压变频器供电，开环 V/F 控制。现场对变频器和传动系统进行测试，并测量轴系扭振的频率和幅值。引风机带载运行时，在任何一个频率下运行时，变频器输出电流基波都含有 ±17.5Hz 的谐波，见图 6-16，经测量该传动链的固有谐振频率即为 17.5Hz。由此可见变频传动系统驱动弹性体负载，电机电流基波必然含有传动链固有谐振频率的间谐波。

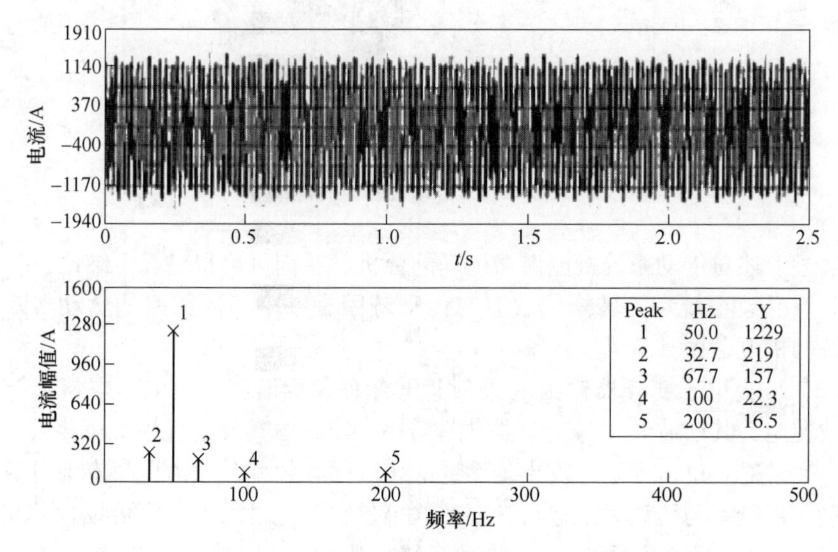

图 6-16 高压变频器输出电流波形和频谱

这些含有固有谐振频率的电流间谐波同样会产生电机脉动转矩，通常变频电流的间谐波幅值不大，在 5%以下。在电网电源供电给电机的情况下，由于电源容量大，扭转谐振产生的扭矩电流对电源几乎没有影响，加上轴系本身具有一定的阻尼，扭振没有被放大。而采用变频器驱动电机拖动弹性负载时，由于变频器容量与负载容量等级相当，即内阻相对电网工频电源来说较大，受该内阻的影响，电流的波动将引起变频器输出电压随之波动，致使电流进一步加大，形成正反馈，轴系扭振被激发，形成持续的轴系扭振，对轴系造成物理损坏。

图 6-17 为风机启动过程，传动轴转矩的检测波形。电流间谐波随着运行频率的升高而增大。电机超过 26.0Hz 运行时，电流基频±17.5Hz 的间谐波明显增加，其幅值占比由 25.2Hz 时的不到 2%升高至 45.0Hz 超过 10%。随着风机转速的升高，传动轴扭矩脉动幅度越来越大，轴扭振信号中 17.5Hz 频率分量的幅值

明显增大，扭振位移幅度达到 1.93°。一旦电流间谐波幅值超过某一阈值，扭振就会变为大幅度波动，引发机电谐振。该风机在变频调速节能运行中，多次发生电机-风机联轴器膜片断裂，引风机叶轮-电机中间轴在电机侧出现多条与轴向成45°的贯穿裂纹的重大事故。

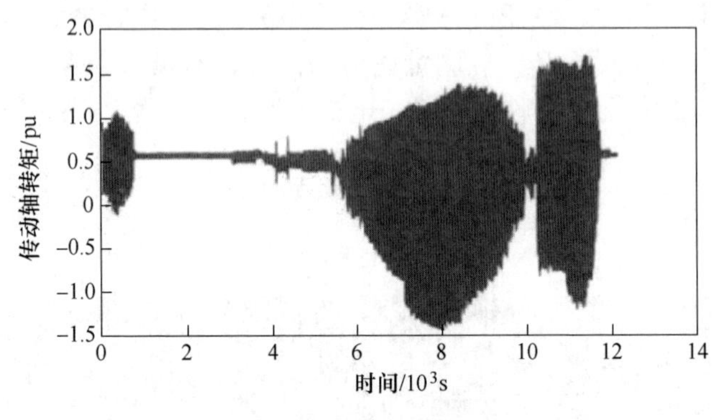

图 6-17　传动轴转矩波形

通过上述对传动系统机电谐振机理的分析，我们可以得出以下结论：

（1）传动系统动力转矩中含有与传动链固有频率相同频率的脉动转矩会引发系统的机电谐振。

（2）电力电子变频器输出电流、电压含有大量谐波，供电给电机会产生脉动谐波转矩，其谐波频率与变频器电路拓扑、控制方式及运行频率等相关。在工程中，通常需要机械专业计算出传动链的各阶固有频率，而由电气专业计算出电机脉动转矩频率与传动系统运行频率的坎贝尔图，通过坎贝尔图可以预测出传动系统潜在发生谐振的运行区域。传动系统应避免工作在易于引发机电谐振的区域，或采取措施避免或减少变频系统产生谐振频率的谐波转矩。

（3）变频传动系统驱动弹性体负载，负载扭转振动会使变频器电流产生固有频率边频间谐波，电流间谐波产生谐波转矩，形成谐振正反馈，一旦间谐波幅值超过某一阈值，会引发机电谐振。在控制系统中设置陷波滤波器可以阻断固有谐振频率的控制通路，防止电流间谐波引发的机电谐振。

（4）加大传动链阻尼系数可以减少系统谐振转矩的幅值和放大系数，减少系统谐振给机械和电气造成的负面影响，阻尼系数增大的同时也减少了变频电流的间谐波幅值，增强了机电系统抗谐振的能力。

6.3　机电谐振的特征辨识

通过分析知道，电气传动系统产生机电谐振的机理是：电机转矩中与传动链固有频率相同频率的脉动转矩引发了机电谐振。防止电气传动系统发生机电谐振，需要事先获得传动系统的固有谐振频率等与谐振特性相关的特征参数。通常传动链的电机、机械部件参数可以从制造商获得设计值，通过数学分析和仿真计算得到整个传动系统的频率特性，为防止机电谐振提供理论和设计依据。但设计和仿真计算的结果与实际系统还是存在较大误差。

由传动系统机电谐振对变频系统的影响分析可知，变频传动系统驱动弹性体负载，负载扭转振动会使变频器电流产生传动链固有频率的边频间谐波，也就是说，电机运行电流含有传动链机电谐振的特征。由此，我们可以通过电气传动系统可测的变量，电压、电流、转速等，辨识出传动系统谐振的特征参数。

前面讨论的电气传动系统的数学模型，传动系统实际工程测量的电压、电流、转速等都是时间变量的函数，系统的时间响应特性，也是时域特性。而传动系统机电谐振的特征，例如谐振频率、谐振幅值等是频率的函数，为频域特性。根据“信号与系统”理论，傅里叶变换（FT）以频率为变量，以频域特性为主要研究对象，是信息描述由时域变换为频域的有效方法。本节介绍传动系统机电谐振频率特征的辨识方法。

6.3.1 快速离散傅里叶变换

傅里叶变换是信号处理中最常用到的手段，是利用傅里叶级数，即通过对三角函数叠加合成一个周期性的信号。在对周期性的连续时域信号进行分析时，通过傅里叶变换可以分析出信号中各频率成分的幅值以及相角，进而在频域中对信号进行分析和研究。式（6-22）和式（6-23）所示为连续时间的傅里叶变换对，$x(t)$ 是连续信号，$X(j\omega)$ 是信号 $x(t)$ 的频谱。式（6-22）是傅里叶反变换公式，表示信号 $x(t)$ 是由频率连续且无限的正弦波叠加而成，各频率的相位以及幅值信息即为式（6-23）傅里叶变换公式，是对信号 $x(t)$ 进行分解，求信号的频谱 $X(j\omega)$ 。

$$x(t)=\frac{1}{2\pi}\int_{-\infty}^{+\infty}X(j\Omega)\mathrm{e}^{j\omega t}\mathrm{d}\omega \tag{6-22}$$

$$X(j\omega)=\int_{-\infty}^{+\infty}x(t)\mathrm{e}^{-j\omega t}\mathrm{d}t \tag{6-23}$$

在实际的数字控制系统中，需要对连续信号 $x(t)$ 进行离散化采样，采样结果为长度为 N 的非周期序列 $x[n]$ 。而且在数字控制系统中进行频谱分析时，只能根据采样结果有限长非周期序列 $x(n)$ 计算有限频率范围内的离散频谱 $x(k)$ 。离散傅里叶变换（DFT）就是用于实现这一离散频谱分析过程，求取离散信号的离散频谱，适于在离散的数字控制系统中使用。

对于有限长非周期序列 $x(n)$ ，可以看作是无限长周期序列 $x_r(n)$ 的一个周期，如式（6-24）所示。

$$x_r(n) = \sum_{-\infty}^{+\infty} x(n + rN) \tag{6-24}$$

引入序列 $R_N[n]$，如式（6-25）所示。此时式（6-25）的关系也可以化为式（6-26）。

$$R_N[n] = \begin{cases} 0 & n \notin [0, N-1] \\ 1 & n \notin [0, N-1] \end{cases} \tag{6-25}$$

$$x[n] = x_r[n] R_N[n] \tag{6-26}$$

此时，$x(n)$ 的傅里叶频谱 $x(k)$ 也为 $x[n]$ 的傅里叶频谱 $X[k]$ 中的一部分，即：

$$X[k] = X_r[k] R_N[k] \tag{6-27}$$

而对于无限长周期序列 $x_r(n)$ 及其傅里叶频谱 $X_r[k]$，变换关系如式(6-28)和式（6-29）所示。

$$x_r(n) = \frac{1}{N} \sum_{k=0}^{N-1} X_r[k] e^{j\frac{2\pi}{N}kn} \tag{6-28}$$

$$X_r[k] = \sum_{k=0}^{N-1} X_r[n] e^{-j\frac{2\pi}{N}kn} \tag{6-29}$$

而式（6-28）和式（6-29）的计算只需要涉及 0 到 $N-1$ 的范围，因此在此区间中可以认为是直接对有限长非周期序列 $x[n]$ 及其傅里叶频谱 $X[k]$ 进行变换，即：

$$x[n] = \frac{1}{N} \sum_{k=0}^{N-1} X[k] W_N^{-kn} R_N[n] \tag{6-30}$$

$$X(k) = \sum_{k=0}^{N-1} x(n) W_N^{kn} R_N[k] \tag{6-31}$$

式（6-30）和式（6-31）为离散傅里叶运算对，式（6-30）为离散傅里叶反变换，式（6-31）为离散傅里叶变换。其中：

$$W_N = e^{-j\frac{2\pi}{N}} \tag{6-32}$$

可以推导出，离散傅里叶变换如式（6-33）所示。

$$x[k] = \sum_{n=0}^{N-1} x(n) \cos\left(\frac{2\pi}{N} nk\right) - j \sum_{n=0}^{N-1} x(n) \sin\left(\frac{2\pi}{N} nk\right) \tag{6-33}$$

从式（6-29）可以看出，在进行离散傅里叶变换的时候，对于一个确定的 k 值做一次分析，计算 $X[k]$ 时，需要对 N 点有限长序列 $x[n]$ 做 N 次复数乘法以及 $N-1$ 次复数加法。

由于 $X[k]$ 的点数也为 N，因此进行完整 N 点离散傅里叶变换，需要进行 N 次复数乘法以及 $N(N-1)$ 次复数加法，计算量非常大。

为了解决这一问题，利用离散傅里叶变换的奇偶、虚实等特性，合并运算中的某些项，进而将长序列的离散傅里叶变换转化为短序列的离散傅里叶变换，进而减小了计算量。这种改进算法称为快速傅里叶变换（FFT），使用快速傅里叶变换在分析 N 点有限长序列 $x[n]$ 时，需要进行的复数乘法和复数加法运算次数共计为 $N\log 2N$ 次。当采样值 N 非常大时，运算量缩减的效果越明显，效率越高。

快速傅里叶变换（fast fourier transform），即利用计算机计算离散傅里叶变换（DFT）的高效、快速计算方法的统称，简称 FFT。快速傅里叶变换是 1965 年由 J. W. 库利和 T. W. 图基提出的。采用这种算法能使计算机计算离散傅里叶变换所需要的乘法次数大为减少，特别是被变换的抽样点数 N 越多，FFT 算法计算量的节省就越显著。

快速傅里叶的实现算法非常多，本书主要研究的是基于频率抽取算法的快速傅里叶变换。图 6-18 所示为基于频率抽取的 8 点快速傅里叶变换的运算信号流图，通过图中所示的蝶形算法原理，实现基于频率抽取算法的快速傅里叶变换，完成信号的分析。

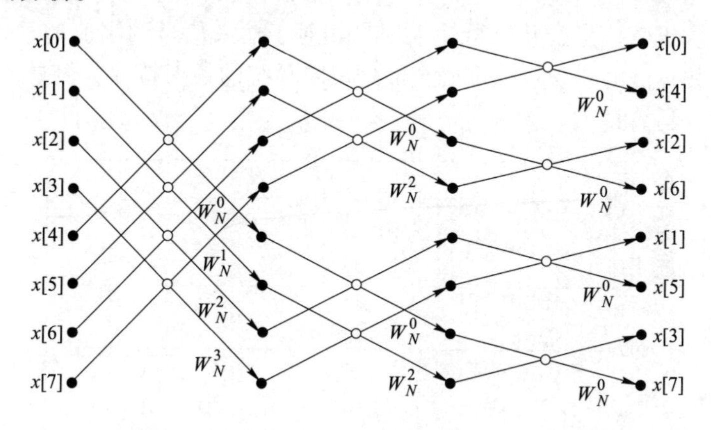

图 6-18 基于频率抽取算法的 8 点快速傅里叶变换运算信号流图

快速傅里叶运算的结果为信号序列 $x[n]$ 的频谱 $X[k]$，然而此时的频谱 $X[k]$ 的存储顺序不对，需要经过按位倒序放置才能得到最终结果。按位倒序放置，即将当前 k 的二进制值按位交换顺序后，放置到对应的位置。例如对于一个 16 点的快速傅里叶变换，蝶形算法计算结果 $X[10]$ 的 k 值为 10，二进制码为 1010 B，经过倒序后二进制码为 0101 B，对应的 k 值为 5。因此，需要将 5 和 10 中的数据交换位置，进行倒序放置，才能得到快速傅里叶变换最终的频谱运算结果。

根据采样定理，如果信号的频谱最高频率为 $f_{\max}$，为了保证频谱分析结果不发生频谱混叠，采样频率为 f_s，不能小于最高频率 $f_{\max}$ 的 2 倍。对于采样频率为 f_s，信号采样序列 $x[n]$ 点数为 N 的快速傅里叶变换，变换后的频谱 $X[k]$ 点数也为 N。在这 N 点的频谱中，$X[0]$ 至 $X[N/2]$ 表示 $[0,\ f_s/2]$ 频率区间内的信号离散频谱，而 $X[N/2+1]$ 至 $X[N]$ 表示 $[-f_s/2,\ 0]$ 区间内的信号离散频谱。

6.3.2 电气传动系统机电谐振的频率特征辨识方法

前面分析了适用于电气传动系统的频谱分析算法、离散傅里叶变换以及快速傅里叶变换原理，下面讨论传动系统频率特征的辨识方法。

6.3.2.1 扫频法

扫频法是通过扫频的方式，使用一系列频率离散的正弦信号作为分析对象的给定信号。根据式（6-33）分别计算分析对象对于每个频率点信号的幅值增益以及相角特性，即可获得当前频率下的系统响应特性。通过这一系列离散频率正弦信号的分析，即可绘制出系统的幅频特性曲线以及相频特性曲线。

图6-19所示为传动系统使用扫频法的辨识结果，可以看到，不管是幅频特性曲线还是相频特性曲线，与理论计算结果都很相近。使用扫频法，每个频率点都要注入一次正弦信号，并分析输入信号相对于输入信号的幅值增益以及相移，所以使用扫频算法的辨识可以准确全面地反映系统的频率特性。但是，扫频法的运算时间长，运算量大。

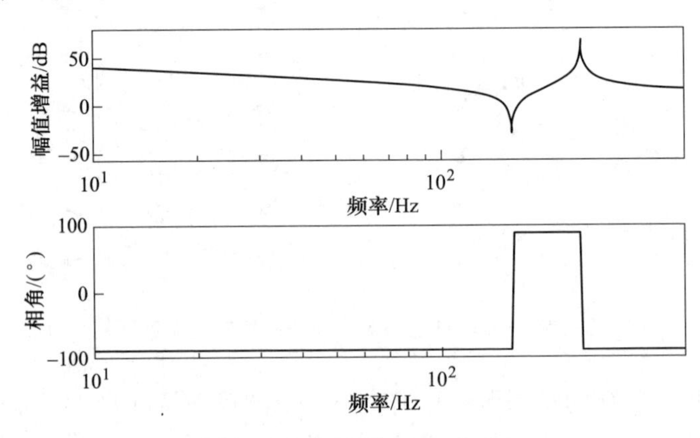

图6-19 扫频法辨识的频率特性

6.3.2.2 脉冲响应法

脉冲信号中包含了所有的频率成分，且各频率成分信号幅值相同，相角均为0°。因此，可以直接使用脉冲信号作为分析对象的给定信号，对分析对象的脉冲响应进行采样，通过快速傅里叶变换即可计算其频率特性。

图6-20所示为传动系统使用脉冲响应法的辨识结果。脉冲响应法的计算量与扫频法相比明显减小，只需进行一次快速傅里叶分解运算。在幅频特性曲线中，能够准确辨识出共轭极点，即NTF谐振点；但是在共轭零点处，即ARF谐振点，幅值增益没有明显的变化。

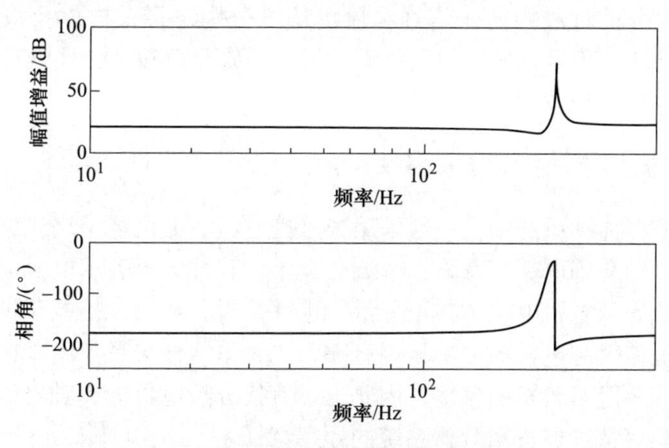

图 6-20 脉冲响应法辨识的频率特性

在其他频率点，幅值增益几乎保持固定值不变，相频特性的辨识也不准确。由于脉冲信号作用时间短，仅为一个采样周期，因此在实际系统中，脉冲响应可能会非常微弱。同时，对脉冲信号进行频谱分析，每个频率点的信号幅值都很微弱。如果信号采样传感器的分辨率不足，数据的有效字长不足，数据量化造成的有效数字损失，都会严重影响辨识结果。

6.3.2.3 白噪声法

白噪声信号即随机噪声信号，信号中同样包含了所有的频率成分。因此，直接对分析对象注入白噪声，检测其响应情况，对比输入信号与输出信号的频谱，进而得出分析对象的频率特性。

图 6-21 所示为使用白噪声法的辨识结果。白噪声法信号比脉冲响应法易于

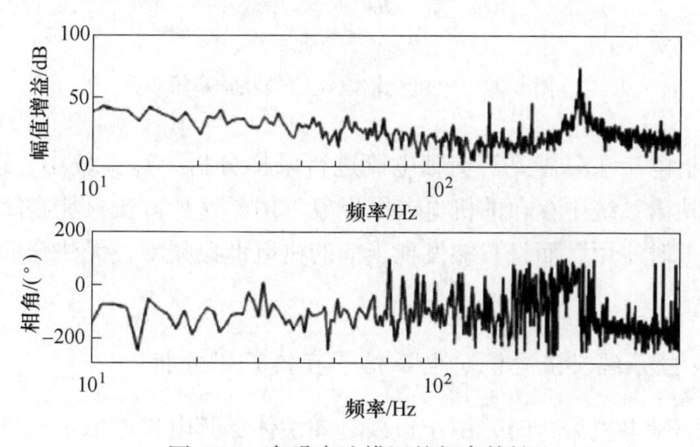

图 6-21 白噪声法辨识的频率特性

测量，只需对分析对象的输入信号和输出信号分别进行采样以及快速傅里叶变换，就可以计算出信号幅值。但是辨识结果中不管是幅频特性曲线还是相频特性曲线，都存在较大的波动。

6.3.2.4　电流信号直接 FFT 分析法

在交流变频传动系统中，一般采用矢量控制，将电机定子绕组电流转化为转子旋转轴系下的交轴电流以及直轴电流。其中，直轴电流表示电机电流的励磁分量，交轴电流表示电机电流的转矩分量。也就是说，在对电机电流进行矢量解耦之后，交轴电流仅与电机的输出转矩有关，二者呈线性关系。由于机电谐振引发了电机转速振荡以及转矩的振荡，因此通过直接分析电机的交轴电流，即可分析电机转矩的频率特征，进而分析系统的频率特征。

在闭环工作状态，发生机电谐振时，电机的转速和转矩同时振荡。因此直接提取交轴电流信号进行频谱分析，即可了解当前系统中的机电谐振特征。

如图 6-22 所示，当发生机电谐振时，电机的交轴电流也发生振荡。此时，直接对电流信号采样，通过快速傅里叶变换做频谱分析。能够直接分析出系统机电谐振的频率。

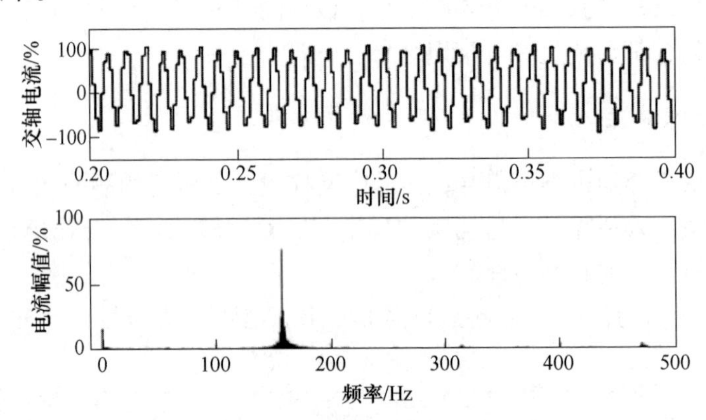

图 6-22　电机交轴电流信号及频率辨识

直接分析电流法只需要对交轴电流进行采样分析，运算量小，运算速度快，能够直接反映出系统中存在的机电谐振现象。但是这种方法只能在闭环工作状态发生机电谐振时使用，而且只能发现当前的机电谐振频率，无法全面分析系统的频率特性。

6.3.2.5　变频系统交流电流、电压信号直接 FFT 分析

变频器驱动电机调速时，由于负载是弹性体，其电机电流中必然会含有传动链固有谐振频率的间谐波，且是以基波为中心对称的正负间谐波，系统发生机电

扭振时，变频器电流的间谐波幅值会明显增大。图 6-23 为电机交流电流波形，该电流畸变，为交流基波与谐波的合成。

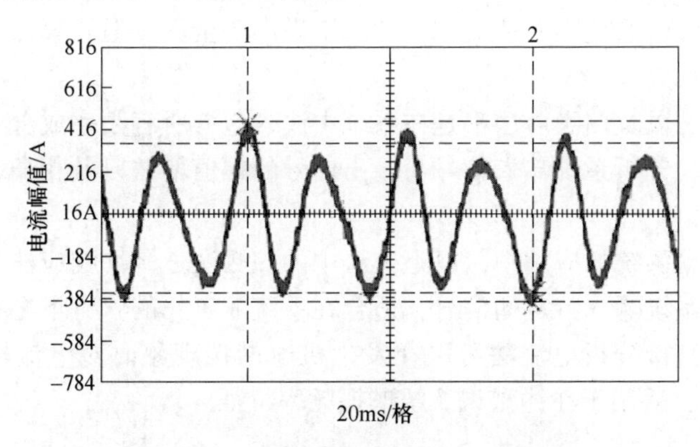

图 6-23 变频传动电机的交流电流波形

将该电流数值采用快速傅里叶变换，求出电流的频谱，如图 6-24 所示。可以看出，电流的基波频率为 35.61Hz，在基波频率两旁存在±13.58Hz 的间频，间频幅值达到 20%左右，13.58Hz 即是该传动链的固有谐振频率。

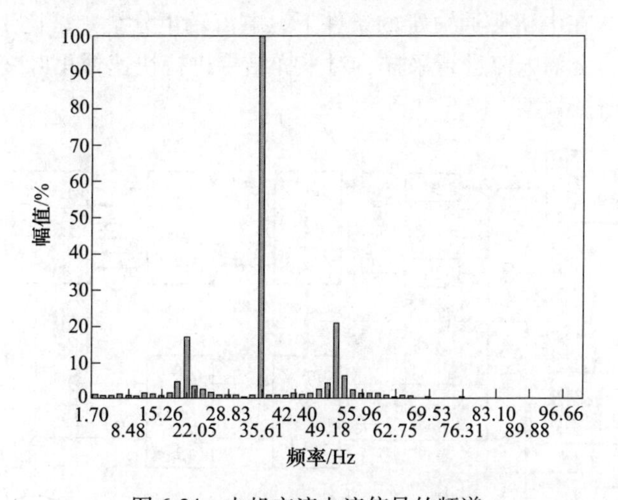

图 6-24 电机交流电流信号的频谱

应当指出，现代的数字示波器都具有 FFT 快速傅里叶变换功能，所以当传动系统产生谐振时，测量电机电流的波形，再由 FFT 变换的电流频谱和间频，就可以得出传动链的固有谐振频率。

6.3.2.6 辨识方法比较

电流直接 FFT 分析法是在系统发生谐振时，直接提取交轴电流，即电机转矩信号进行快速傅里叶变换分析频谱。此方法简单易于实现，但是无法获得系统完整的频率特征。

扫频法在分析系统频率特征时，计算结果准确全面。但是算法复杂，扫频时间较长，运算量大。

脉冲响应法以及白噪声法都是在系统中注入包含所有频率成分的脉冲信号或者白噪声信号，分析系统输入信号与输出信号的幅值增益以及相角差，进而求出系统频率特征。

在电气传动系统的应用中，以上方法中的扫频法、脉冲响应法以及白噪声法都需要向机电系统输入特定的信号，适合在系统非工作的状态下全面分析系统的频率特征。而直接分析电流法可以在发生机电谐振现象时对电流振荡（转矩振荡）进行分析，适用于在线辨识系统谐振频率特征。

6.3.3　电气传动机电谐振特征辨识实例

下面介绍一个对电气传动系统机电谐振频率辨识的实例，图 6-25 为交流永磁同步电机变频传动系统的控制框图。该变频传动采用矢量控制，交流电流经矢量变换得到电机的直轴电流，即电机电流磁场分量 i_d，电机交轴电流，即电机电流转矩分量 i_q。在电机磁通恒定的条件下，电流转矩分量 i_q 正比于电机转矩。控制系统对电机的交轴电流进行采样，对采样结果进行快速傅里叶变换，辨识出传动系统的机电谐振频率。

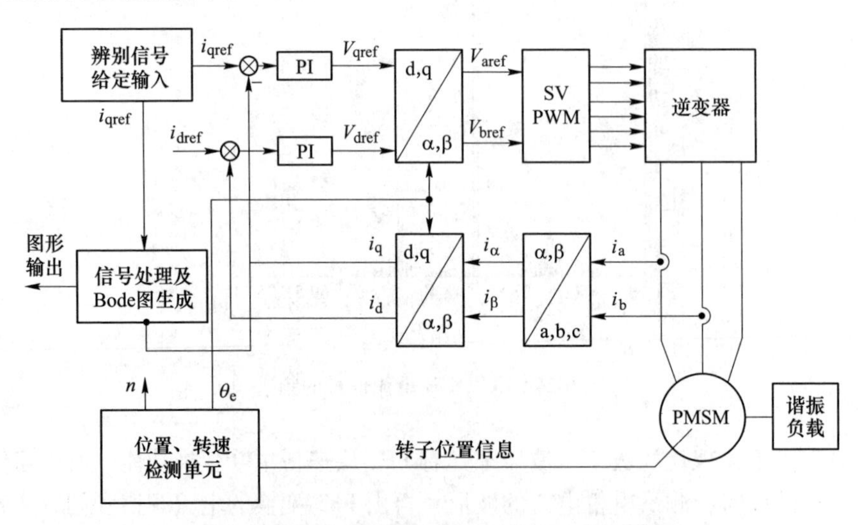

图 6-25　交流变频传动谐振频率辨识系统框图

在电气传动控制系统中，运算处理单元需要完成电流环、速度环的运算，同时还要对硬件保护信号、外设键盘、LED 显示、通信接口等进行处理。一般来说，电流环、速度环、位置环的运算由于优先级较高，对时间准确性和实时性要求高，因此这些运算需要在定时器中断内进行，从而严格保证采样周期和调制周期。而外设键盘、LED 显示、通信接口等功能的时间要求比较慢，因此可放在程序的主循环中完成。

对于快速傅里叶变换，由于数据采样阶段对时间的准确性和实时性要求较高，因此需要在中断内完成数据采样。快速傅里叶变换的计算过程复杂，计算量大，计算时间长，因此需要在主循环中完成。由于快速傅里叶分解中包含了大量的循环，包含很多运算步骤。因此，为了降低在快速傅里叶分解的计算过程中对主循环中的其他任务造成的影响，在程序中对快速傅里叶变换进行分步计算处理。

将采样之后的数据处理运算拆分到多个主循环周期中进行，在每个主循环周期中完成一部分快速傅里叶变换的计算。这样可以最大限度地减小对主循环中的其他任务造成的影响。数据处理运算主要包括通过蝶形算法计算信号频谱、频谱按位倒序存储、计算频谱幅值。图 6-26 所示为对电机电流信号采样结果的部分波形图。

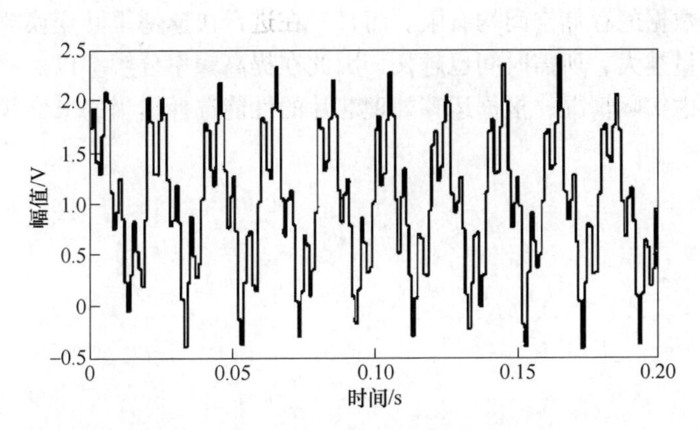

图 6-26 电机电流信号采样波形

通过快速傅里叶变换，得到图 6-27 所示的信号频谱。信号频谱中包含有三个主要频率点，频率值以及幅值如表 6-1 所示。

表 6-1 信号的频率值以及幅值

频率/Hz	幅值/V
0	0.9967
49.8047	0.7536
200.1953	0.4609

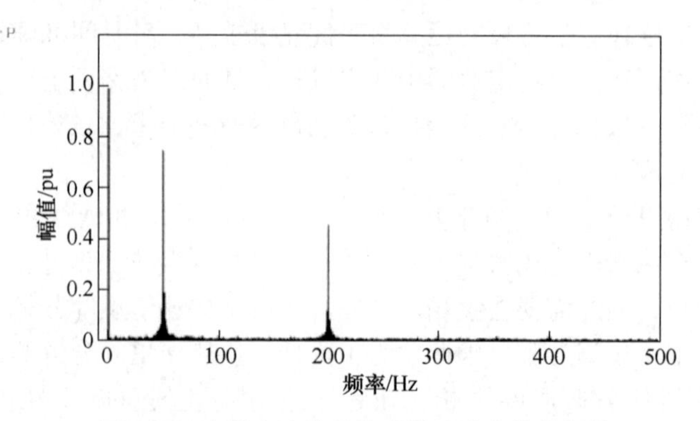

图 6-27　电机电流信号快速傅里叶变换的频谱

快速傅里叶分解在计算频谱时，将 $-f_s/2$ 至 $f_s/2$ 的频率区间等分成 N 份。即在 1kHz 采样频率，1024 采样点的条件下，频率的最小分辨率为 0.9766Hz。因此，频谱分析结果中，频率值以及幅值均存在一定的偏差。

如果要想分析的频率范围更广，需要提高采样频率。如果需要提高频率辨识的分辨率，需要增加信号采样点数。但是，在 DSP 芯片中，芯片运算处理速度有限，采样数据的存储空间均有限。而且，在进行快速傅里叶变换时，采样点数越多，计算量越大，所需时间也越长。因此在提高频率分辨率以及频谱分析范围时，需要考虑实际情况，根据运算处理芯片的性能选择适当的采样频率和采样数据长度。

第 7 章　陷波滤波器抑制谐振

从电气传动控制系统的角度出发，避免电气系统的频率与机械传动链固有频率相同，最直接的方法是避免传动系统运行在该谐振点，但这会影响传动系统的工作效果。陷波滤波器是抑制机电谐振的有效方法，在控制系统中设置陷波滤波器，让滤波陷波频率等于机电固有频率，减少固有谐振频率的控制增益，阻断了该谐振频率信号的控制通路，防止电流间谐波引发的机电谐振。同时，陷波滤波器只避开机电谐振频率，并不影响电气控制系统的动态特性。

7.1　陷波滤波器原理

电气传动控制系统广泛采用陷波滤波器来阻断谐振频率信号的通路，以此抑制机电谐振。滤波器分为低通、高通、带通和带阻四种，图 7-1 是它们的理想幅频特性。

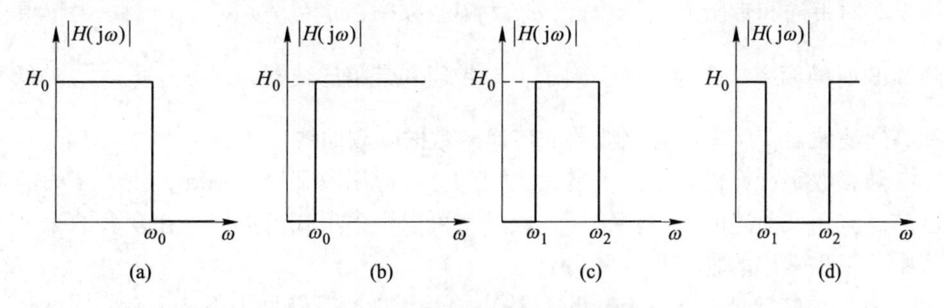

图 7-1　理想滤波器的幅频特性

（a）低通滤波器；（b）高通滤波器；（c）带通滤波器；（d）带阻滤波器

这种幅值突变的理想滤波器在物理上是难以实现的，通常用零点和极点数目有限的传递函数来逼近它：

$$H(s)=\frac{a_n(s+\lambda_1)(s+\lambda_2)\cdots(s+\lambda_n)}{(s+\beta_1)(s+\beta_2)\cdots(s+\beta_n)}=\frac{a_ns^n+a_{n-1}s^{n-1}+\cdots+a_0}{s^n+b_{n-1}s^{n-1}+\cdots+b_0} \tag{7-1}$$

如果零点和极点数目等于 2，则滤波器的二阶传递函数写成：

$$H(s)=\frac{a_2s^2+a_1s+a_0}{s^2+b_1s+b_0} \tag{7-2}$$

上述四种滤波器的二阶传递函数分别可写成：

低通：

$$H(s)=\frac{H_0\omega_0}{s^2+\frac{\omega_0}{Q}s+\omega_0^2} \tag{7-3}$$

高通：

$$H(s)=\frac{H_0 s^2}{s^2+\frac{\omega_0}{Q}s+\omega_0^2} \tag{7-4}$$

带通：

$$H(s)=\frac{H_0\omega_0 s/Q}{s^2+\frac{\omega_0}{Q}s+\omega_0^2} \tag{7-5}$$

带阻：

$$H(s)=\frac{H_0(s^2+\omega_0^2)}{s^2+\frac{\omega_0}{Q}s+\omega_0^2} \tag{7-6}$$

式中，H_0 为任意增益因子；ω_0 为特征频率。对低通和高通滤波器而言，ω_0 为截止频率。对带通和带阻滤波器而言，ω_0 为中心频率，$\omega_0=\sqrt{\omega_2\omega_1}$ ，ω_1、ω_2 为幅值下降 3dB 时的频率。Q 为选择性因子，对带通和带阻滤波器，$Q=\frac{\omega_0}{\omega_2-\omega_1}$ 。对低通和高通滤波器，Q 决定着滤波器的传递函数的幅频曲线。

随着数字计算机技术的发展，工程已普遍应用数字控制系统，故数字滤波器已广泛应用。前述的滤波器特性在数学上可以用多项式来近似，在众多的近似方法中，工程常用的为三种：

（1）伯特沃斯（Butterworth ）法。伯特沃斯幅频特性由下式表示：

$$|H(\mathrm{j}\omega)|=\frac{1}{\sqrt{1+\left(\frac{\omega}{\omega_{\mathrm{p}}}\right)^{2m}}} \tag{7-7}$$

其传递函数为：

$$H(s)=\frac{1}{(s-p_1)(s-p_2)\cdots(s-p_n)} \tag{7-8}$$

这是一个全极点函数，总极点数等于 n。当 $n=1$ 时，只有一个极点，$p_1=-1$ 。$n=2$ 时，有两个共轭极点，$p_{1,2}=-\frac{1}{\sqrt{2}}+\mathrm{j}\frac{1}{\sqrt{2}}$，…。

图 7-2 为伯特沃斯近似的幅频曲线，由图可见，当 n 值越大，幅频特性越接

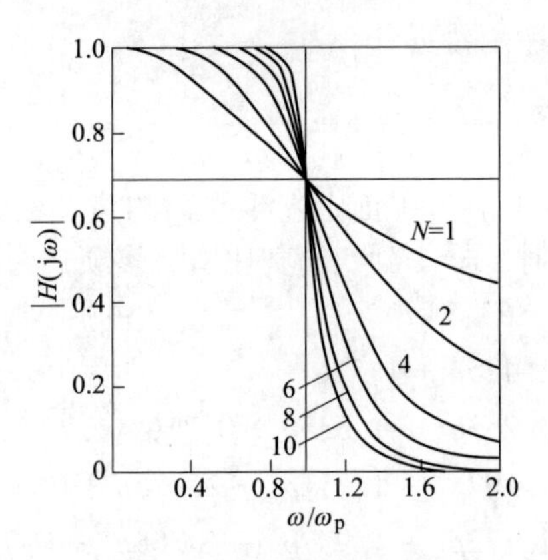

图 7-2 伯特沃斯滤波器幅频特性

近理想滤波器。式（7-8）也可以写成多项式形式

$$H(s)=\frac{1}{B_n(s)} \tag{7-9}$$

$B_n(s)$ 称为伯特沃斯多项式，它系数由诸极点值算出，下面给出一列五阶的伯特沃斯多项式。

$$\begin{cases} n=1, p+1 \\ n=2, p^2+\sqrt{2}p+1 \\ n=3, p^3+2p^2+2p+1 \\ n=4, p^4+2.613p^3+3.414p^2+2.613p+1 \\ n=5, p^5+3.236p^4+5.236p^3+5.236p^2+3.216p+1 \end{cases} \tag{7-10}$$

（2）契比雪夫（Chebyshev）法。契比雪夫用下面的幅频特性来近似滤波器：

$$|H(j\omega)|=\frac{1}{\sqrt{1+\varepsilon^2\cos\omega^2\left[n\cos^{-1}\left(\frac{\omega}{\omega_p}\right)\right]}} \qquad \omega<\omega_p$$

$$=\frac{1}{\sqrt{1+\varepsilon^2\cosh^2\left[n\cosh^{-1}\left(\frac{\omega}{\omega_p}\right)\right]}} \qquad \omega\geqslant\omega_p \tag{7-11}$$

式中，ε 为波纹参数，图 7-3 看到契比雪夫近似曲线在 $\omega<\omega_p$，波形是一个有波纹振荡的高幅值波形，而当 $\omega\geqslant\omega_p$ 时，幅值很快衰减。契比雪夫滤波器的极点可以写出：

$$p_K=-\omega_p\sin\left(\frac{2K-1}{n}\frac{\pi}{2}\right)\sinh\left(\frac{1}{n}\sinh^{-1}\frac{1}{\varepsilon}\right)+j\omega_p\cos\left(\frac{2K-1}{n}\frac{\pi}{2}\right)\cosh\left(\frac{1}{n}\sinh^{-1}\frac{1}{\varepsilon}\right)$$

$$K=1,2,\cdots,n \tag{7-12}$$

契比雪夫近似的传递函数可以写为：

$$H(s)=\frac{1}{\varepsilon 2^{n-1}(s-p_1)(s-p_2)\cdots(s-p_n)}=\frac{H_D}{V_n(s)} \tag{7-13}$$

式中，H_D 是常数，$V_n(s)$ 是在复平面上左半平面的诸多极点组成的契比雪夫多项式，当波纹系数为 0.5 时，$n=1$ 到 5 的契比雪夫多项式为：

$$\begin{cases} n=1, p+2.863 \\ n=2, p^2+1.425p+1.516 \\ n=3, p^3+1.253p^2+1.535p+0.716 \\ n=4, p^4+1.197p^3+1.717p^2+1.025p+0.379 \\ n=5, p^5+1.172p^4+1.937p^3+1.309p^2+0.753p+0.179 \end{cases} \tag{7-14}$$

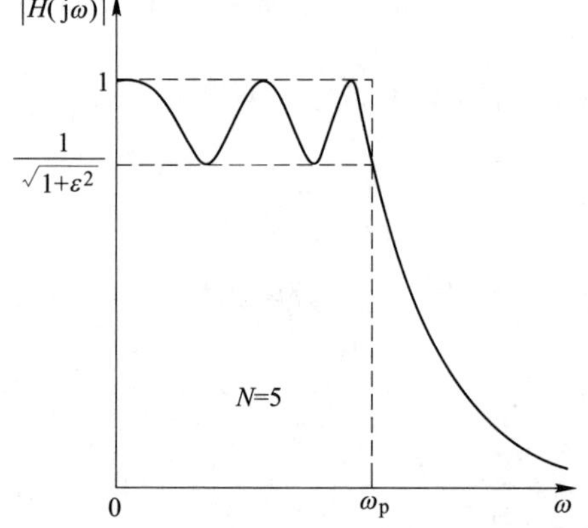

图 7-3　契比雪夫滤波器幅频特性曲线

（3）贝塞尔（Bessel）法。贝塞尔滤波器的传递函数为：

$$H(s)=\frac{H_D}{H_n(s)} \tag{7-15}$$

其中 $H_n(s)$ 是贝塞尔多项式，五阶以内贝塞尔多项式为：

$$\begin{cases} n=1, p+1 \\ n=2, p^2+3p+3 \\ n=3, p^3+6p^2+15p+15 \\ n=4, p^4+10p^3+45p^2+105p+105 \\ n=5, p^5+15p^4+105p^3+420p^2+945p+945 \end{cases} \tag{7-16}$$

7.2　陷波滤波器对机电谐振的抑制

构造一个陷波滤波器，将其安放在系统中，一般设在反馈通道，见图 7-4。

让滤波陷波频率 ω_c 等于机电固有频率 ω_0，使共振频率增益为零，可以有效地消除振荡，同时由于陷波滤波器对其他频率不呈现滞后作用，不影响系统动态响应。

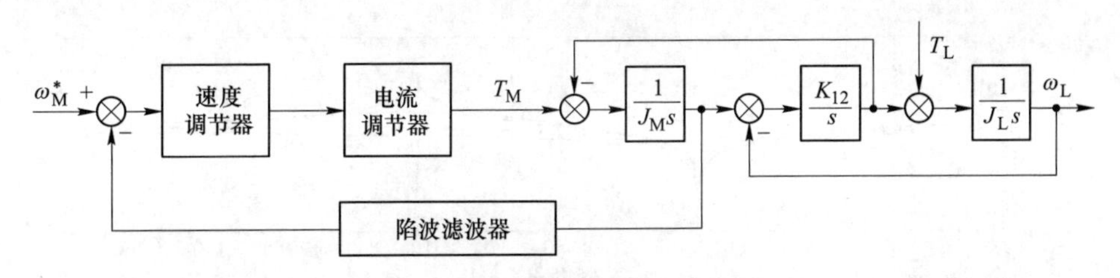

图 7-4　加陷波滤波器的控制系统

7.2.1　二参数陷波滤波器的特性分析

根据滤波器原理，常见的陷波滤波器为二参数陷波滤波器和三参数陷波滤波器。

二参数陷波滤波器的传递函数为：

$$G_c(s) = \frac{s^2 + \omega_N^2}{s^2 + 2\zeta_N\omega_N s + \omega_N^2} \tag{7-17}$$

运用仿真平台，得到二参数陷波滤波器频率特性的 Bode 图，如图 7-5 所示。其中，$\omega_N = 2000\text{rad/s}$，曲线 1、2、3 对应不同的阻尼系数 ζ_N 分别为 0.1、0.5、1。由图 7-5 可以看出，二参数陷波滤波器阻尼系数 ζ_N 不同，仅仅改变陷波频率点与陷波宽度，而陷波深度是负的无穷。

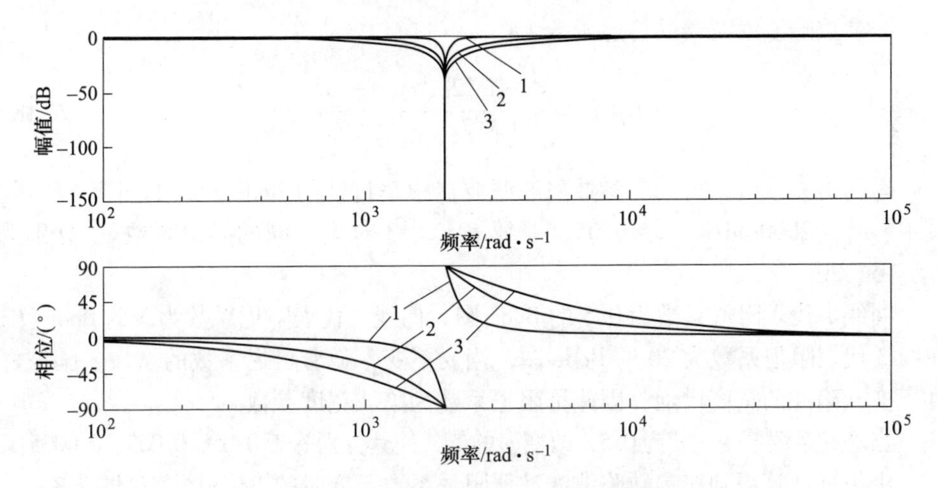

图 7-5　阻尼系数对陷波滤波器的影响

图 7-6 为加入二参数陷波滤波器的二质量弹性系统频率特性 Bode 图。曲线 1 为未加入陷波滤波器控制的频率特性曲线，曲线 2 为阻尼系数为 0.1 的频率特性曲线，曲线 3 为阻尼系数为 0.5 的曲线，曲线 4 为阻尼系数为 1 的曲线。由图 7-6 可

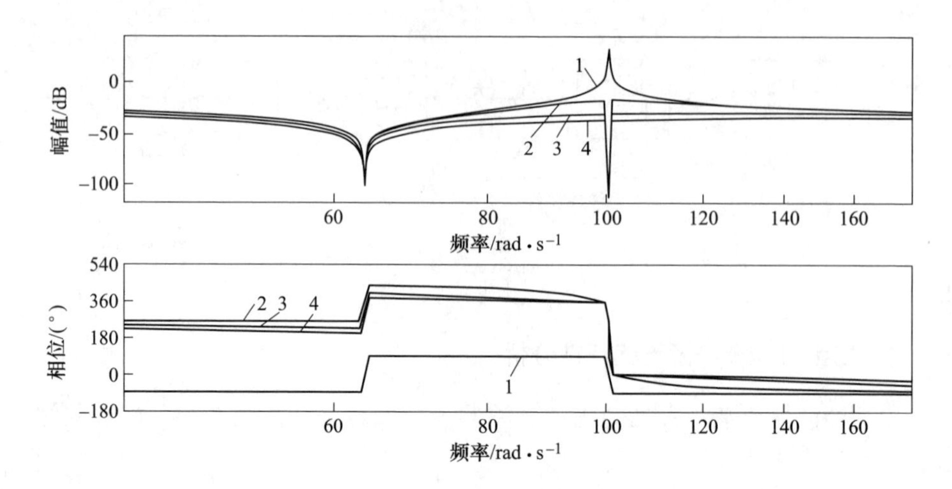

图 7-6　不同阻尼系数的传动系统频率特性

以看出，陷波滤波器有效地抑制了谐振频率点的幅值，随着阻尼系数的增大，陷波宽度增加，陷波的幅值也增大。对于电气传动控制系统，如果加入二参数陷波滤波器，系统在陷波频率点的增益将被衰减至没有响应，也就是说，二参数陷波滤波器有效抑制了控制系统在陷波点的频率响应。

7.2.2　三参数陷波滤波器的特性分析

三参数陷波滤波器的传递函数为：

$$G_c(s)=\frac{s^2+p^*2\zeta_{N1}\omega_N s+\omega_N^2}{s^2+2\zeta_N\omega_N s+\omega_N^2} \tag{7-18}$$

运用仿真平台，得到三参数陷波滤波器频率特性的 Bode 图，如图 7-7 所示。其中，$\omega_N=2000\text{rad/s}$，$p=0.05$，曲线 1、2、3 对应不同的阻尼系数 ζ_N 分别为 0.5、5、20。

曲线 1 代表阻尼系数为 0.5 的 Bode 图，曲线 2 代表阻尼系数为 5 的 Bode 图，曲线 3 代表阻尼系数为 20 的 Bode 图，当 p 不变，随着阻尼系数的增大，陷波深度不变，陷波的宽度增加，因此称阻尼系数为陷波宽度参数。

当阻尼系数不变，ζ_N 为 0.5，改变 p 的值，使其分别等于 0.05、0.005、0.0005，由仿真计算得到三参数陷波滤波器阻尼系数不变时的 Bode 图，见图 7-8。

图 7-8 中曲线 1 代表 p 为 0.05 的 Bode 图，曲线 2 代表 p 为 0.005 的 Bode 图，曲线 3 代表 p 为 0.0005 的 Bode 图，当阻尼系数固定时，随着 p 的减小，陷波宽度不变，陷波的深度增加，因此称 p 为陷波深度参数。

由此可见，与二参数陷波滤波器比较，三参数陷波滤波器不仅可以调整陷波

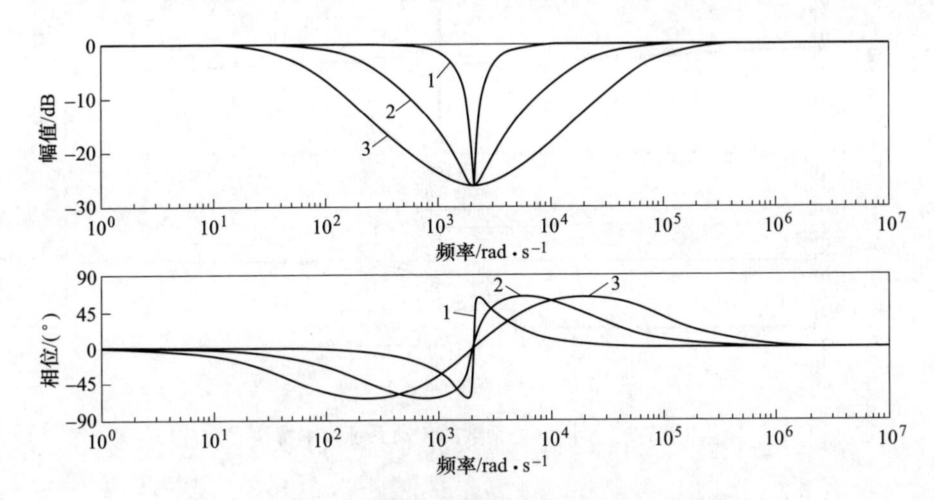

图 7-7 三参数陷波滤波器 p 不变时的 Bode 图

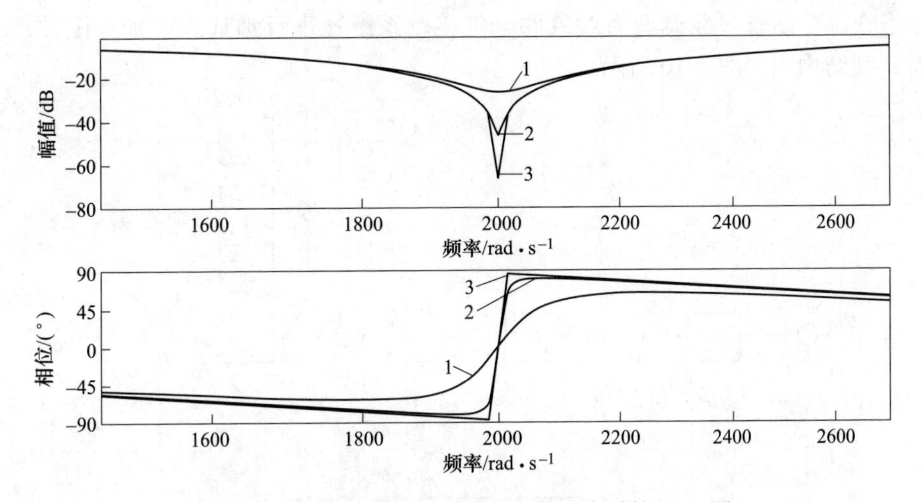

图 7-8 三参数陷波滤波器阻尼系数不变时的 Bode 图

频率的宽度，还可以调节陷波深度。

图 7-9 为加入三参数陷波滤波器的二质量弹性系统频率特性 Bode 图。曲线 1 为未加入陷波滤波器控制的频率特性曲线，曲线 2 为加入 p 为 0.05 的频率特性曲线，曲线 3 为加入 p 为 0.005 的频率特性曲线，曲线 4 为加入 p 为 0.0005 的频率特性曲线。由图 7-9 可以看出，陷波滤波器有效地抑制了谐振频率点的幅值。随着阻尼系数的增大，陷波宽度增加，且在谐振频率点处，系统相位变化剧烈。随着陷波宽度的增加，陷波效果越来越明显，且相位变化越来越平坦。在谐振频率附近，陷波宽度越小相位滞后越小。

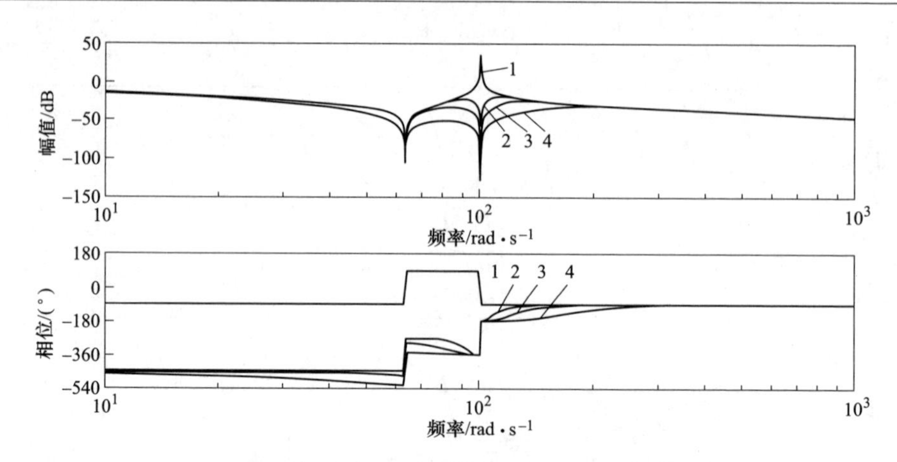

图 7-9　不同阻尼系数的传动系统频率特性

7.2.3　陷波滤波器抑制机电谐振的仿真实验

在以二质量弹性模型为对象的电气传动系统速度反馈通道中加入陷波滤波器，其结构图如图 7-10 所示。

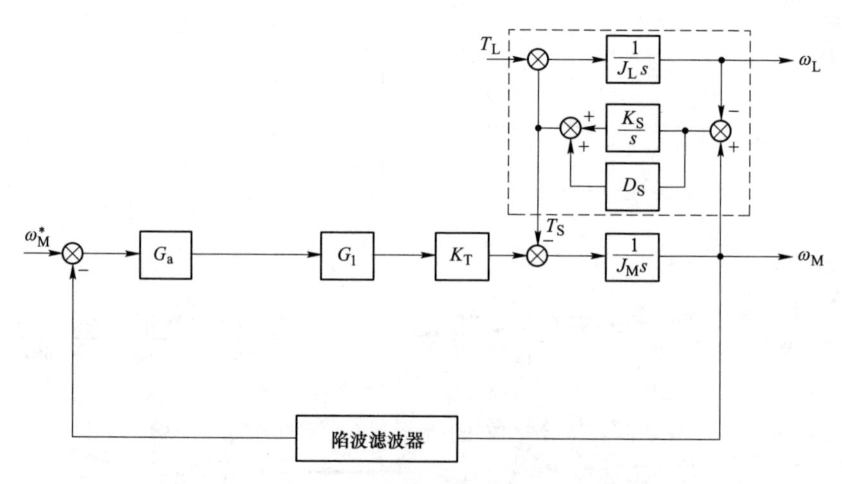

图 7-10　加入二参数陷波滤波器的控制系统结构图

采用前述二质量模型的参数，其固有谐振频率为 16Hz，ω_0 = 100.5rad/s 。在速度反馈通道中加入二参数陷波滤波器，选择陷波频率与二质量模型固有谐振频率相同，ω_N = 100.5rad/s ，设计阻尼系数 ζ_N 为 0.0066，滤波器参数 $k=0.5$，$p=0.0009$。

为了验证陷波滤波器抑制谐振的效果，在电机转矩中注入固有谐振频率（16Hz）、幅值为 0.1 的谐波。图 7-11 为传动系统加速过程的传动系统的转速波形，图 7-12 和图 7-13 分别为传动系统的电机转矩和连接轴转矩仿真波形。曲线1为加入陷波滤波器的速度波形，曲线2为无陷波滤波器的速度波形。由图可见，电机转矩注入传动链固有谐振频率谐波时，传动系统产生机电谐振，曲线2连接轴扭矩和电机转矩产生大幅振荡；而加入陷波滤波器后，曲线1连接轴转矩振荡明显减小，电机转矩和转速几乎没有振荡，由此可见，陷波滤波器有效抑制了机电谐振。

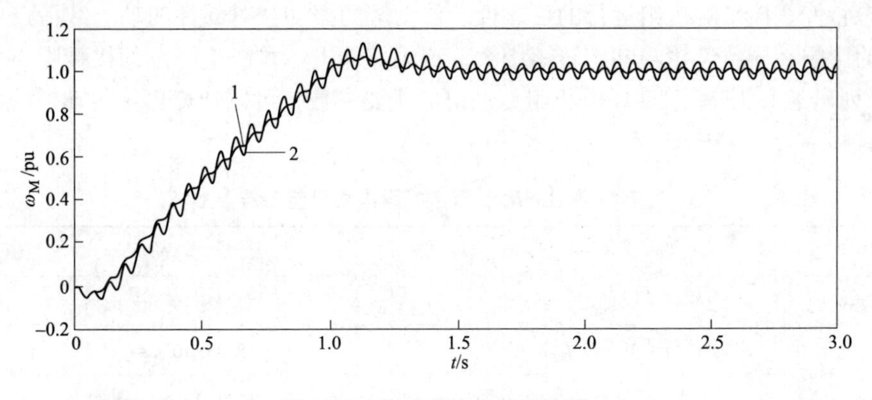

图7-11　传动系统的转速波形

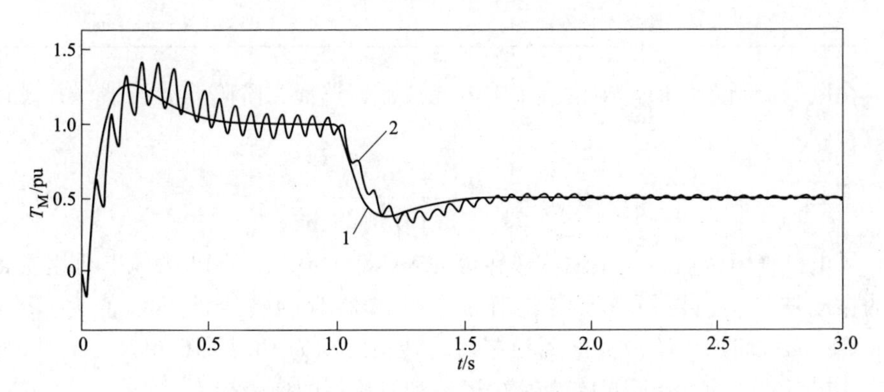

图7-12　传动系统的电机转矩波形

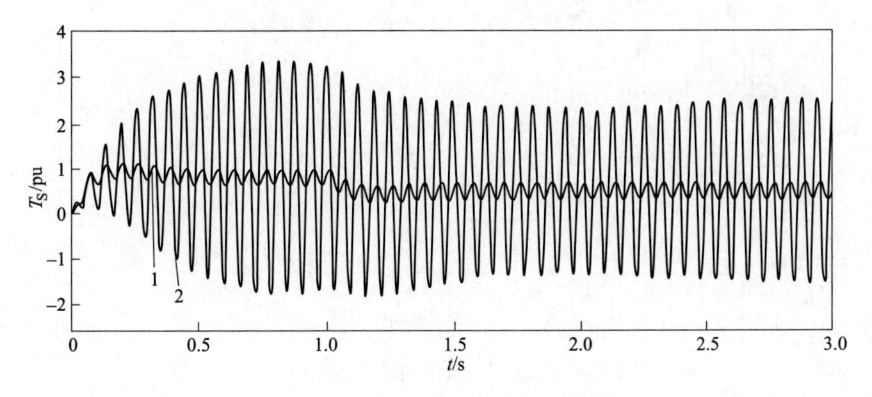

图7-13　传动系统的连接轴转矩波形

7.3 陷波滤波器的实际应用

7.3.1 陷波滤波器在风力发电机组中的应用

双馈风电机组传动链由低速轴、齿轮箱、高速轴、发电机等组成。传动链的动态特性直接影响机组运行的可靠性。传动链的振动会对部件的动态载荷产生很大的影响，导致齿轮箱动态转矩增大，造成部件损坏并产生严重的机械噪声。表 7-1 列出某 1.5MW 双馈风电机组传动链的主要参数，可以计算出该传动链的一阶固有频率为 2.45Hz。

表 7-1　某 1.5MW 双馈式风电机组传动链参数

参 数 类 别	参数值
风轮转动惯量 J_r	4.45×10^6kg · m^2
发电机转动习惯量 J_g	8.45×10^5kg · m^2
传动链阻尼 C_d	1.72×10^5N · m/rad
传动链刚度 K_d	3.03×10^8N · m · s/rad

在风电控制系统通道中设置了陷波滤波器，选择二阶陷波滤波器，并设计其参数：

$$G_{BRF}=\frac{s^2+29.89}{s^2+2.19s+29.89} \tag{7-19}$$

风电机组恒速运行，主轴传递转矩为 862kN · m，图 7-14 为风电机组主轴转矩的振动波形。由图可见，在没有加入滤波器时的转矩波动幅值为 -24.3 ~ 25.6kN · m；而加入陷波滤波器控制后，转矩波动为 -8.7 ~ 10.6kN · m，降低了 62%，转矩波动的大幅降低有效减少了传动齿轮箱的疲劳损伤。

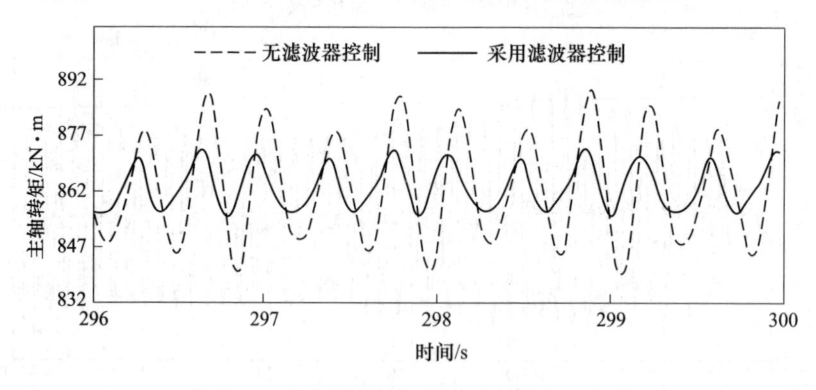

图 7-14　稳态风下风电机组主轴转矩对比图

7.3.2　陷波滤波器在轧机传动中的应用

现代交流电机调速系统一般都采用计算机全数字控制系统，大型轧机传动全数字控制系统的硬件多为 32 位或 64 位计算机，并且是多 CPU 总线并联系统，其软件为模块化，图形化，可编程，具有灵活和良好的人机界面。

图 7-15 是大型交流调速全数字控制系统软件包中的数字陷波滤波器模块。

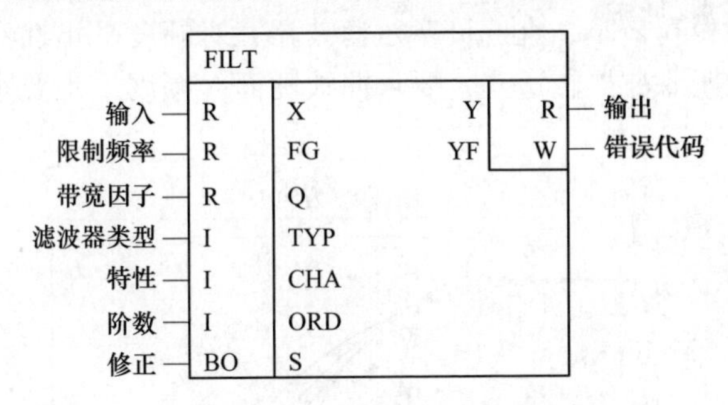

图 7-15　数字陷波滤波器软件模块

图 7-15 所示为数字陷波滤波器软件模块，可以选择为 4 种不同的滤波器类型，TYP 端口设“0”为低通滤波器，“1”为高通滤波器，“2”为带通滤波器，“3”为带阻滤波器即陷波滤波器。低通滤波器和高通滤波器是滤波器的基本单元，带通和带阻滤波器是低通和高通滤波器的组合。

FG 是限制频率端口，即带阻和带通滤波器的中心频率，Q 为带宽因子端口，图 7-16 示出 $Q=2$ 和 $Q=5$ 带宽频率的情况，带宽频率 $F_{1,2}$ 与中心频率 FG 和带宽因子 Q 的关系为：

$$F_{1,2} = FG\left(1 \pm \frac{1}{Q}\right) \tag{7-20}$$

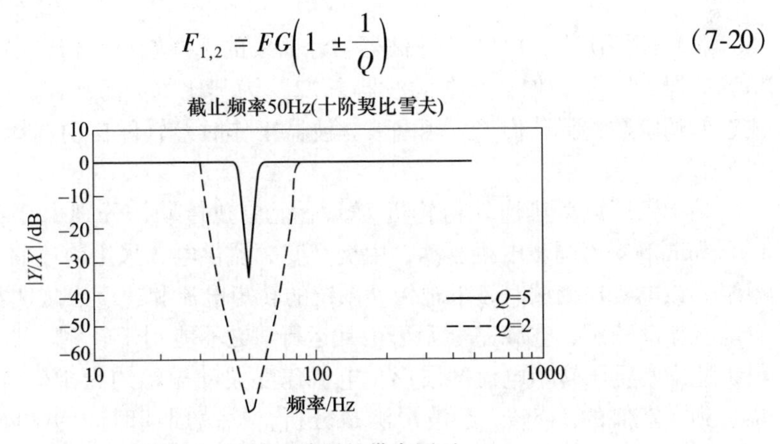

图 7-16　陷波滤波器的带宽因子

CHA 为滤波器特性的选择端口，可以选择伯特沃斯、契比雪夫和贝塞尔三种不同的多项式近似滤波器特性，如图 7-17 所示。由图可以看出，伯特沃斯滤波器在通带以内幅频曲线的幅度非常平坦，在截止频率以外，以-6ndB 的倍频规律下降。n 越大，下降越陡。它的缺点是相移与频率的关系不是很线性，对阶跃响应有过冲和振荡现象。贝塞尔滤波器的特点是相移与频率具有良好的线性关系，对阶跃函数的响应过冲极小，但幅频曲线的下降陡度较差。契比雪夫滤波器的幅频曲线下降最陡，但在通带以内幅频曲线有波纹。在实际应用中，要求传输脉冲波形失真最小，宜选贝塞尔滤波器，对幅度平坦性和曲线陡度都有要求，选伯特沃斯滤波器较适宜，要求曲线陡而对幅度平坦要求不严，当选契比雪夫滤波器。

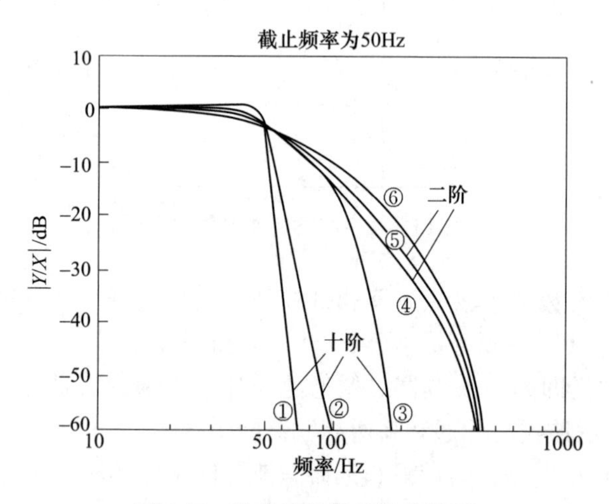

图 7-17　数字滤波器特性曲线图

（①、④为契比雪夫滤波器；②、⑤为伯特沃斯滤波器；③、⑥为贝塞尔滤波器）

在软件模块中，CHA 为滤波器特性曲线的选择端口。CHA 为“0”则选贝塞尔滤波器，“1”为伯特沃斯滤波器，“2”为契比雪夫滤波器。ORD 端口为多项式近似的阶数选择，但当采用陷波滤波器工作时，软件自动选择 $n=10$ 阶的多项式近似。

某钢铁厂大型热连轧粗轧机为上下辊单独传动，分别由 2 台 6000kW，50/100r/min 的交流同步电机驱动；由交交变频器供电，采用前述的全数字矢量控制系统。该电机在调试时，下辊传动系统的转矩电流和速度出现明显的振荡，并伴有电机振动噪声，空载完全无法正常运行，更不能用于轧钢。图 7-18（a）为该电机速度和定子转矩电流的波形，电机速度波动振幅约为 1%，转矩电流振荡振幅达到额定值的 7.5%。经波形测量分析，振荡周期时间为 20ms，振荡频率为 50Hz；由此得出该粗轧机传动系统是以 50Hz 的频率发生机电扭振。

针对该传动系统的机电扭振，在控制系统的速度反馈通道设置了陷波滤波器。图 7-19 为该陷波滤波器在实际电气传动速度控制系统中应用的软件模块原

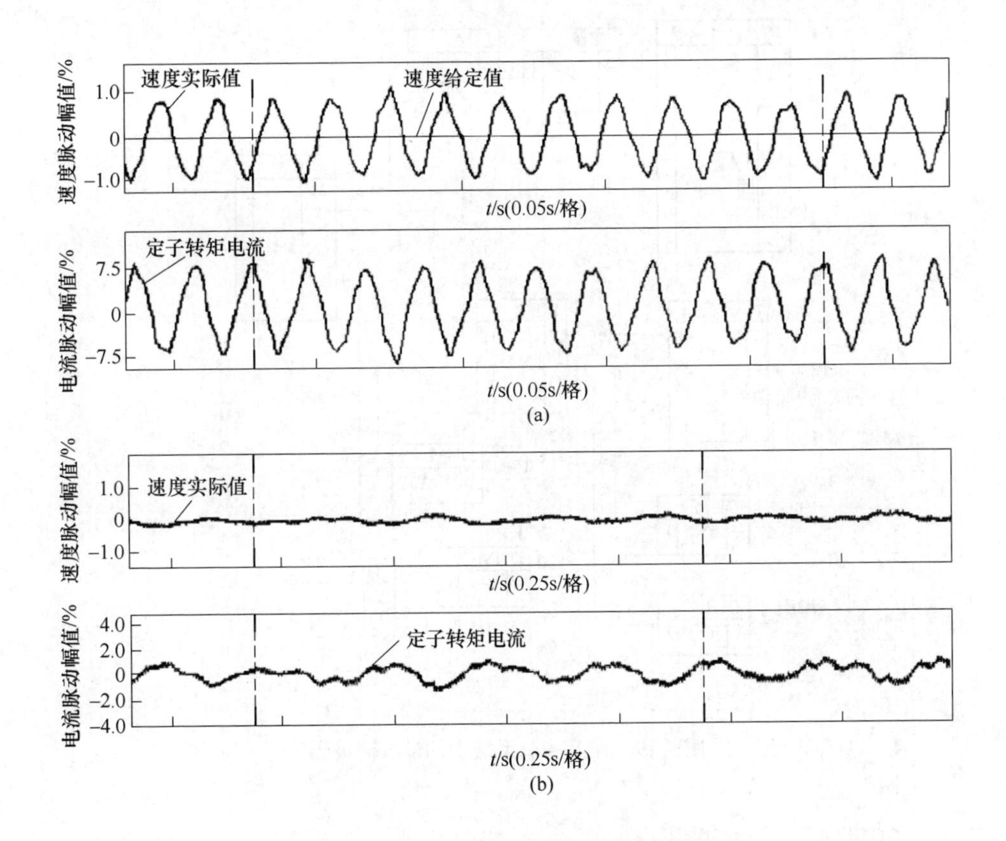

图 7-18　热连轧粗轧机传动系统的运行波形

（a）未加入陷波滤波器控制；（b）加入陷波滤波器控制

理框图。图 7-19 中 PIC 为速度调节器软件模块，其速度给定信号由给定积分器 RGJ 输出，经滤波器 PT10 和给定信号限幅 LIM 环节送到速度调节器模块的 W 输入端口。实际速度来自光电编码器，光电码盘信号经 NAV 编码适配器转变为速度实际值信号，该信号送入陷波滤波器 FILT 的 X 输入端。

在实际调试中，根据测量得到的扭振频率，设置图 7-15 所示的数字陷波滤波器软件模块参数。滤波器的陷波频率 FQ 设定为 50Hz，频带宽度 Q 设定为±2Hz。速度实际值经陷波器后将阻断了 50±2Hz 频率的信号，避免在这个频段与传动系统谐振频率产生共振。陷波滤波器有效地消除了谐振频率信号，使传动系统恢复正常运转，顺利投入轧钢运行。

图 7-18（b）为该系统加入陷波滤波器后，实际的电机速度和定子转矩电流波形。通过与未加滤波器控制的图 7-18（a）对比，可以看出，当投入陷波滤波器后，转矩电流的振幅从 7.5%减少到 1%左右，速度波动振幅由 1%降到 0.1%，有效地抑制了机电扭振，效果明显，满足了轧钢要求。

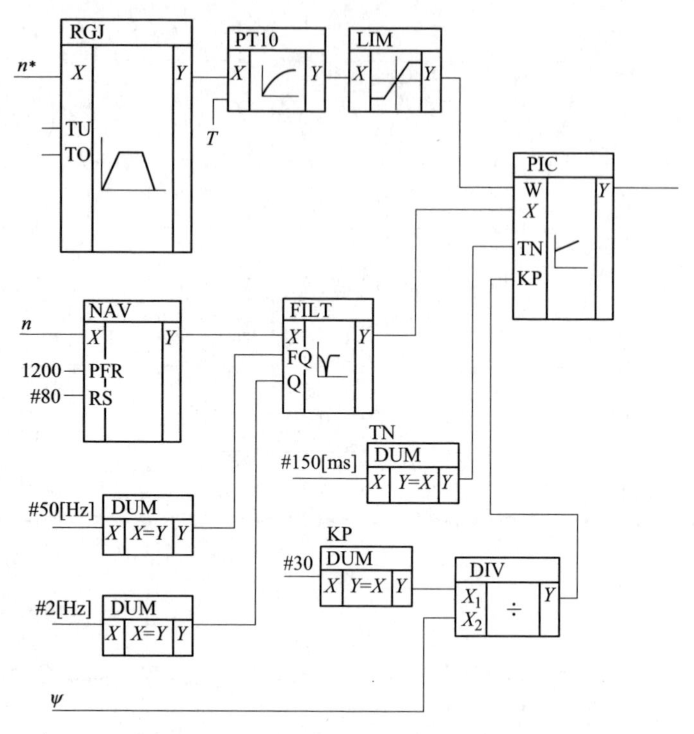

图 7-19　速度控制系统中的陷波滤波器

7.4　自适应陷波滤波器

7.4.1　自适应陷波滤波器技术的发展

近年来，在交流伺服传动领域，不少学者对伺服传动的机电谐振机理和抑制方法进行研究。美国学者 Peter Schmidt 和 Thomas Rehm 提出对传动系统的速度和电流进行检测，利用快速傅里叶变换（FFT）检测辨识出系统的机电谐振频率（图 7-20），然后将检测到的谐振频率输入给陷波滤波器，自动调整滤波器陷波频率，达到自动消除机电谐振的效果。其控制的结构图如图 7-21 所示。

科尔摩根公司 GeorgeEllis 与威斯康星麦迪逊大学的 Robert D. Lorenz 对频率范围在 100~300Hz 高频范围的谐振问题进行了研究，比较了低通滤波器、双二阶滤波器、陷波滤波器在刚性和弹性模型中，采取加速度反馈方法，对于机电振荡的抑制效果，同时分析了调节器增益与系统带宽的改善情况。韩国庆星大学的 D. H. Lee 等，国内哈尔滨工业大学、华中科技大学等研究组也对伺服驱动弹性传动系统运用 FFT 辨识谐振频率和自适应陷波滤波器进行了研究。使用 FFT 信号处理技术从速度误差信号、交轴转矩电流等电量中提取传动系统的谐振频率，设计自适应陷波滤波器，实验验证了自适应陷波滤波器抑制机电谐振的有效性。

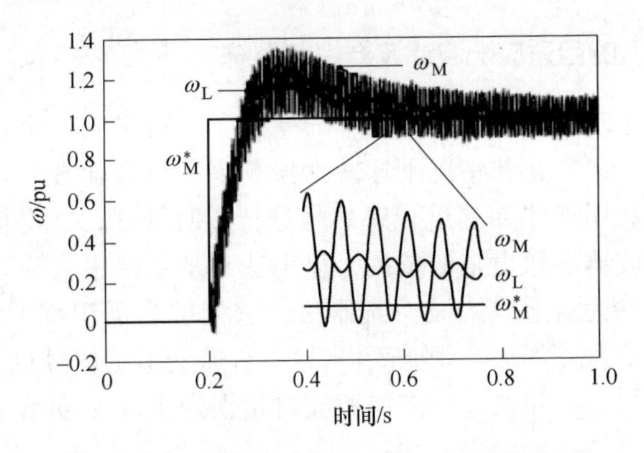

图 7-20 通过速度阶跃 FFT 辨识速度谐振频率

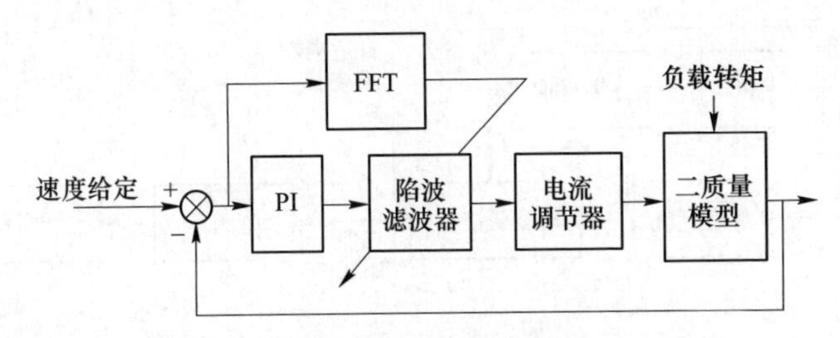

图 7-21 自适应陷波滤波器控制结构图

近年来，谐振频率辨识和自适应陷波滤波器技术逐渐成熟，已应用到交流伺服传动的产品中。例如日本松下公司将自适应陷波滤波器控制应用在伺服马达电机的产品中，其控制结构图如图 7-22 所示。该伺服系统能够根据电机速度波形推断出谐振频率，自动设置陷波滤波器参数，降低共振点的振动。

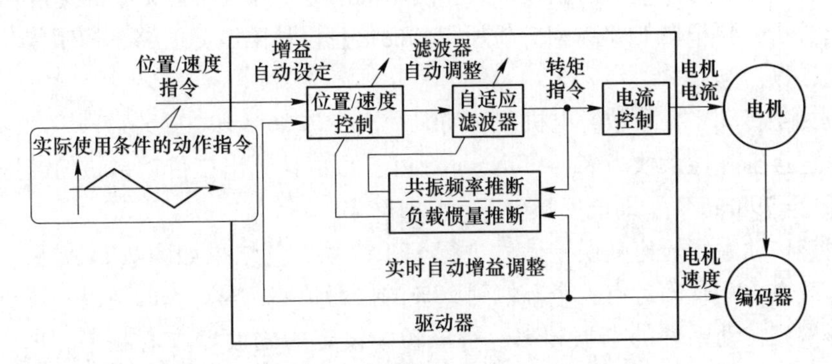

图 7-22 松下伺服电机产品的控制结构图

但这些谐振频率辨识和自适应陷波滤波器的研究和成果局限于小容量的伺服电机传动，还没有应用到大功率电气传动系统机电扭振的研究。

7.4.2 基于 FFT 的自适应陷波滤波器控制系统

不同的系统之间存在机械谐振频率的差别，有时候同一个系统可能有不止一个机械谐振频率，在某些情况下这些谐振频率甚至会随着外界条件的变化而改变。因此需要利用 FFT 对速度误差信号进行实时处理，并将得到的谐振峰值频率作为陷波滤波器参数设定的依据，以求达到从系统中去除该频率分量的效果。这种方法被称为自适应陷波滤波器法，它能够自动识别系统的谐振频率，其系统控制结构示意图如图 7-23 所示。其中对速度给定信号也同时进行了 FFT 变换，其主要目的是避免在进行陷波滤波时错误地去除速度给定信号中的有效频率成分。

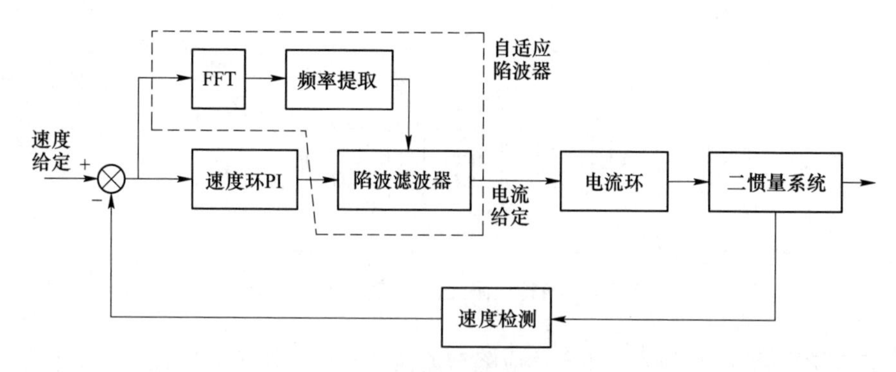

图 7-23　基于自适应陷波滤波器的速度控制系统

采用二阶陷波滤波器，并采用伯特沃斯低通滤波器为原型来设计数字陷波滤波器。首先要获得准确的谐振频率点。使用快速傅里叶变换对采集的速度信号进行频谱分析，再根据 FFT 频谱分析所得到的信息设计陷波滤波器来抑制传动系统的机电谐振。

例如某传动系统参数，电机侧转动惯量 $J_M = 7.06 \times 10^{-5}\text{kg} \cdot \text{m}^2$，转动惯量比 $R=2$，连接轴弹性系数为 $K_S = 30\text{N} \cdot \text{m/rad}$。可以计算出该传动系统的谐振角频率为 $\omega_r \approx 798\text{rad/s}$，即谐振频率 $f_r = 127\text{Hz}$。

对该传动系统的速度误差信号进行 FFT 变换，其结果如图 7-24 所示。可以看出系统在 127Hz 附近有一个幅值到 20%的振荡频率，与计算的结果一致。

提取到传动系统的谐振频率，将该频率设定为陷波器中心频率，即：$\omega_0 = \omega_r = 798\text{rad/s}$。由于陷波滤波器的陷波带宽越宽，中心频率附近的信号滤除效果会越好，但过宽的带宽容易将系统有用信号也滤掉。综合考虑后，设置陷波滤波器的陷波带宽为 $f_{\text{bandwidth}} = 6\text{Hz}$。所设计的陷波器幅频和相频曲线图如图 7-25 所示。

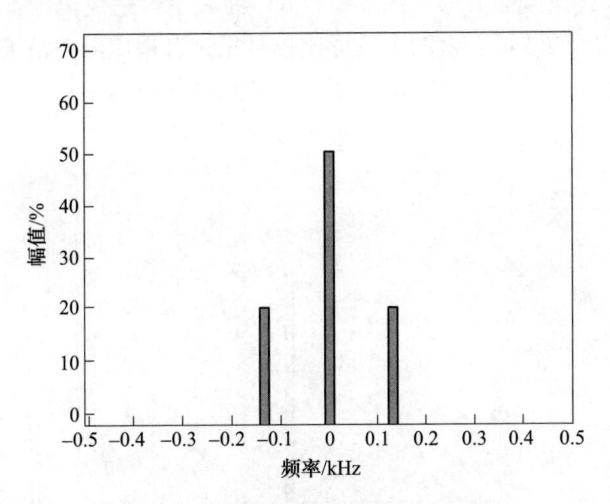

图 7-24 传动系统的速度信号频谱图

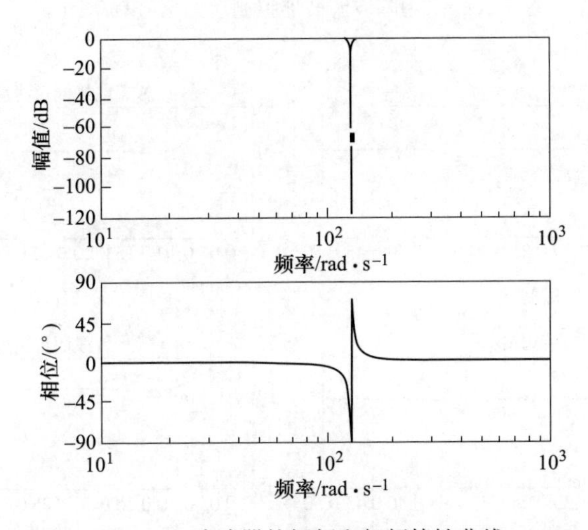

图 7-25 陷波器的幅频和相频特性曲线

陷波滤波器加入传动系统中，对采用陷波滤波器控制的传动系统速度信号进行 FFT 变换，其频谱图如图 7-26 所示。由图可见，加入陷波滤波器后，传动系统频谱图显示 127Hz 的机电谐振频率点被滤除。上述的传动系统速度信号检测，对该信号的 FFT 变换，提取出传动链的固有谐振频率，将该频率注入陷波滤波器设定等整个过程是控制系统自动完成的。

对采用自适应陷波滤波器控制与传统的双闭环控制系统进行比较，图 7-27 为该传动系统做单位速度阶跃响应试验的波形。图 7-27（a）为双闭环控制系统的电机速度与负载速度的波形，图 7-27（b）为采用自适应陷波滤波器控制的电机速度与负载速度的波形。由图中波形比较可见，自适应陷波滤波器控制能够对系统的振荡信号进行抑制，有效地抑制了传动系统的机电谐振。

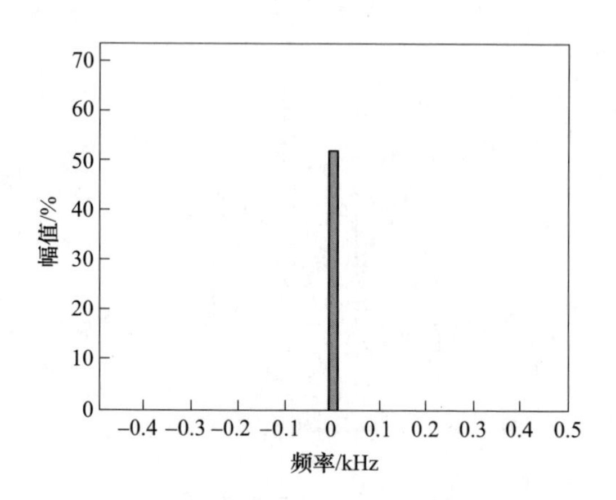

图 7-26　采用陷波滤波器控制后的信号频谱图

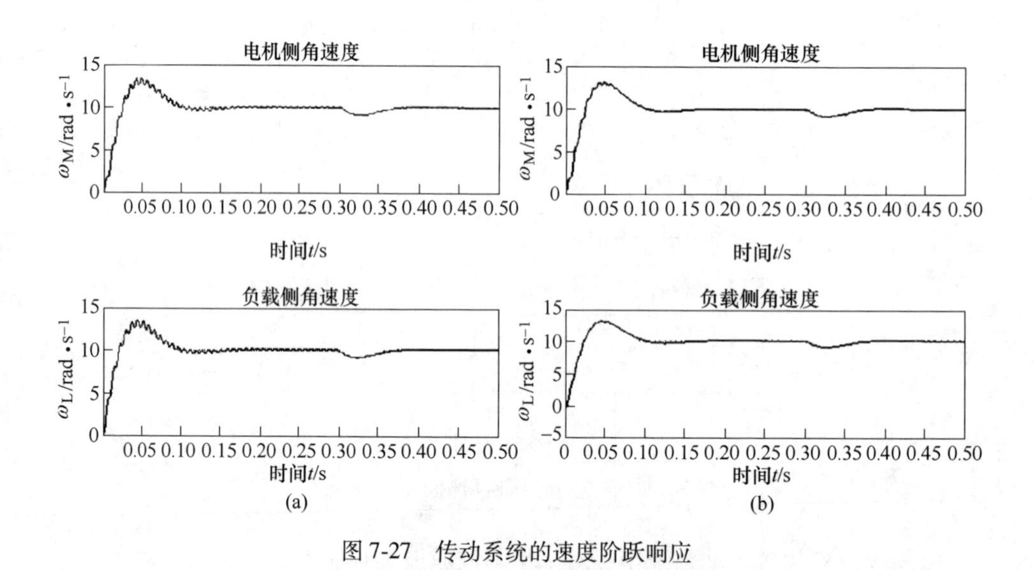

图 7-27　传动系统的速度阶跃响应

（a）传统双闭环控制；（b）采用陷波滤波器控制

应当指出，自适应陷波滤波器要想对传动系统的谐振进行抑制，如何快速准确地提取传动系统频率特性是关键，信号的实时采集，信号处理的 FFT 变换，谐振频率的提取需要快速、准确；另外，自适应陷波滤波器对谐振频率的跟踪，陷波滤波对谐振频率检测误差、谐振频率变化和多个谐振频率的自适应、自调整；以及对谐振频率陷波滤波自适应控制的稳定性；这要求控制系统具有高速、高精度的运算功能。

自适应陷波滤波器对传动系统机电谐振的抑制效果显著，极具推广应用前景。而针对自适应陷波滤波器技术，提高谐振频率提取的准确度、加快对系统谐振特性跟踪能力、减少计算机运算量和加强自适应控制的稳定性是需要进一步研究的课题。

第8章 “虚拟惯量”控制

电机驱动弹性体机械负载会产生机电谐振，研究表明，通过控制电机转矩可以改变传动链的频率特性，达到抑制谐振的效果。这种采用电气控制改变系统频率特性的抗机电振动，也被称为抑制机电振动的“主动控制”。本章讨论采用电气控制来改变传动系统谐振频率的方法，先阐明电气控制改变传动链谐振频率的原理，再根据前述基于扰动不变性原理构建的传动转矩反馈控制系统，针对二质量弹性体机电模型，对其改变传动链谐振频率的特性进行分析。在此基础上，提出“虚拟惯量”控制的概念，构建“虚拟惯量”控制系统，推导该系统电机传递函数和谐振频率表达式，分析该系统的频率特性；通过“虚拟惯量”控制改变了系统的“惯性比”，以此改变系统的谐振频率，避开原传动链固有频率谐振点，达到抑制传动系统机电振荡的目的。

8.1 控制改变谐振频率的原理

由前面章节推导出的传动轴转矩与电机转矩的传递函数：

$$\frac{T_S}{T_M} = \frac{J_L}{J_M + J_L} \cdot \frac{D_S s + K_S}{\dfrac{J_M J_L}{J_M + J_L} s^2 + D_S s + K_S} \tag{8-1}$$

考虑到分子中 $K_S \gg D_S$，传递函数式（8-1）可以近似为：

$$\frac{T_S}{T_M} \approx \frac{J_L}{J_M + J_L} \cdot \frac{K_S}{\dfrac{J_M J_L}{J_M + J_L} s^2 + D_S s + K_S} \tag{8-2}$$

将式（8-2）写成表达式

$$T_S\left(\frac{J_M J_L}{J_M + J_L} s^2 + D_S s + K_S\right) = T_M \frac{K_S J_L}{J_M + J_L} \tag{8-3}$$

可以推出：

$$T_S\left[s^2 + D_S\left(\frac{1}{J_M} + \frac{1}{J_L}\right) s + \left(\frac{1}{J_M} + \frac{1}{J_L}\right) K_S\right] = T_M \frac{K_S}{J_M} \tag{8-4}$$

令 $s = \mathrm{d}/\mathrm{d}t$，式（8-4）可以写成微分方程形式：

$$\ddot{T}_S + D_S\left(\frac{1}{J_M} + \frac{1}{J_L}\right) \dot{T}_S + \left(\frac{1}{J_M} + \frac{1}{J_L}\right) K_S T_S = T_M \frac{K_S}{J_M} \tag{8-5}$$

写为二阶谐振系统形式：

$$\ddot{T}_S + 2\zeta_r\omega_r\dot{T}_S + K_S\omega_r^2 T_S = T_M \frac{K_S}{J_M} \tag{8-6}$$

系统的谐振频率为：

$$\omega_r = \sqrt{K_S\left(\frac{1}{J_M} + \frac{1}{J_L}\right)} \tag{8-7}$$

系统的阻尼系数为：

$$\zeta_r = \frac{\dfrac{D_S}{J_M} + \dfrac{D_S}{J_L}}{2\sqrt{K_S\left(\dfrac{1}{J_M} + \dfrac{1}{J_L}\right)}} \tag{8-8}$$

由上述推导可知，无论取电机角频率、负载角频率、传动轴转角还是传动轴转矩作为变量，二质量弹性体模型的谐振特征即频率、阻尼系数都是完全一致的。

（1）如果我们在电磁转矩中增加一个补偿转矩 $\hat{T}_{mc}$，该补偿转矩与连接轴转矩 T_S 成正比，并使 $\hat{T}_{mc} > 0$，即有：

$$\hat{T}_{mc} = \frac{K_c}{J_M}T_S \tag{8-9}$$

增加补偿转矩后，式（8-5）变为：

$$\ddot{T}_S + D_S\left(\frac{1}{J_M} + \frac{1}{J_L}\right)\dot{T}_S + K_S\left(\frac{1}{J_M} + \frac{1}{J_L}\right)T_S = K_S\frac{T_M}{J_M} + \frac{K_c}{J_M}T_S \tag{8-10}$$

将式（8-10）等式右侧最后一项移到左侧：

$$\ddot{T}_S + \left(\frac{D_S}{J_M} + \frac{D_S}{J_L}\right)\dot{T}_S + \left(\frac{K_S - K_c}{J_M} + \frac{K_S}{J_L}\right)T_S = K_S\frac{T_M}{J_M} \tag{8-11}$$

系统的谐振频率变为：

$$\omega_r' = \sqrt{\frac{K_S - K_c}{J_M} + \frac{K_S}{J_L}} \tag{8-12}$$

将加入补偿转矩后的系统表达式（8-12）与原系统表达式（8-7）进行比较，可以看出，加入补偿转矩改变了系统的谐振频率，随着 K_c 的增加，系统谐振频率 ω_r' 亦减少。

（2）如果我们在电磁转矩中增加一个补偿转矩 $\hat{T}_{mc}$，该补偿转矩与连接轴转矩 T_S 成正比，并使 $\hat{T}_{mc} < 0$，即有：

$$\hat{T}_{mc} = -\frac{K_c}{J_M}T_S \tag{8-13}$$

增加补偿转矩后，式（8-5）变为：

$$\ddot{T}_S + D_S\left(\frac{1}{J_M} + \frac{1}{J_L}\right)\dot{T}_S + K_S\left(\frac{1}{J_M} + \frac{1}{J_L}\right)T_S = K_S\frac{T_M}{J_M} - \frac{K_c}{J_M}T_S \tag{8-14}$$

将式（8-14）等式右侧最后一项移到左侧：

$$\ddot{T}_S + \left(\frac{D_S}{J_M} + \frac{D_S}{J_L}\right)\dot{T}_S + \left(\frac{K_S + K_c}{J_M} + \frac{K_S}{J_L}\right)T_S = K_S\frac{T_M}{J_M} \tag{8-15}$$

系统的谐振频率变为：

$$\omega_r' = \sqrt{\frac{K_S + K_c}{J_M} + \frac{K_S}{J_L}} \tag{8-16}$$

将加入补偿转矩后的系统表达式（8-16）与原系统表达式（8-7）进行比较，可以看出，加入补偿转矩改变了系统的谐振频率，随着 K_c 的增加，系统谐振频率 ω_r' 亦增加。

8.2　传动转矩正反馈控制的谐振特性分析

通过控制正比于传动轴转矩的附加电机转矩可以改变传动链的谐振频率，使其增加或减少。如何获得传动轴转矩成为关键，工程上通过传感器检测直接获取传动连接轴转矩比较困难，通常采用观测器控制估计出传动轴转矩信号。

在前面电气传动抗负载扰动控制一章，根据扰动不变性原理构造的负荷观测器，其观测器辨识出的负载转矩即是传动轴转矩，负荷观测器反馈控制就是传动轴转矩正反馈控制，但该控制系统只考虑了刚性体模型，主要针对负载扰动引起动态速降的抑制。

我们将该系统的控制对象由刚性体改变为二质量弹性体，其控制结构图如图 8-1 所示。由于负荷观测器观测值加入正向通道的符号为正，即形成观测值的正反馈控制，我们把该系统称之为传动转矩正反馈控制，由输出量 ω_M 构造负荷观测器，输出一个外扰值观测值 $\widehat{T}_S$，使得观测值 $\widehat{T}_S$ 等于外扰值 T_S，然后通过补偿器 G_b 按照一定的规律加到控制器 G_a 的输出中，形成反馈控制与外扰观测补偿前馈控制组合的复合控制系统。这里 G_b 控制器的任务是依据不变性原理实现对外扰的完全抵消或大大减小。由于针对负载扰动问题的控制任务已被负载观测器控制所完成，控制器 G_a 只针对给定角速度的跟踪问题进行综合设计。

8.2.1　传动转矩正反馈控制的传递函数

根据图 8-1 结构图，可以推出电机角速度表达式：

$$\omega_M = \frac{1}{G_K(s)}\begin{Bmatrix}(J_L s^2 + D_S s + K_S)G_1 K_T i_r \\ -(D_S s + K_S)(1 - G_b G_1 \hat{K}_T)T_L\end{Bmatrix} \tag{8-17}$$

其中：

$$G_K(s) = s[J_M J_L s^2 + D_S s(J_M + J_L(1 - G_1 G_b \hat{K}_T K_c)) + K_S(J_M + J_L(1 - G_1 G_b \hat{K}_T K_c)) - (J_L s^2 + D_S s + K_S)(J_M \hat{K}_T - \hat{J}_M K_T) G_1 G_b K_c] \tag{8-18}$$

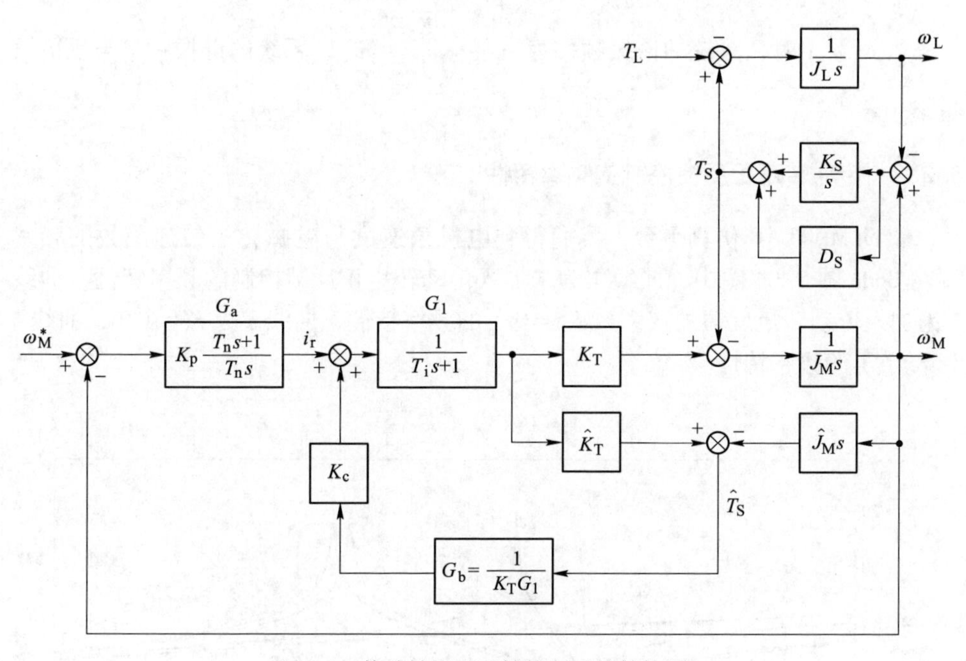

图 8-1 传动转矩正反馈控制系统结构图

为了便于分析，在不考虑负载转矩时，推导得到电机角速度与电机电流的传递函数：

$$\frac{\omega_M}{i_r} = \frac{(J_L s^2 + D_S s + K_S) G_1 K_T}{G_K(s)} \tag{8-19}$$

根据扰动不变性原理，设计其中参数：$G_b = \frac{1}{G_1 K_T}$，$J_M = \hat{J}_M$，$K_T = \hat{K}_T$，推导得到电机角速度与电机电流的传递函数：

$$\frac{\omega_M}{i_r} = \frac{(J_L s^2 + D_S s + K_S) G_1 K_T}{s[J_M J_L s^2 + D_S s(J_M + J_L(1 - K_c)) + K_S(J_M + J_L(1 - K_c))]} \tag{8-20}$$

得到系统的谐振频率：

$$\omega_r = \sqrt{\frac{K_S(J_M + J_L(1 - K_c))}{J_M J_L}} \tag{8-21}$$

系统的反谐振频：

$$\omega_a = \sqrt{\frac{K_S}{J_L}} \tag{8-22}$$

K_c 为传动转矩反馈加权系数，当 K_c 由 0 到 1 增加时，系统的谐振频率减小，而系统的反谐振频率不变，二者差值减小。

当 $K_c = 1$ 时，系统的谐振频率为 $\omega_r = \sqrt{\frac{K_S}{J_L}} = \omega_a$，系统的谐振频率与反谐振频率相等。

8.2.2　传动转矩正反馈控制的频率特性

借助 MATLAB 仿真平台，我们得到电机角速度与电磁转矩传递函数的频率特性 Bode 图 8-2。图中，曲线 1 为未加入传动转矩正反馈控制的频率特性，曲线 2 为加入传动转矩反馈加权系数 $K_c = 0.1$ 的频率特性，曲线 3 为 $K_c = 0.6$，曲线 4 为 $K_c = 1$ 的频率特性。

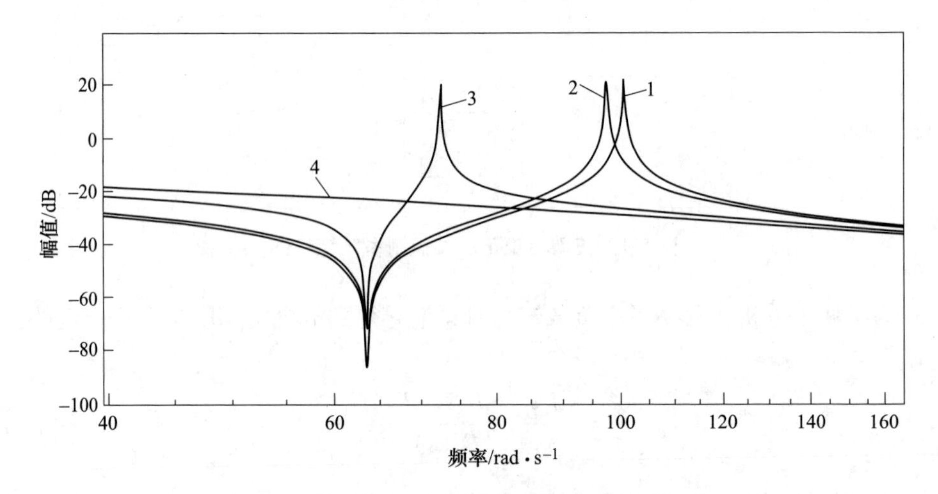

图 8-2　传动转矩正反馈控制系统频率特性曲线

由图可见，基于扰动不变性原理设计的负荷观测器控制系统频率特性，随着反馈加权系数 K_c 由 0 增加 1，系统的谐振频率减小，在 Bode 图上向左移动，而反谐振频率不发生变化。当 K_c 值为 1 时，系统的谐振频率和反谐振频率相等，且二者幅值相反，正好相互抵消，在 Bode 图上变为一条直线。频率特性曲线 Bode 图与数学分析一致。

在传动转矩反馈系数 $K_c = 1$ 时，对式（8-17）、式（8-18）进行化简，推导出：

$$G_K(s) = sJ_M(J_Ls^2 + D_Ss + K_S) \tag{8-23}$$

$$\omega_M = \frac{1}{G_K(s)}(J_Ls^2 + D_Ss + K_S)G_1K_Ti_r$$

$$= \frac{1}{J_Ms}G_1K_Ti_r \tag{8-24}$$

由此可见，通过构造负荷观测器控制，传动轴转矩观测值与扰动实际值相等，完全抵消了扰动影响。系统呈现出对外扰 T_L 不变性的特点，即无论 T_L 如何变化，对 ω_M 没有影响。由此可见，从控制外扰不变性构造的负荷观测器控制，无论机械系统是两质量还是多质量，负载如何变化、振荡，都不会对电气系统产生影响。图 8-3 为电流给定 i_r 与速度 ω_M 之间的传递函数框图，采用了负荷观测器控制之后，系统中电机速度与转矩之间的振荡环节消去，但负载速度 ω_L 与电磁转矩 T_M 之间仍存在两个极点的二阶振荡环节，其连接轴及负载转速的波动和振荡并没有消除和改变。

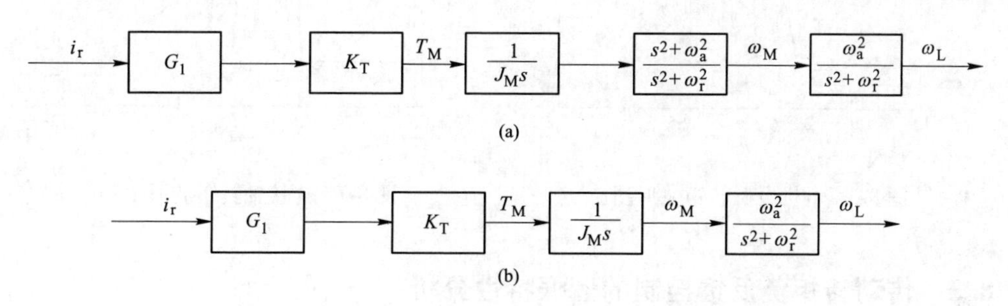

图 8-3 电流给定 i_r 与速度 ω_L 之间的传递函数框图

（a）未加负荷观测器；（b）加入负荷观测器

8.2.3 传动转矩正反馈控制的仿真与实验

我们对传动转矩正反馈控制系统进行仿真实验，系统在 $\omega_M^* = 1$, $t = 2$s 时，突加恒定负载转矩 $T_L = 1$，图 8-4 为电机角速度波形，图 8-5 为负载角速度波形，图 8-6 为电机电磁转矩波形，图 8-7 为连接轴转矩波形。图中曲线 1 为加入负荷观测器控制的波形，曲线 2 为未加负荷观测器控制的波形。

由图可见，在突加负载时，系统产生动态速降，连接轴转矩产生扭振；加入传动转矩反馈控制后，有效地抑制了电机角速度的动态速降，实现了电机转速控制对外扰的不变性。但是，负载角速度、连接轴转矩和电机转矩呈现大幅振荡，显然该控制方案对抑制传动系统机电谐振不利。

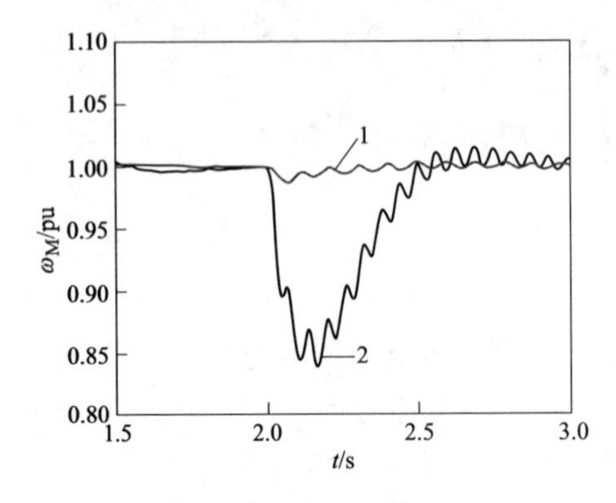

图 8-4　电机角速度波形图

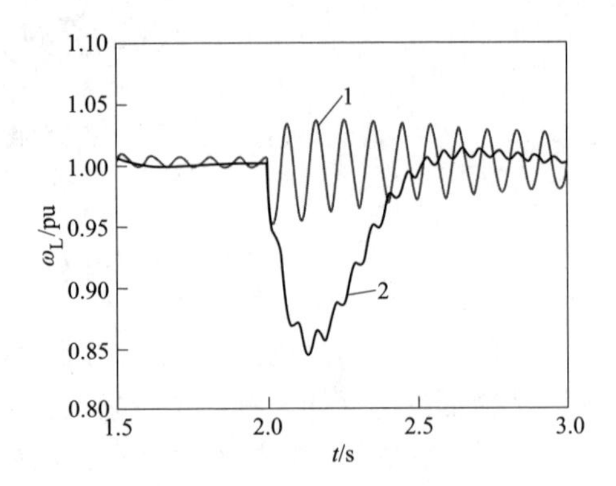

图 8-5　负载角速度波形图

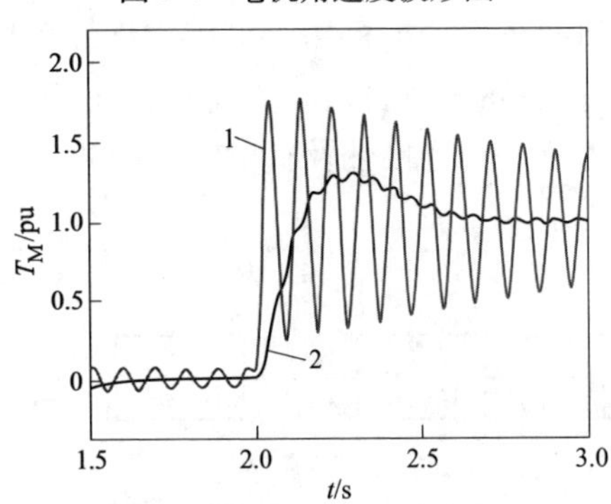

图 8-6　电机电磁转矩波形图

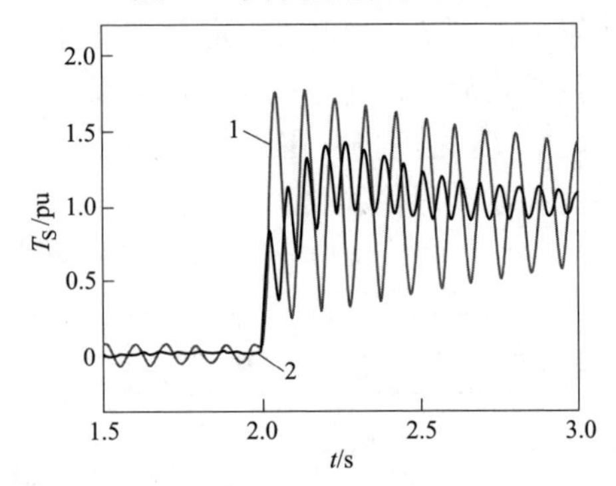

图 8-7　连接轴转矩波形图

8.3　传动转矩负反馈控制的谐振特性分析

传动转矩正反馈控制系统消除了外扰对电气控制系统的影响，但加剧了机械传动的振荡。如果我们仍然取传动轴转矩观测信号进行反馈，将观测的信息不用正反馈而采用负反馈加入控制系统，研究负反馈控制对系统谐振特性的影响。仍然采用图 8-1 所示的系统结构，但观测到的负荷扰动值经过控制环节 G_b，采用负反馈加到电流控制器的给定，反馈通道相加点由正变为负（见图 8-8）。

同样设计其中参数：

$$G_b = \frac{1}{G_1 K_T}, \; J_M = \hat{J}_M, \; K_T = \hat{K}_T$$

8.3.1　传动转矩负反馈控制的传递函数

根据结构图和设计参数，推导出电机角速度与电机电流的传递函数：

$$\frac{\omega_M}{i_r} = \frac{(J_L s^2 + D_S s + K_S) G_1 K_T}{s[J_M J_L s^2 + D_S s(J_M + J_L(1 + K_c)) + K_S(J_M + J_L(1 + K_c))]} \tag{8-25}$$

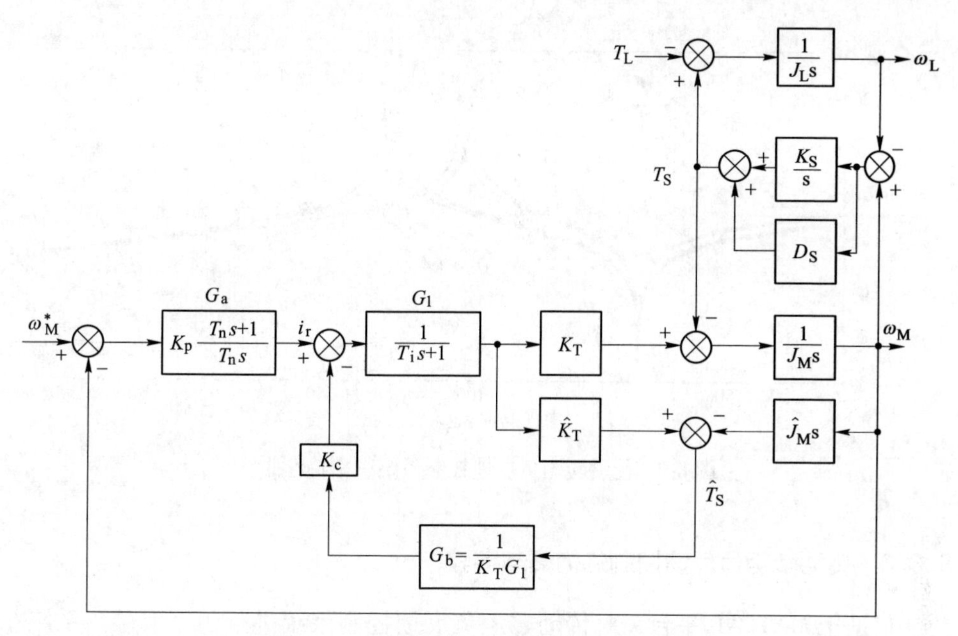

图 8-8　传动转矩负反馈控制系统结构图

系统的谐振频率：

$$\omega_r = \sqrt{\frac{K_S(J_M + J_L(1 + K_c))}{J_M J_L}} \tag{8-26}$$

系统的反谐振频率：

$$\omega_a = \sqrt{\frac{K_S}{J_L}} \tag{8-27}$$

由式（8-26）可知，当反馈加权系数 K_c 由 0 到 1 增加时，系统的谐振频率增加，而系统的反谐振频率不变，二者差值增加。当反馈系数 $K_c = 1$ 时，系统的谐振频率最大，与反谐振频率差值最大。

8.3.2　传动转矩负反馈控制的频率特性

借助于 MATLAB 平台，得到电机角速度与电磁转矩传递函数的频率特性曲线如图 8-9 所示。曲线 1 为未加入传动转矩负反馈控制频率特性，曲线 2 为加入传动转矩负反馈控制，反馈系数 $K_c = 0.1$ 的曲线，曲线 3 为加入 $K_c = 0.8$ 的曲线，曲线 4 为 $K_c = 1$ 的曲线。

随着反馈加权系数 K_c 由 0 到 1 增加，传动转矩负反馈控制系统的谐振频率增加，在频率特性曲线上向右移动，而反谐振频率不发生变化。当 K_c 值为 1 时，系统的谐振频率最大，与反谐振频率相离最远。频率特性曲线仿真与数学分析一致。

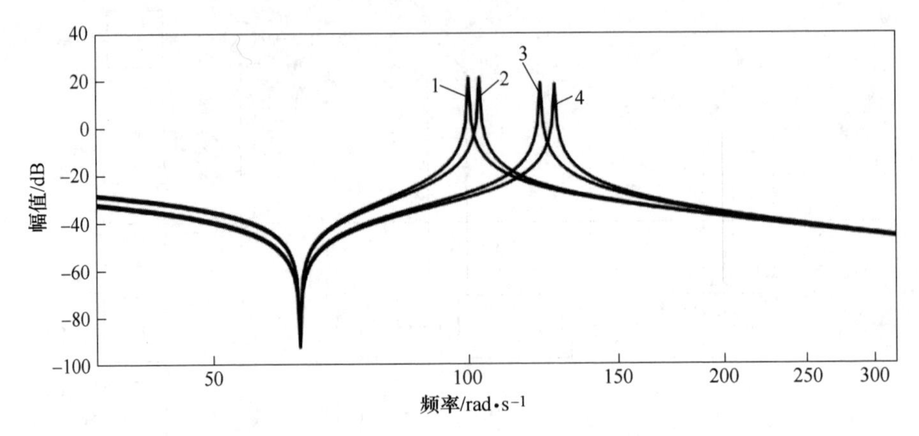

图 8-9　传动转矩负反馈控制系统频率特性曲线

8.3.3　传动转矩负反馈控制的仿真与实验

借助于 MATLAB 平台，对传动转矩负反馈控制系统进行仿真实验。系统在参考速度为 $\omega_M^* = 1$，在 $t = 2s$ 时，突加额定负载转矩 $T_L = 1$，图 8-10 为电机角速度波形，图 8-11 为连接轴转矩波形。曲线 1 为加入传动转矩负反馈控制的波形，曲线 2 为未加传动转矩负反馈控制的波形。

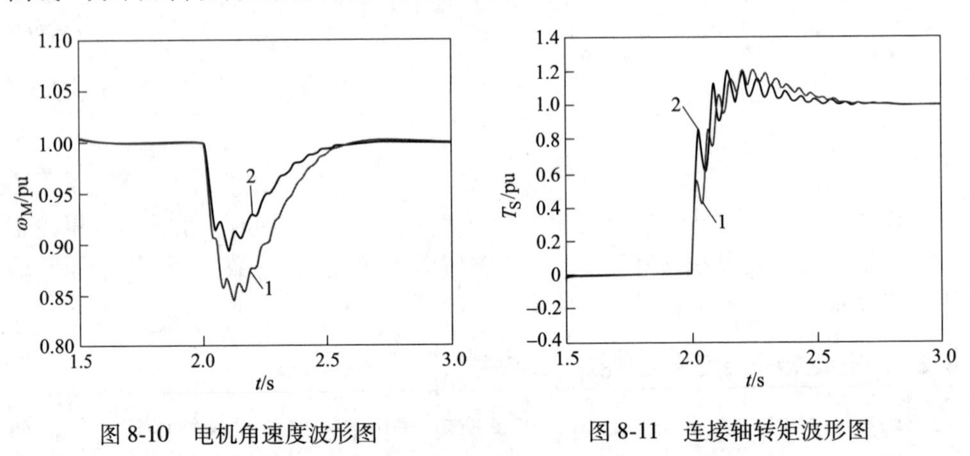

图 8-10　电机角速度波形图　　　　图 8-11　连接轴转矩波形图

由图可见，系统突加负载会产生动态速降，连接轴转矩产生扭振。加入传动转矩负反馈控制，连接轴转矩的振荡明显减小，负反馈控制对转矩振荡起到抑制作用。但同时，电机角速度的动态速降增加，可见该方案对抑制系统的动态速降不利。

前面我们对基于扰动不变性原理构建的传动转矩反馈控制系统的谐振特性进行了研究，可以得到以下结论：

(1) 传动转矩反馈控制可以改变传动系统的谐振特性。在传动转矩反馈控制系统的机电谐振特性分析中可知，传动转矩反馈控制可以改变系统的谐振频率，但不改变反谐振频率。当传动转矩正反馈控制时，随着反馈控制效果增强，系统的谐振频率减小，频率特性曲线向左移动。而当传动转矩负反馈控制时，系统的谐振频率增大，频率特性曲线向右移动。

(2) 传动转矩正反馈控制有效地减小动态速降，但加剧了机电扭振。在针对刚性体负载的抗负载扰动控制的研究中，传动转矩正反馈控制能够明显减小负载扰动引起的动态速降。而针对二质量弹性体负载，该控制会使传动系统的谐振频率减小，频率特性曲线左移，在完全反馈的极端情况，系统的谐振频率和反谐振频相等，且二者幅值相反，正好相互抵消，频率特性曲线变为一条直线，完全消除外扰对电气控制系统的影响。但该系统加剧了连接轴机械传动系统的扭振。由此得出，传动转矩正反馈控制系统不仅不能改善系统的抗扭振特性，还加剧了机电振荡。

(3) 传动转矩负反馈控制能够改善系统的抗扭振特性。传动转矩负反馈控制不利于减小负载扰动引起的动态速降，但会使传动系统的谐振频率增加，频率特性曲线右移，可以明显减小了连接轴转矩的振荡，由此得出，传动转矩负反馈控制系统能够改善系统的抗扭振特性。

8.4 “虚拟惯量”控制系统

在二质量机电扭振模型的研究中，我们知道惯性比对系统谐振特性有影响，惯性比发生变化，可以直接改变系统的谐振频率，但不影响其反谐振频率。惯性比越大，即在负载惯量不变的条件下，电机转动惯量越小，系统谐振频率越高，频率特性曲线右移，反之电机转动惯量增大，系统谐振频率减小，频率特性曲线左移。研究表明，传动系统的惯性比会影响传动扭振放大系数 *TAF*，当负载转动惯量不变时，减小电机转动惯量，能够降低扭振放大系数 *TAF*，对于抑制扭振有利。

而在传动转矩反馈控制系统机电谐振特性分析中可知，传动转矩反馈控制同样可以改变系统的谐振频率，但不改变反谐振频率，这一特性与惯性比变化对二质量弹性体频率特性的影响效果相近。当传动转矩正反馈控制时，随着反馈控制效果增强，系统的谐振频率减小，频率特性曲线向左移动，相当于二质量模型中惯性比减小的特性。而当传动转矩负反馈控制时，系统的谐振频率增大，频率特性曲线向右移动，相当于二质量模型中惯性比增加的特性。由此可见，采用观测器反馈控制可以实现改变惯性比相同的效果。

由此，我们提出“虚拟惯量”控制的概念，通过观测器反馈控制达到改变系统惯性比的谐振特性，以此构建“虚拟惯量”控制系统。

由负荷观测器控制结构可知，正反馈和负反馈的控制结构基本相同，只是反馈符号不同，因此我们设计统一的反馈阵为 C_X，构造新的负荷观测器控制结构图，如图 8-12 所示。

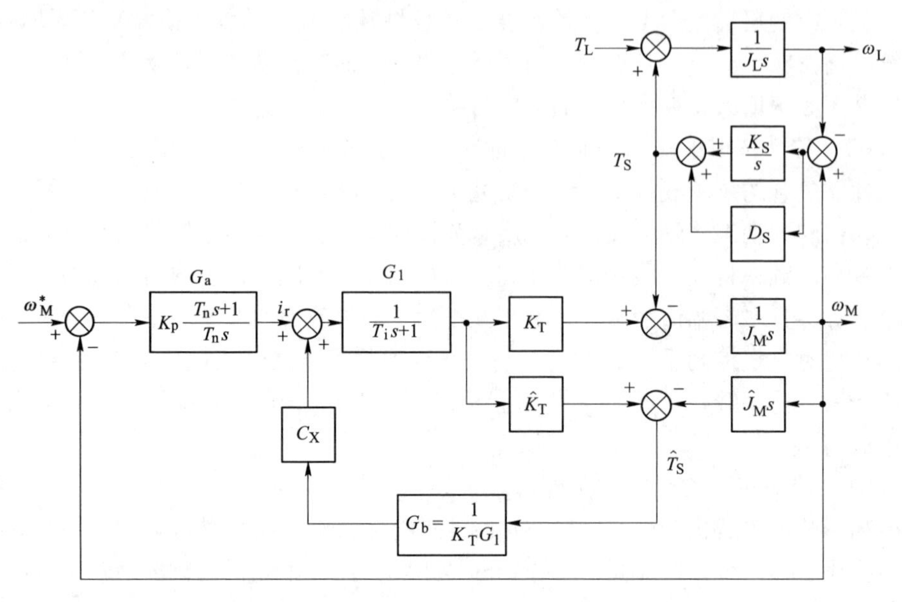

图 8-12　新的负荷观测器控制系统结构图

8.4.1 “虚拟惯量”控制原理

在理想情况下，反馈通道中 G_b 与电流环中的惯性环节相抵消，设计其中参数：$G_b=\frac{1}{G_1K_T}$，$J_M=\hat{J}_M$，$K_T=\hat{K}_T$，推导得到电机角速度和电机电流的传递函数为：

$$\frac{\omega_M}{i_r}=\frac{1}{s}\frac{(J_Ls^2+D_Ss+K_S)G_1K_T}{J_MJ_Ls^2+D_S(J_M+J_L(1-C_X))+K_S(J_M+J_L(1-C_X))} \tag{8-28}$$

对上式进行化简，得到简化后的传递函数：

$$\frac{\omega_M}{i_r}=\frac{1}{J_Ms}\frac{s^2+\frac{D_S}{J_L}s+\frac{K_S}{J_L}}{s^2+\frac{D_S}{J_L}\left(1+\frac{J_L}{\frac{J_M}{1-C_X}}\right)+\frac{K_S}{J_L}\left(1+\frac{J_L}{\frac{J_M}{1-C_X}}\right)} \tag{8-29}$$

令 $C_X=1-K$，将 $C_X=1-K$ 代入上式，得到电机角速度和电流的传递函数：

$$\frac{\omega_M}{i_r}=\frac{1}{J_M s}\frac{s^2+\frac{D_S}{J_L}s+\frac{K_S}{J_L}}{s^2+\frac{D_S}{J_L}\left(1+\frac{J_L}{\frac{J_M}{K}}\right)+\frac{K_S}{J_L}\left(1+\frac{J_L}{\frac{J_M}{K}}\right)} \tag{8-30}$$

由此得到新的电机传动惯量为 J'_M，且 $J'_M=\frac{J_M}{K}$，J'_M 也就是“虚拟惯量”。

为了保证等式中所有的电机传动惯量都改变为 J'_M，等式的分子需要乘以 K，即在结构图的正向通道中加入 K。

因此，推导采用“虚拟惯量”控制的电机角速度与电流传递函数为：

$$\frac{\omega_M}{i'_r}=\frac{1}{J'_M s}\frac{s^2+\frac{D_S}{J_L}s+\frac{K_S}{J_L}}{s^2+\frac{D_S}{J_L}\left(1+\frac{J_L}{J'_M}\right)+\frac{K_S}{J_L}\left(1+\frac{J_L}{J'_M}\right)} \tag{8-31}$$

通过上述推导，对图 8-13 新的负荷观测器控制结构图进行完善，可以得到“虚拟惯量”控制系统结构图。

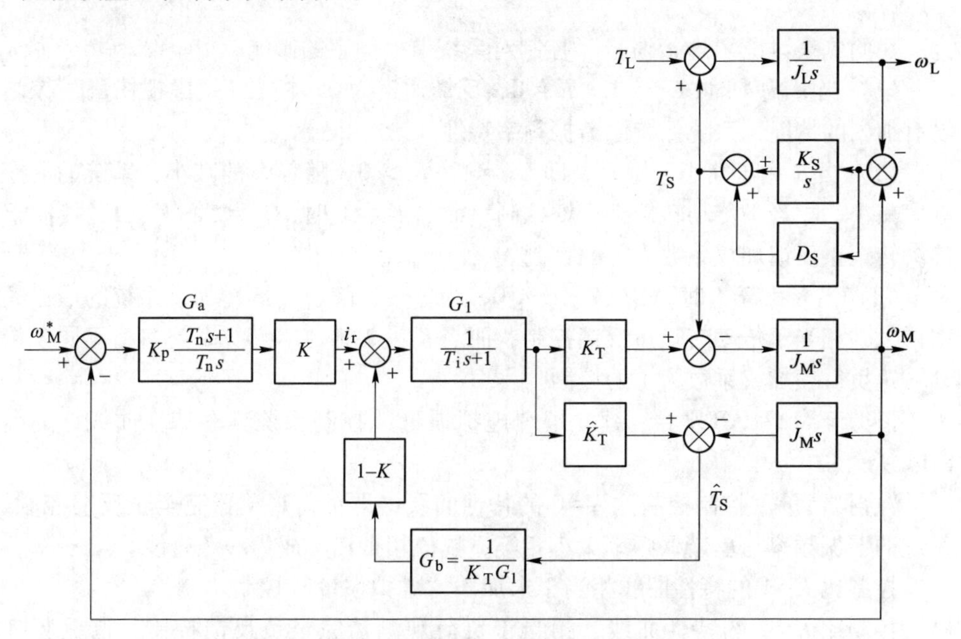

图 8-13 “虚拟惯量”控制系统结构图

图 8-13 中：电流控制环节为 $G_1=\frac{1}{T_i s+1}$，反馈通道中 $G_b=\frac{1}{G_1 K_T}$。

通过结构图，可以推导得到“虚拟惯量”控制下的电机角速度与电机电流的传递函数：

$$\frac{\omega_M}{i_r}=\frac{(J_L s^2+D_S s+K_S)G_1K_T}{s[J_MJ_Ls^2+D_Ss(J_M+J_L(1-G_1G_b\widehat{K}_T(1-K)))+K_S(J_M+J_L(1-G_1G_b\hat{K}_T(1-K)))]} \tag{8-32}$$

化简得：

$$\frac{\omega_M}{i_r}=\frac{(J_L s^2+D_S s+K_S)G_1K_T}{s[J_MJ_Ls^2+D_Ss(J_M+J_LK)+K_S(J_M+J_LK)]} \tag{8-33}$$

由式（8-33）可以推导得到“虚拟惯量”控制系统的谐振频率为：

$$\omega_r=\sqrt{K_S\left(\frac{1}{J_L}+\frac{K}{J_M}\right)} \tag{8-34}$$

推导得到“虚拟惯量”控制系统的反谐振频率：

$$\omega_a=\sqrt{\frac{K_S}{J_L}} \tag{8-35}$$

8.4.2 “虚拟惯量”控制系统的频率特性

我们先来讨论“虚拟惯量”控制对系统谐振频率的影响。

（1）当 K 为 1 时，$C_X=1-K=0$，反馈通道为 0，相当于“虚拟惯量”控制没有加入的情况，系统保持原谐振频率特性。

（2）当 K 大于 0 小于 1 时，即 $C_X=1-K>0$，随着 K 的减小，系统的谐振频率减小，相当于传动转矩正反馈控制；而当 K 为 0 时，$C_X=1-K=1$，等同于传动转矩正反馈加权系数为 1 的控制。

（3）当 K 大于 1 时，$C_X=1-K<0$，为负数，随着 K 的增加，系统的谐振频率增大，相当于传动转矩负反馈控制；而当 K 为 2 时，$C_X=1-K=-1$，等同于传动转矩负反馈加权系数为 1 的控制。

借助于 MATLAB 平台，建立了“虚拟惯量”控制系统频率特性曲线，如图 8-14 所示。

“虚拟惯量”控制控制比 $K=0$ 的特性曲线，即负荷观测器完全正反馈控制，系统的谐振频率与反谐振频率大小相等，幅值相抵消，成为一条直线。

控制比 $K=1$ 的特性曲线相当于未加入“虚拟惯量”控制。

控制比 $K=2$ 的特性曲线，相当于负荷观测器完全负反馈控制，谐振频率右移。

随着控制比 K 的增加，即电机惯量越小，谐振频率越高，频率特性曲线越向右移动。

由上述分析可知，根据传动转矩反馈控制可以得到与改变传动系统惯性比相

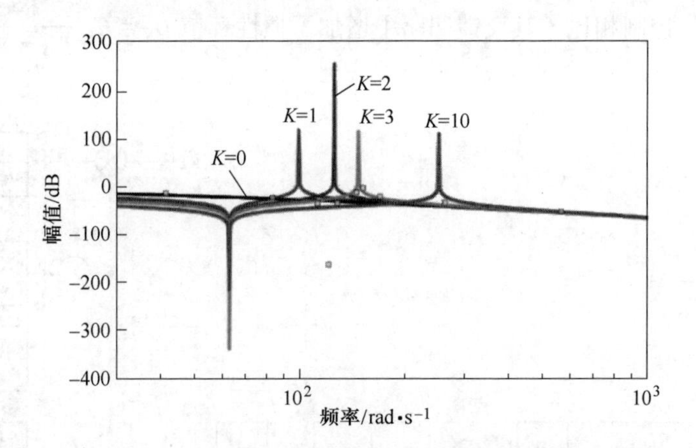

图 8-14　“虚拟惯量”控制系统传递函数频率特性 Bode 图

近的谐振频率特性效果，以此构建“虚拟惯量”控制系统，通过“虚拟惯量”控制，定量而不是定性地改变传动系统惯性比，精确地调整系统的谐振频率，避开原固有谐振频率点，抑制系统的机电振荡。

“虚拟惯量”控制将前述的传动转矩正反馈和负反馈控制统一在一起。“虚拟惯量”控制的惯性比系数 $K<1$ 时，即负载惯量不变，增加电机的转动惯量，系统谐振频率减少，Bode 图频率特性的谐振频率点左移，呈现出传动转矩正反馈的谐振特性；而 $K>1$ 时，即负载惯量不变，减少电机的转动惯量，系统谐振频率增加，Bode 图频率特性的谐振频率点右移，呈现出传动转矩负反馈的谐振特性，仿真分析表明，“虚拟惯量”控制系统可以减少连接轴转矩的振荡，对避开固有谐振频率点，抑制传动系统机电扭振有明显作用。

8.5　带惯性环节的“虚拟惯量”控制系统

前面构建的“虚拟惯量”控制系统模型中含有多个纯微分环节，是基于数学推导的“理想系统”。在实际工程中纯微分是很难实现的，而且微分还会对实际系统引入干扰，工程应用需在观测器反馈通路中加入滞后的惯性环节，消除微分引入的干扰，加强观测器控制的鲁棒性。

同时前面推导的“虚拟惯量”控制系统是建立在反馈系数为 1 的理想情况，实际工程在反馈通道中会设置反馈加权系数，来调整反馈控制的大小，因此，反馈加权系数和滞后惯性环节的时间常数都会影响系统的谐振频率特性。

本节研究应用于带惯性环节的“虚拟惯量”控制系统。

8.5.1　带惯性环节“虚拟惯量”控制系统的传递函数

构造带惯性环节的“虚拟惯量”控制结构图，如图 8-15 所示，与理想的

“虚拟惯量”控制相比，其反馈回路中增加了惯性环节 $G_{\mathrm{h}}=C_{\mathrm{h}}\dfrac{1}{T_{\mathrm{h}}s+1}$。

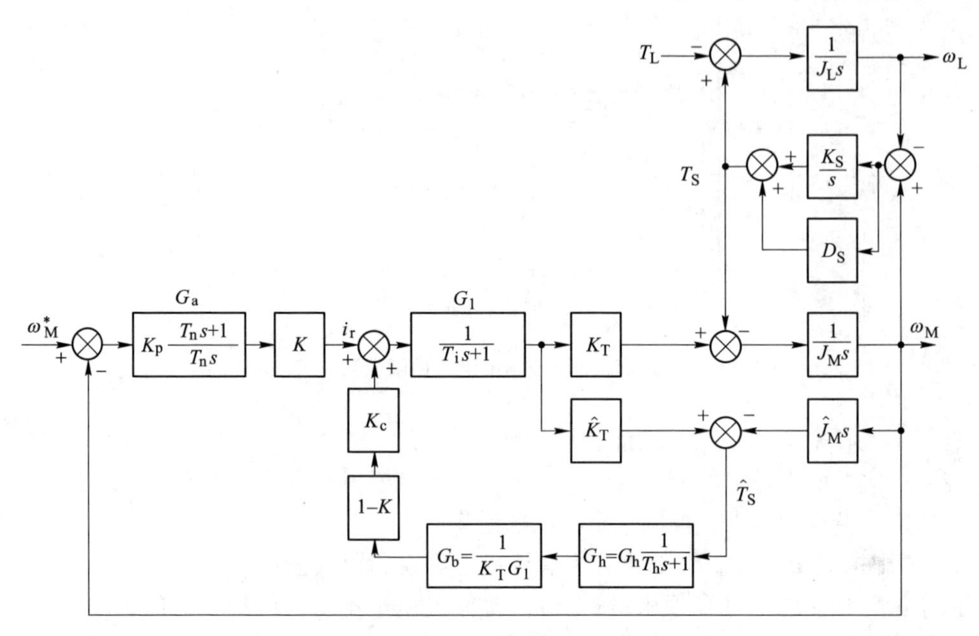

图 8-15　带惯性环节的“虚拟惯量”控制结构图

设计反馈通道中的传递函数为：

$$G_{\mathrm{b}}=\frac{1}{G_1K_{\mathrm{T}}},\ G_{\mathrm{h}}=C_{\mathrm{h}}\frac{1}{T_{\mathrm{h}}s+1}$$

由带惯性环节的“虚拟惯量”控制结构图，推导得到电机角速度与电机电流的传递函数：

$$\frac{\omega_{\mathrm{M}}}{i_{\mathrm{r}}}=\frac{(J_{\mathrm{L}}s^2+D_{\mathrm{S}}s+K_{\mathrm{S}})G_1K_{\mathrm{T}}}{s[J_{\mathrm{M}}J_{\mathrm{L}}s^2+D_{\mathrm{S}}s(J_{\mathrm{M}}+J_{\mathrm{L}}(1-G_1G_{\mathrm{b}}G_{\mathrm{h}}\widehat{K_{\mathrm{T}}}K_{\mathrm{c}}(1-K)))+K_{\mathrm{S}}(J_{\mathrm{M}}+J_{\mathrm{L}}(1-G_1G_{\mathrm{b}}G_{\mathrm{h}}\widehat{K_{\mathrm{T}}}K_{\mathrm{c}}(1-K)))]}\tag{8-36}$$

对上式进行化简得到：

$$\frac{\omega_{\mathrm{M}}}{i_{\mathrm{r}}}=\frac{(J_{\mathrm{L}}s^2+D_{\mathrm{S}}s+K_{\mathrm{S}})G_1K_{\mathrm{T}}}{s[J_{\mathrm{M}}J_{\mathrm{L}}s^2+D_{\mathrm{S}}s(J_{\mathrm{M}}+J_{\mathrm{L}}(1-G_{\mathrm{h}}K_{\mathrm{c}}(1-K)))+K_{\mathrm{S}}(J_{\mathrm{M}}+J_{\mathrm{L}}(1-G_{\mathrm{h}}K_{\mathrm{c}}(1-K)))]}\tag{8-37}$$

推导出系统的谐振频率为：

$$\omega_{\mathrm{r}}=\sqrt{K_{\mathrm{S}}\left(\frac{1}{J_{\mathrm{L}}}+\frac{1-G_{\mathrm{h}}K_{\mathrm{c}}(1-K)}{J_{\mathrm{M}}}\right)}\tag{8-38}$$

8.5.2　反馈加权系数的影响

先假定滤波滞后环节的时间常数 $T_h=0$，系统为理想“虚拟惯量”控制，讨论反馈加权系数变化对系统频率特性的影响

（1）$K=2$，K_c 变化为负反馈控制。$K=2$，相当于传动转矩负反馈控制，图8-16为频率特性随反馈加权系数 K_c 变化的Bode图。曲线1、2、3、4对应的 K_c 取值0，0.3，0.7，1，$K_c=0$ 相当于不加入反馈控制，随着反馈加权系数的增加，系统的反谐振频率不变，谐振频率右移，当 $K_c=1$ 完全反馈时，系统的谐振频率和反谐振频率相距最远。

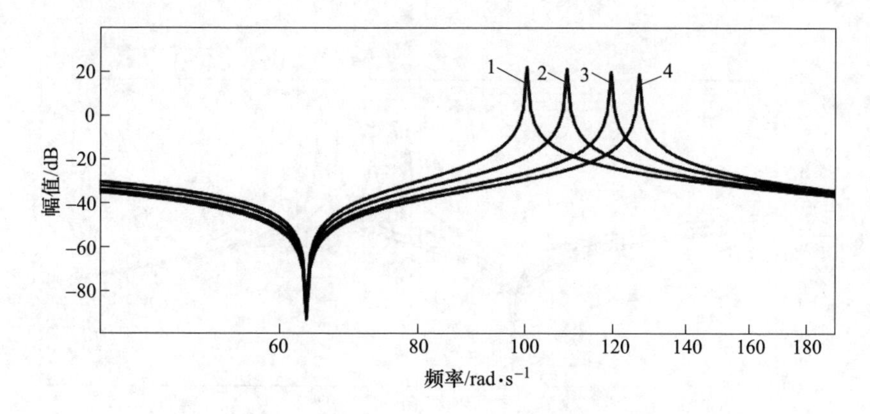

图8-16　$K=2$，反馈系数 K_c 变化对系统频率特性的影响

（2）$K=0$，K_c 变化为正反馈控制。$K=0$，相当于传动转矩正反馈控制，图8-17为频率特性随反馈系数 K_c 变化的Bode图。曲线1、2、3、4对应的 K_c 取值

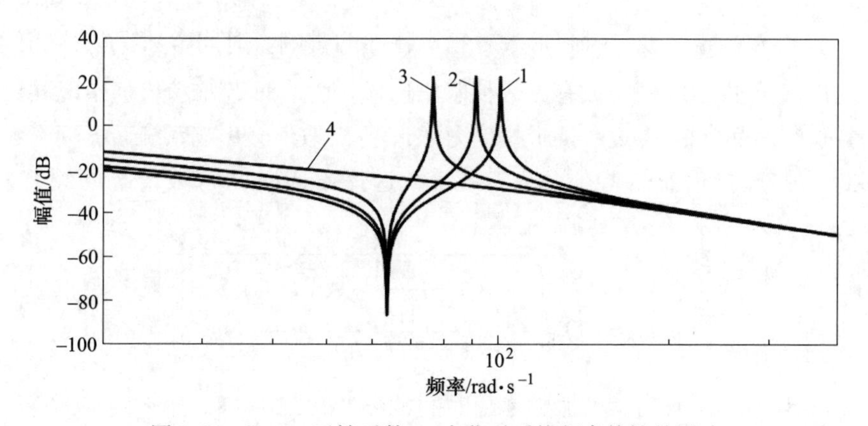

图8-17　$K=0$，反馈系数 K_c 变化对系统频率特性的影响

0，0.3，0.7，1，随着反馈加权系数的增加，系统的反谐振频率不变，谐振频率左移，当 $K_c = 1$ 完全反馈时，系统的谐振频率和反谐振频率大小相等，幅值相反，抵消成为一条直线。

（3）当 K 确定，例如 $K=3$，讨论 K_c 变化。选择 $K=3$，图 8-18 为频率特性随反馈系数 K_c 变化的 Bode 图。曲线 1、2、3、4 对应的 K_c 取值 0，0.3，0.7，1，$K_c = 0$ 相当于不加入反馈控制，谐振频率为原系统的谐振点；随着反馈系数的增加，系统的反谐振频率不变，谐振频率右移，当 $K_c = 1$ 完全反馈时，系统的谐振频率达到“虚拟惯量” $K=3$ 计算的谐振点。由此可见，反馈加权系数改变“虚拟惯量”控制作用的大小，K_c 从 0 到 1 变化，使系统频率特性的谐振频率从原系统谐振点向“虚拟惯量”控制 K 计算的谐振点方向移动，最终达到该谐振频率点。

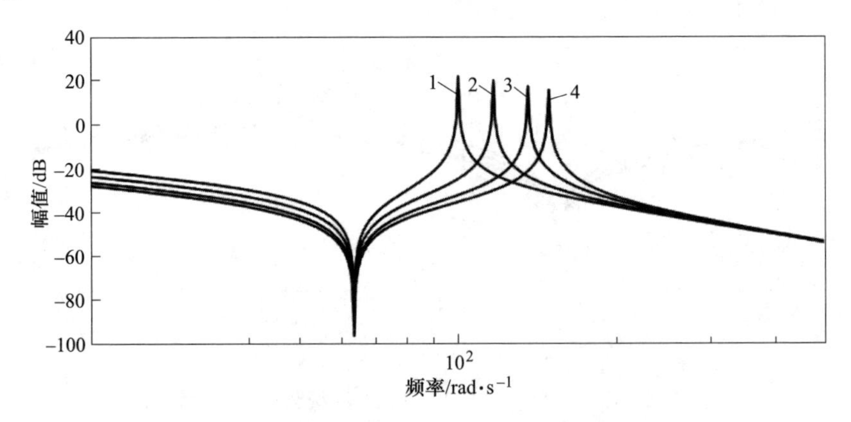

图 8-18　$K=3$，反馈系数 K_c 变化对系统频率特性的影响

8.5.3　惯性环节时间常数的影响

（1）当 K 确定不变，时间常数对频率特性的影响。时间常数 T_h 的取值范围在 $0 < T_h < \infty$ 中，时间常数有无数种取值选择。由上面 T_h 取值极值情况的讨论，我们知道，时间常数 T_h 大，抗干扰能力强，但 T_h 取值会影响系统谐振频率大小。图 8-19 为“虚拟惯量”控制 $K = 2$ 系统，选择不同时间常数情况的频率特性曲线。

$$\omega_r = \sqrt{K_S\left(\frac{J}{J_L} + \frac{1 - \dfrac{1}{T_h s + 1}(1 - K)}{J_M}\right)} \tag{8-39}$$

从图 8-19 可以看出，谐振频率随时间常数变化，$0 < T_h < \infty$，频率特性从 $K=2$ 的谐振频率，随着时间常数的增加，谐振频率左移，当该值足够大时，谐

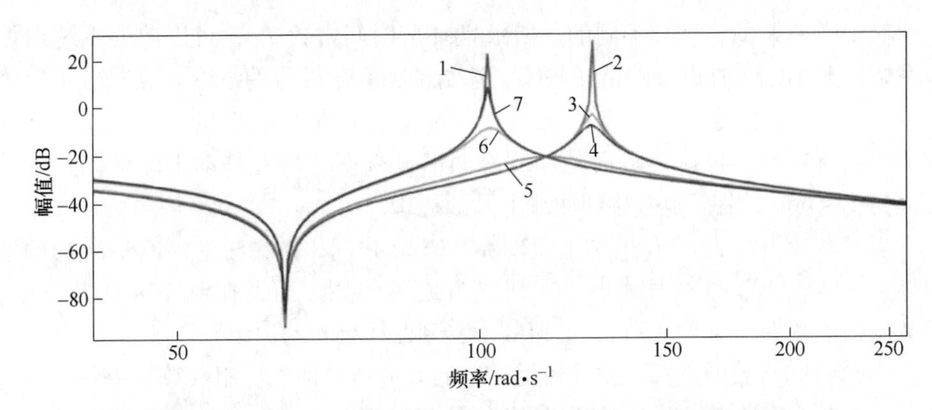

图 8-19　$K=2$，不同时间常数 T_h 变化对系统频率特性的影响

振频率达到原系统的谐振点。

同时，我们看到，频率特性的幅值与时间常数相关，$T_h=0$ 时，频率特性幅值为 $K=2$ 谐振特性的最大点，随着时间常数的增加，频率特性幅值逐步减少，达到最低点后，又逐步增加，呈现“U”形曲线规律，当该值足够大，$T_h=\infty$ 时，频率特性幅值达到原系统谐振特性的最大值。

（2）选择不同的 K 值，时间常数对频率特性的影响。借助 MATLAB 仿真平台来分析时间常数对系统频率特性的影响，得到系不同的 K，不同的 T_h 情况下的频率特性曲线图 8-20，K 越大，系统的谐振频率越高，谐振频率特性曲线在 Bode 图上越向右移动。

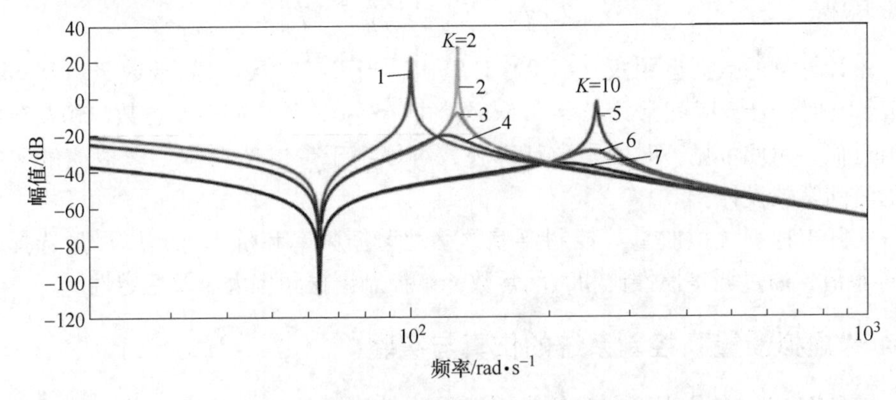

图 8-20　时间常数 T_h 变化对系统频率特性的影响

曲线 1 为不加入“虚拟惯量”控制的频率特性，曲线 2、3、4 代表“虚拟惯量”控制 $K=2$ 时分别对应时间常数 T_h 为 0.06ms、1ms 和 6ms 的曲线，曲线 5、6、7 代表“虚拟惯量”控制 $K=10$ 时分别对应时间常数 T_h 为 0.06ms、1ms 和 3ms 的曲线。

对于同一 K 值，选择不同的一阶惯性环节时间常数 T_h，可以改变系统谐振频率幅值大小，同时也影响谐振频率，这与前面数学推导的结论一致。当 K 取值为 2 时，T_h 的取值范围在 0~6ms 之间，谐振频率幅值随着 T_h 的增加减小，谐振频率的幅值减小，起到“阻尼”作用，而谐振频率亦向左移动，即谐振频率减少，当 $T_h=6$ms，谐振频率移到曲线上升的边缘。

当 K 取值 10，此时 T_h 的取值范围在 0~3ms 之间，谐振频率幅值随着 T_h 的增加减小，谐振频率的幅值减小，起到“阻尼”作用，而谐振频率亦向左移动，即谐振频率减少，当 $T_h=3$ms，谐振频率移到曲线上升的边缘。

（3）时间常数的选择。由此可见，T_h 的取值与惯性比控制系数 K 有关，K 值越大，谐振频率越高，此时 T_h 的取值大会影响“虚拟惯量”控制移动谐振频率的效果，应选择较小的 T_h 值。而从抗干扰的角度，应选择较大的 T_h 时间常数。针对“虚拟惯量”控制移动谐振频率的目标，时间常数应尽可能选择使谐振频率峰值移到理想曲线上升的边缘，即图 8-20 中 $K=2$ 曲线 4，$T_h=6$ms；$K=10$ 曲线 7，$T_h=3$ms。

文献［70］给出选择“虚拟惯量”控制时间常数 T_h 的近似公式

$$T_h=\sqrt{\frac{1+\dfrac{R'+3R}{4}}{\left(1+\dfrac{3R'+R}{4}\right)\left(1+\dfrac{R'+R}{2}\right)}}\frac{1}{\omega_a} \tag{8-40}$$

其中

$$R=J_L/J_M,\quad R'=\frac{J_L}{J_M/K}=KR$$

由计算例的数据运用式（8-40）计算出，当 $K=2$ 时，时间常数 $T_h=7.8$ms；当 $K=10$ 时，计算时间常数 $T_h=3.5$ms，式（8-40）计算的时间常数与仿真分析数值近似，由此可见，时间常数计算公式可以用于带惯性环节“虚拟惯量”控制的时间常数设计。

实际工程“虚拟惯量”控制要兼顾移动谐振频率和抗干扰，应尽量选择较小的 K 值，通过调整惯性比和时间常数，来控制谐振频率大小及稳定性。

8.6 “虚拟惯量”控制系统的仿真与实验

借助 MATLAB 仿真平台对“虚拟惯量”控制系统进行仿真实验。为了更清晰地观察“虚拟惯量”控制对谐振频率 ω_r 和谐振特性的影响，我们在电机电磁转矩中注入了二质量弹性体模型固有谐振频率的扰动转矩谐波，使得原双闭环电气传动系统产生机电谐振，在仿真实验中，注入系统固有谐振频率 $f=16$Hz，10%电磁转矩额定值的正弦波。

仿真实验波形图 8-21 为电机角速度波形，图 8-22 为连接轴转矩波形。图中曲线1为加入“虚拟惯量”惯性比控制系数 $K=3$ 的波形，曲线2为未加入控制的波形。

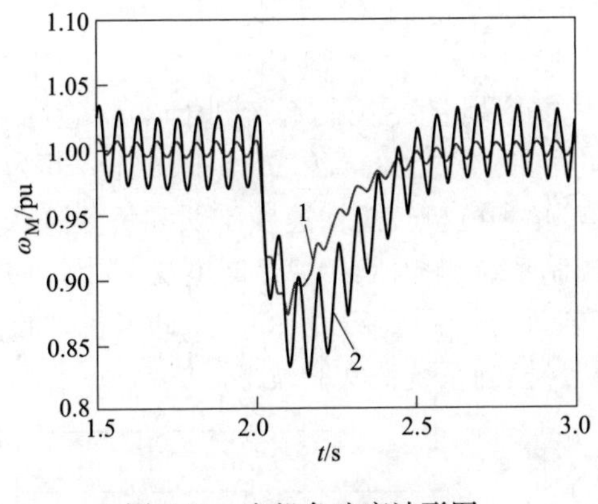

图 8-21 电机角速度波形图

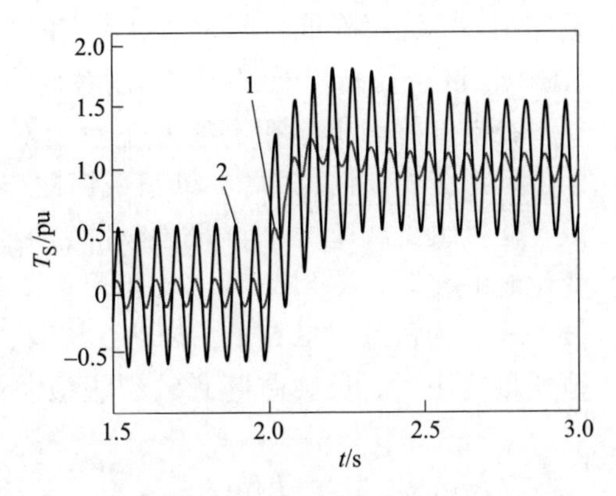

图 8-22 连接轴转矩波形图

由图可见，在电机电磁转矩注入了固有谐振频率谐波后，系统发生机电谐振，连接轴转矩产生大幅振荡，同时引起电机速度振荡，见波形2。

而在系统加入惯性比控制系数 $K=3$ 的“虚拟惯量”控制后，系统谐振频率由16Hz右移到23.7Hz，避开了二质量弹性体的固有谐振频率，连接轴转矩的振荡大幅减小，电机角速度的振荡也得到了明显的抑制，见波形1。仿真实验表明，加入“虚拟惯量”控制，通过改变系统谐振频率能够有效地抑制了系统的机电谐振。

对不注入谐振频率谐波的系统进行了仿真实验。图8-23为电机角速度波形，图8-24为连接轴转矩波形。图中，曲线1为加入“虚拟惯量”控制波形，曲线2为未加入控制波形。

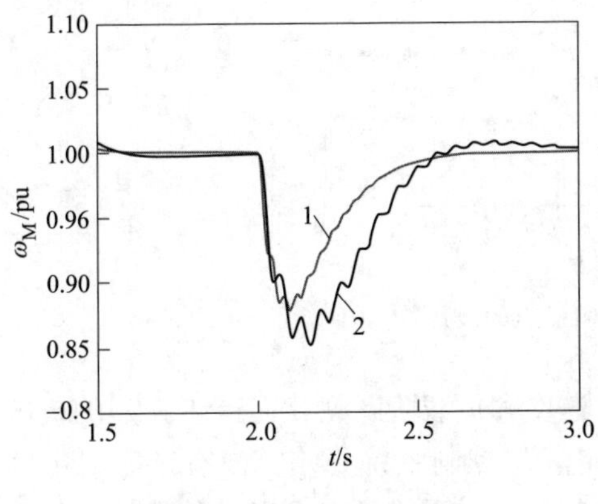

图 8-23 电机角速度波形

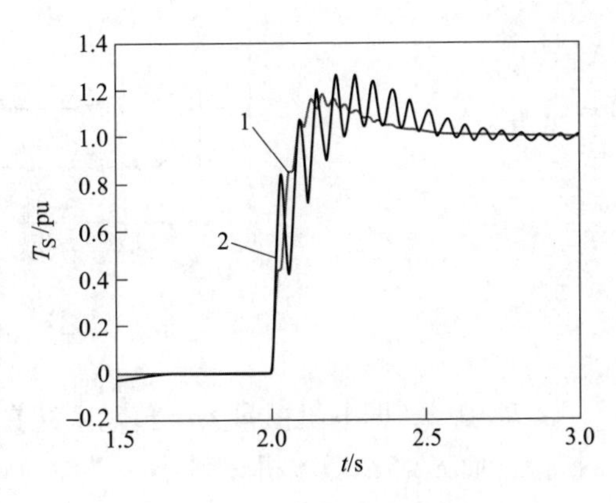

图 8-24 连接轴转矩波形

突加负载后，系统产生动态速降，连接轴转矩产生振荡；加入“虚拟惯量”控制后，连接轴转矩的振荡明显减小，电机速降变化不大，没有像传动转矩负反馈控制那样大幅降低，同时电机速度的振荡也减小。仿真实验进一步表明，加入“虚拟惯量”控制，能够有效抑制系统的扭振。

在电气传动机电扭振实验平台上对“虚拟惯量”控制系统进行实验验证。该传动系统的惯性比为 1，即负载惯性与电机惯性之比 $R = J_L/J_M = 1$，图 8-26 为该实验机组负载速度、电机速度、传动轴转矩和电机转矩在速度阶跃和负载阶跃变化时的波形。图 8-25 为“虚拟惯量”控制系统调整 $K=0.2$，即电机“虚拟惯量”大，为负载惯量 5 倍，传动系统的实验波形。图 8-27 为 $K=5$，即电机“虚拟惯量”小，为负载惯量 1/5，“虚拟惯量”控制系统的实验波形。

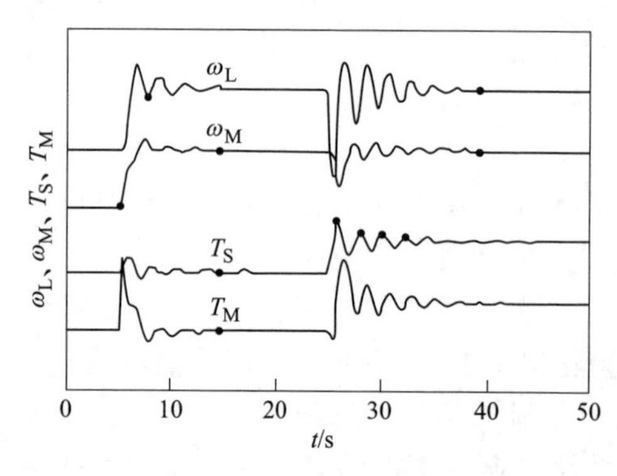

图 8-25　$K=0.2$ 实验机组的波形图

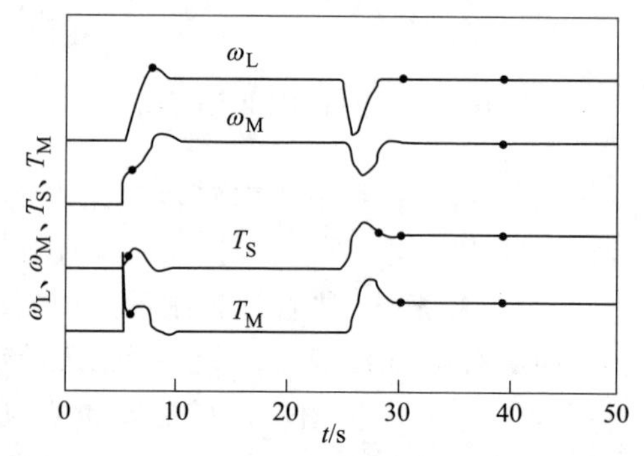

图 8-26　$K=1$ 实验机组的波形图

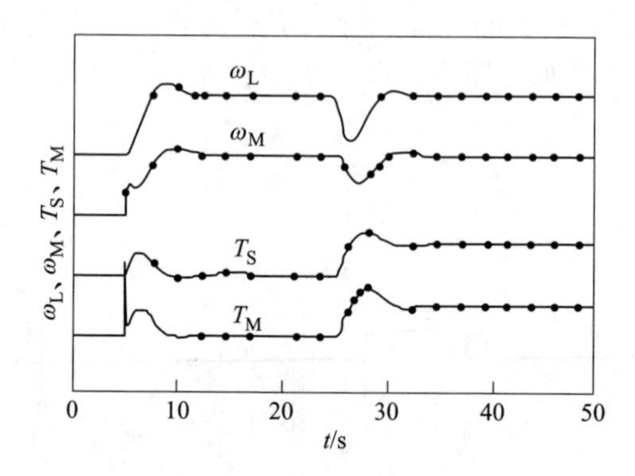

图 8-27　$K=5$ 实验机组的波形图

$K=0.2$，即电机惯量大，传动系统在速度和负载阶跃变化时产生强烈的机电扭振，而 $K=5$，即电机惯量小，“虚拟惯量”控制系统稳定，没有产生机电扭振，且对于动态速降影响不大。显然，选择较大的系数 K，可以有效地抑制传动系统的机电扭振。

由前面的数学分析和仿真实验可以看到，通过调整控制系数 K，能够人为地改变系统电机转动惯量，移动系统的谐振频率，随着 K 的增加，谐振频率右移，可以达到抑制系统振荡的效果。

虚拟惯量控制对于大型轧机传动的扭振抑制是有效的，大型轧机传动的惯性比一般在 0.2~0.4，即电机惯量大，而负载惯量小。而选择电机转动惯量的大小是十分有限的，同样功率的交流电机，通过供电频率和极数的选择，电机转动惯量最多在 1.3~2 之间变化，同时还受到制造工艺、材料、变频器等制约，因此，通过设计选型来减少电机转动惯量来改变谐振频率的空间不大。而“虚拟惯量”控制可以任意设定 K 值，K 可以为 5、10、20，也就是说，通过电气控制的手段，“虚拟电机转动惯量”可以减少 20 倍，可以将传动系统的谐振频率提高，远离原机械固有谐振频率，大大增强系统的抗扭振能力。

第9章　轧机传动扭振分析与抑制

由于轧机传动系统是一个多质量弹性连接的传动链，轧钢所施加的轧制转矩和电动机作用在传动轴上的电磁转矩，将使这个多质量的弹性体产生扭转振动，常常称为轧机传动系统的扭振。轧机传动轴系处扭振状态时，各受载系统，像轧辊、连接轴、齿轮箱、减速机以及电动机除要传递正常传动转矩外，还要承受扭转振荡转矩，扭振状态的峰值转矩要比正常传动转矩大得多，该峰值转矩将会对传动轴各部件造成破坏。

本章首先介绍轧机传动系统的扭振现象，然后建立轧机系统动力学模型，计算轧机传动系统的固有频率、扭振振幅、轧钢扭振的转矩放大系数，并分析轧机扭振的影响因素。然后介绍运用“虚拟惯量”控制抑制轧机传动扭振的工程实例。

9.1　轧机传动系统的扭振现象

轧机的传动轴系是由若干惯性元件（包括电机、联轴器、轧辊等）和弹性元件（连接轴等）组成的“质量-弹簧系统”。在稳定负载时该系统不会发生振动，接轴中的扭矩呈稳态变化。但是在突加载荷（如咬钢、抛钢、制动、变速等操作）作用下，这样的质量弹簧系统会发生不稳定的扭转振动。

由扭振造成连接轴上的最大扭矩值比正常轧制时的静态扭矩要大得多，严重时会超过接轴材料的强度，造成轧机设备的破坏，影响生产的正常进行。这种振动与正常的稳态振动不同，突加载荷每出现一次，就会激起一次振动，随即衰减消失。

通常我们用扭矩放大系数（*TAF*）来评价扭振的效果，扭矩放大系数（*TAF*）是传动系统发生扭转振动时，轧辊上转矩的最大尖峰值 T_p 与轧制转矩的稳定值 T_N 之比，用以判定扭振发生时轧机主传动系统的最大动力负荷，见图 9-1 所示。

$$TAF = \frac{T_p}{T_N} \tag{9-1}$$

扭振是轧钢生产过程中普遍存在的现象，下面列举一些在轧钢过程中实际的扭振现象。

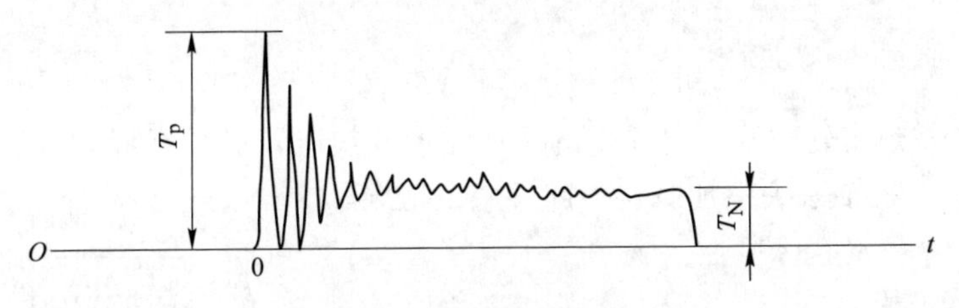

图 9-1 轧机传动冲击扭振

9.1.1 负载变化引起的扭振

在轧钢过程中，咬钢、抛钢等轴系上的负载变化会引起扭振，扭振的峰值转矩与转矩放大系数 *TAF*，不仅与轴系弹性惯量分布有关，而且还与瞬时加载特性（如咬钢速度、压下量、带钢端头形状、温度等）有关。扭振的尖峰转矩是叠加在轧制转矩上的交变转矩，其幅值较大，所产生的高应力往往导致轴系部件的疲劳，甚至一次性破坏，对轧机安全运行带来很大威胁。扭振频率是轴系固定振动频率，属于阻尼衰减型扭振，其衰减速度取决于轴系阻尼系数。

9.1.1.1 咬钢

图 9-2 是某轧机在咬钢时传动系统发生的扭振波形。咬钢时，轧件冲击高速旋转的轧辊，此时相当于轧辊上突加了阶跃转矩，于是发生了扭振。

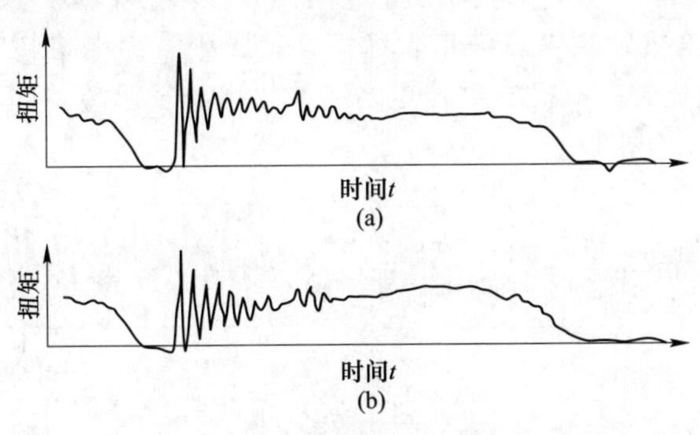

图 9-2 咬钢时扭振波形

（a）下辊电动机；（b）上辊电动机

9.1.1.2 抛钢

图 9-3 是某轧机在抛钢时传动系统发生的扭振波形。抛钢是与咬钢完全相反的过程。抛钢时，轧件突然脱离轧辊，此时轧辊上的轧制压力与轧制转矩突然消失，相当于负载阶跃式消失。

9.1.1.3　带钢轧机穿带

图 9-4 是热带轧机穿带时发生的扭振波形。热连轧机在穿带时，带钢以高速穿入轧机，轧机轴系突然加载，因此发生了扭振。

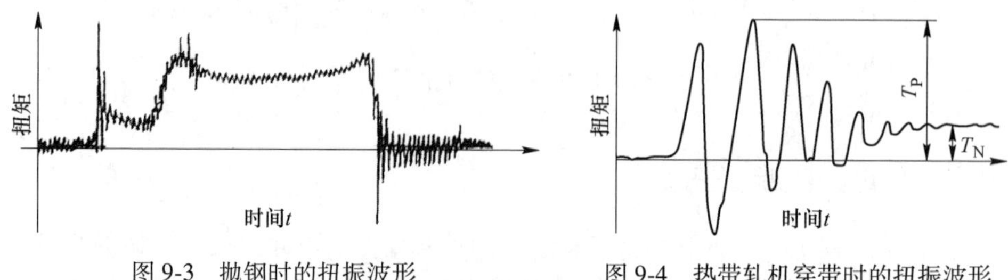

图 9-3　抛钢时的扭振波形　　图 9-4　热带轧机穿带时的扭振波形

9.1.2　传动控制系统引起的扭振

现代轧机传动系统自动化程度高，控制系统复杂。哪一个环节调整不当或振荡，都可能激发传动系统的扭振。

9.1.2.1　机电耦合谐振

图 9-5 为某热连轧机传动轴转矩波形及频谱，频谱分析显示传动转矩含有 40~42Hz 的谐波振动成分，其传动链的二阶固有频率为 42Hz。图 9-6 为该轧机振动时测试获取的电机转矩电流波形及频谱，从图中看出电机转矩电流波形含有 42Hz 左右的谐波成分，电机电磁转矩的谐波频率与轧机传动固有频率相近，使轧机发生了机电耦合扭振。

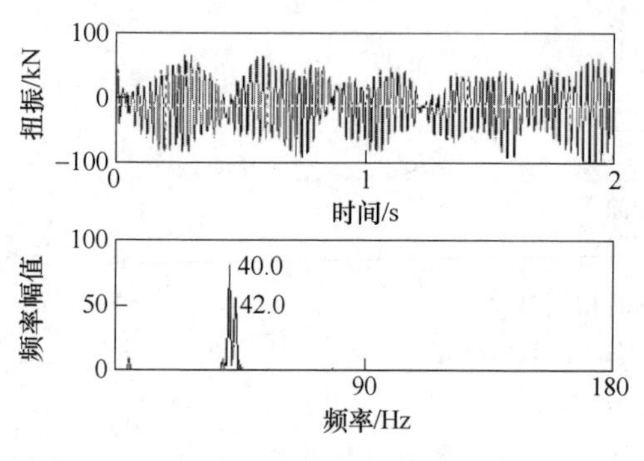

图 9-5　轧机传动轴扭振波形及频谱

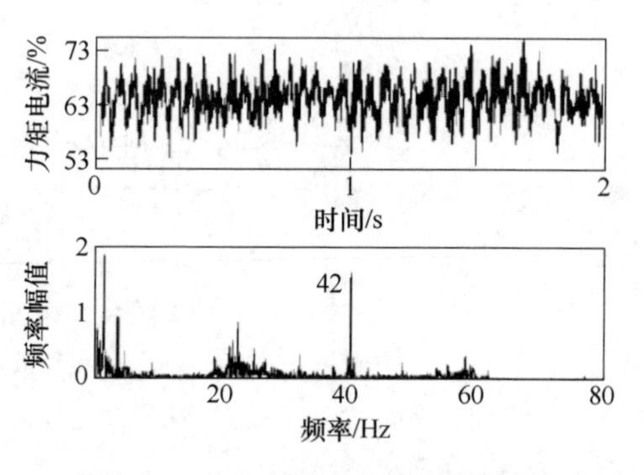

图 9-6　电机转矩电流波形及频谱

9.1.2.2　电动机跳闸时扭振现象

图 9-7 是电动机跳闸时的扭振波形。电机因为各种原因跳闸时，驱动转矩突

然释放，相当于轧机轴系突然卸载的过程，从而发生扭振。因此和抛钢一样，跳闸扭振是阻尼衰减型扭振，扭振频率为一阶固有谐振频率，持续时间短。

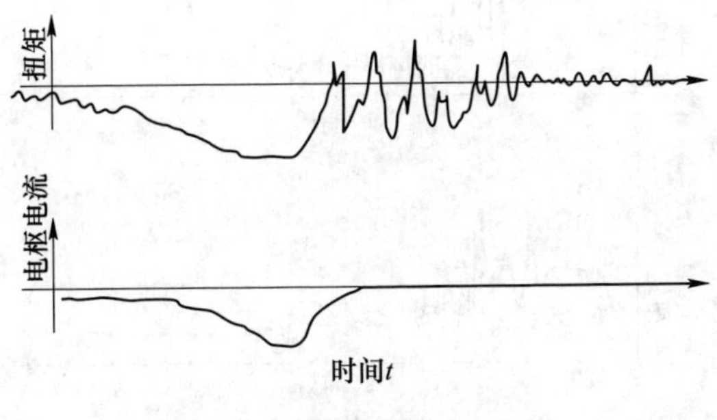

图 9-7 跳闸时的扭振波形

9.1.3 轧钢打滑引起的扭振

9.1.3.1 咬钢打滑时扭振现象

图 9-8 为咬钢打滑时扭振波形。轧机咬钢打滑时，由于轧件未咬入，轧制正压力没有建立起来，虽然轧件与轧辊接触，但存在着相对位移，因此它们之间摩擦系数以及轧辊上负载转矩均极不稳定，轧辊上出现间歇性尖峰转矩，其峰值大大超过正常轧制转矩，而电动机的电磁转矩仅出现小幅值的波动。

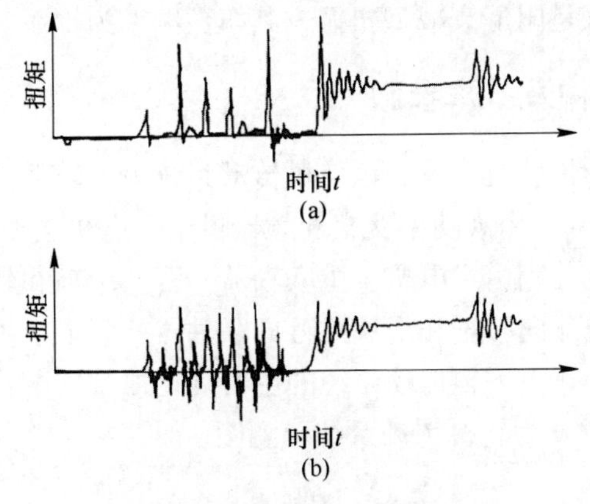

图 9-8 咬钢打滑时的扭振波形
(a) 下辊电动机；(b) 上辊电动机

9.1.3.2 轧制中打滑时扭振现象

图 9-9 是轧制中打滑时扭振波形。轧制过程中，由于轧件上存在黑印、表面摩擦系数不均匀，因而轧辊和轧件会产生打滑，发生扭振。

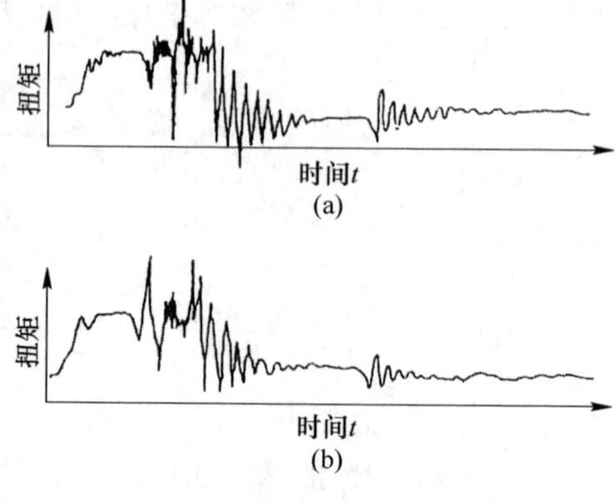

图 9-9　轧制中打滑时的扭振波形

（a）下辊电动机；（b）上辊电动机

从图 9-9 中可以看出，轧制中打滑时上辊和下辊的扭振并不同时发生。上辊轴系首先发生扭振，随后下辊也出现了扭振，此时电磁转矩很快减小；当扭振持续 0. 3s 左右，电磁转矩迅速恢复，此时扭振产生的交变转矩很快衰减，轧机恢复正常轧制转矩并趋向稳定。

轧钢打滑在轴系上出现很高的交变转矩，峰值为轧制转矩与扭振交变转矩之叠加。峰值转矩产生的高应力具有很大的破坏性，往往导致轴系部件的一次性破坏。轧钢打滑的扭振是阻尼衰减型扭振，其扭振频率为轴系一阶固有频率。

9. 2　轧机传动结构及基本参数

以某钢厂可逆中板轧机为例，该轧机传动系统由上辊系统和下辊系统组成。

电机功率 8000kW，由大功率交交变频器供电，电机主要参数如表 9-1 所示。上辊系统和下辊系统分别由主电机、主联轴器、万向接轴和轧辊等组成，上辊系统的主要弹性元件是万向接轴和滑块式万向联轴器。下辊系统则多一个连接电机和万向轴的下传动轴。上下辊传动系统的主要转动惯量集中在电机、轧辊以及相应的联轴器处，图 9-10 为轧机传动系统示意图。

表 9-1　电机主要参数

额定功率	8000kW	电机极数	16
额定电压	1650V	频率	6. 27/16. 8Hz
额定电流	2×1454A	转速	47/126r/min
额定转矩	1625kN · m	转动惯量	64300kg · m^2

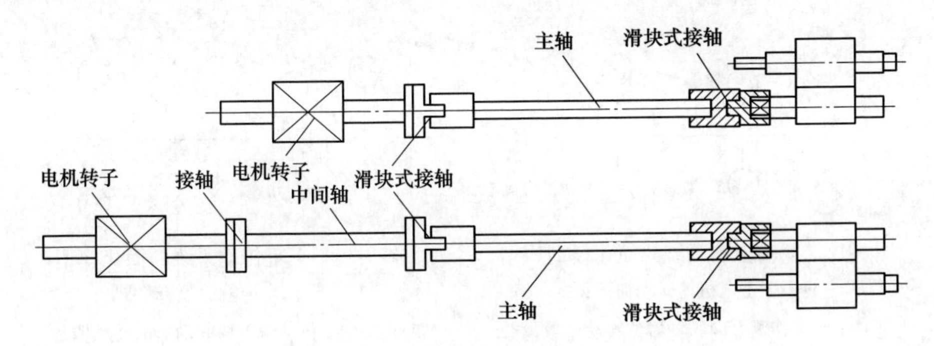

图 9-10 可逆中板轧机传动结构图

图 9-11 为该轧机传动系统的简化示意图。轧机的上辊系统和下辊系统由多个部件串联构成，串联部件的等效转动惯量及等效弹性系数的计算如下：

$$J_{合} = \sum_i J_i \tag{9-2}$$

$$\frac{1}{K_{合}} = \sum_i \frac{1}{K_i} \tag{9-3}$$

式中，J_i、K_i分别为各串联件的转动惯量和弹性系数。

支撑辊的 J、K 值按照下面的公式向工作辊上折算：

$$J_{折} = J_{支}/i^2 \tag{9-4}$$

$$K_{折} = K_{支}/i^2 \tag{9-5}$$

式中，i 为支撑辊与工作辊的直径比

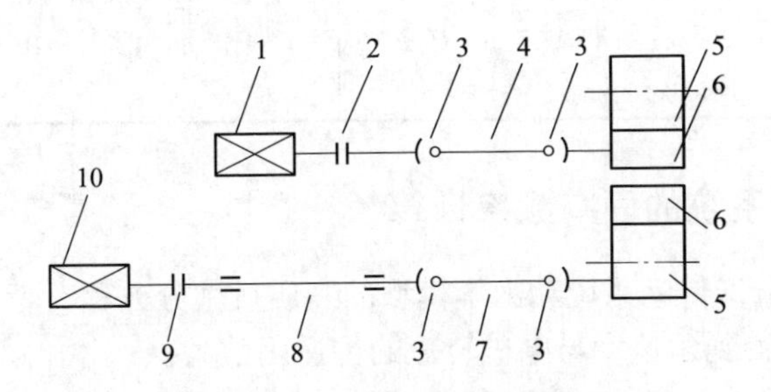

图 9-11 轧机传动系统示意图

1，10—主电机；2，9—主联轴器；3—滑块式万向联轴器；
4，7—万向接轴；5—支撑辊；6—工作辊；8—下传动轴

将上辊系统简化为三质量系统如图 9-12 所示。

将下辊系统简化为四质量系统如图 9-13 所示。

表 9-2、表 9-3 列出简化模型各部分转动惯量与弹性系数计算值。

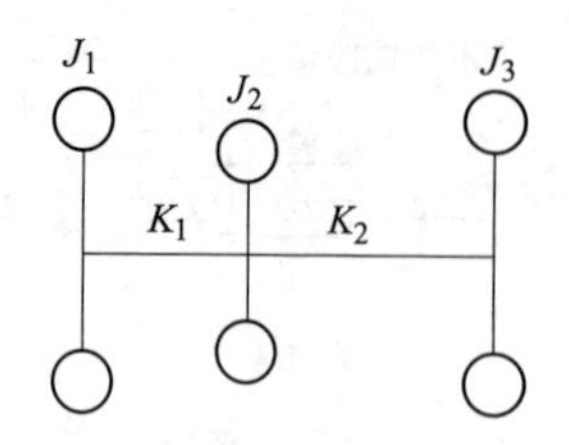

图 9-12　上辊传动系统的简化模型
J_1—集中于主电机的转动惯量；
J_2—集中于操作侧万向联轴器的转动惯量；
J_3—集中于轧辊的转动惯量；
K_1—电机和操作侧万向联轴器之间轴的等效弹性系数；K_2—操作侧万向联轴器与轧辊之间的等效弹性系数

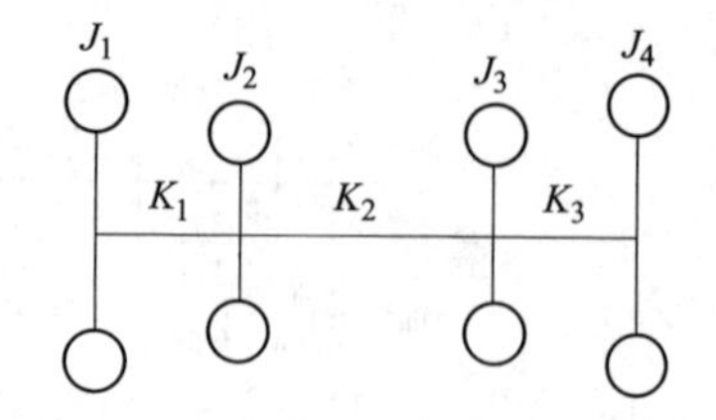

图 9-13　下辊传动系统的简化模型
J_1—集中于主电机的转动惯量；
J_2—集中于传动侧万向联轴器的转动惯量；
J_3—集中于操作侧万向联轴器的转动惯量；
J_4—集中于轧辊的转动惯量；K_1—主电机和传动侧万向联轴器之间轴的等效弹性系数；
K_2—两万向联轴器之间的等效弹性系数；
K_3—操作侧万向联轴器与轧辊之间的等效弹性系数

表 9-2　上辊系统的转动惯量 *J* 及弹性系数 *K*

转动惯量 J	弹性系数 K
J_1 = 64300kg · m^2	K_1 = 1.63 × 10^{8}N · m/rad
J_2 = 6708kg · m^2	K_2 = 5.6 × 10^{9}N · m/rad
J_3 = 18408kg · m^2	

表 9-3　下辊系统的转动惯量 *J* 及弹性系数 *K*

转动惯量 J	弹性系数转动惯量 K
J_1 = 66760kg · m^2	K_1 = 1.92 × 10^{8}N · m/rad
J_2 = 9086kg · m^2	K_2 = 2.31 × 10^{8}N · m/rad
J_3 = 2094kg · m^2	K_3 = 5.6 × 10^{9}N · m/rad
J_4 = 18408kg · m^2	

9.3　轧机传动系统的固有频率计算

根据前述的电气传动系统动力学模型的三质量微分方程，考虑轧机轧制转矩为 0，即 $T_3=0$，得到角速度与电机转矩的传递函数为：

$$\frac{\omega_1(s)}{T_1(s)}=\frac{1}{J_1 s}\times\frac{s^4+f_3 s^2+f_4}{s^4+f_1 s^2+f_2} \tag{9-6}$$

借助 MATLAB 仿真平台，对上辊主传动系统频率特性进行仿真，得到系统频率特性曲线如图 9-14 所示。

在图 9-14 中，上辊主传动三质量系统具有两个极点、两个零点，极点的数量与连接轴数量相同，每个轴上的扭振情况取决于这两个极点（即固有谐振频率）的共同作用。

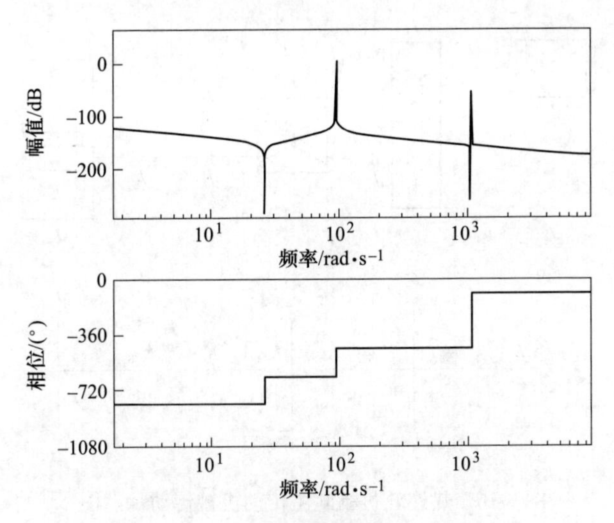

图 9-14　上辊传动系统频率特性曲线

通过上述计算，能够得到可逆轧机的上下辊系统各阶固有频率计算值如表 9-4 所示。

表 9-4　上辊系统与下辊系统的各阶固有频率计算值

系　统	f_1/Hz	f_2/Hz	f_3/Hz
上辊系统	15. 01	171. 28	
下辊系统	12. 58	36. 75	279. 4

我们再以热连轧机为例，某钢厂热连轧机精轧主传动采用交流电机驱动，交流电机容量为 5000kW，电机经人字齿轮驱动上下轧辊，见图 9-15，其机械传动示意图如图 9-16 所示，可以计算出各机架传动轴系的固有频率见表 9-5。

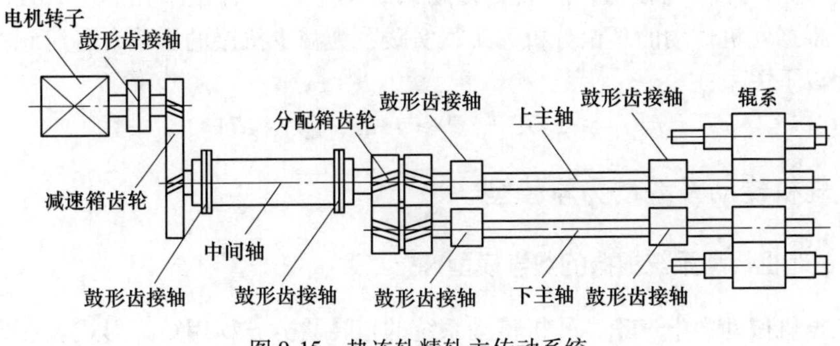

图 9-15　热连轧精轧主传动系统

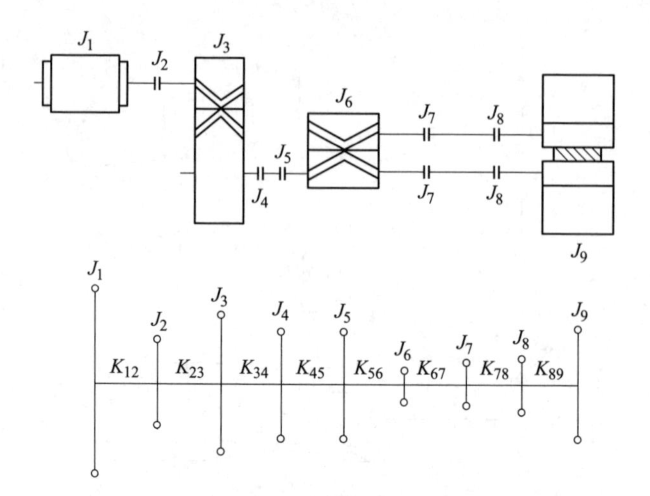

图 9-16 热连轧机精轧主传动机械传动示意图

表 9-5 各机架传动轴系固有频率

机架	f_1/Hz	f_2/Hz	f_3/Hz	f_4/Hz
F_1	20.7	41.1	60.3	119
F_2	20.7	36.9	61.3	120
F_3	18.8	62.9	116.4	212.2
F_4	17	71	142.5	227.3
F_5	18	67.1	129.9	204.5
F_6	18.3	67.7	130.1	204.6

由表可见，F_1、F_2 机架传动系统的一阶固有频率为 20.7Hz，F_3 ~ F_6 机架传动系统的一阶固有频率在 17~18Hz。由此可见，一般大型轧钢机，由于轧辊，电机转子都具有较大的转动惯量，其间又有较长的万向按轴相连，故轧机主传动系统的扭振频率往往比较低，一般主传动系统的一阶固有频率在 10~20Hz 之间，此外，根据轧机传动的理论分析和工程实践，为减少扭振的影响，各阶频率之间应满足以下关系：

$$f_2/f_1 \geqslant 2.0,\ f_3/f_2 \geqslant 1.25,\ f_4/f_3 \geqslant 1.2$$

9.4 轧机传动系统动力学模型

9.4.1 轧机传动系统扭振的数学模型

根据机械动力学理论，轧机传动系统的扭转微分方程用矩阵形式表示为：

$$[J]\{\ddot{\theta}\} + [D]\{\dot{\theta}\} + [K]\{\theta\} = \{T\} \tag{9-7}$$

其中，[J] 为转动惯量矩阵为：

$$[J]=\begin{bmatrix} J_1 & 0 & 0 \\ 0 & J_2 & 0 \\ 0 & 0 & J_3 \end{bmatrix} \tag{9-8}$$

[K] 为弹性系数矩阵为：

$$[K]=\begin{bmatrix} K_1 & -K_1 & 0 \\ -K_1 & K_1+K_2 & -K_2 \\ 0 & -K_2 & K_2 \end{bmatrix} \tag{9-9}$$

[D] 为阻尼系数矩阵为：

$$[D]=\begin{bmatrix} D_1 & -D_1 & 0 \\ -D_1 & D_1+D_2 & -D_2 \\ 0 & -D_2 & D_2 \end{bmatrix} \tag{9-10}$$

{T} 为转矩矩阵为：

$$\{T\}=\begin{Bmatrix} T_1 \\ 0 \\ T_3 \end{Bmatrix} \tag{9-11}$$

式中，T_1、T_3分别为电机转矩和轧制转矩；$\{\theta\}$、$\{\dot{\theta}\}$、$\{\ddot{\theta}\}$ 分别为系统的角位移矩阵、角速度矩阵和角加速度矩阵，且：

$$\{\theta\}=\begin{Bmatrix} \theta_1 \\ \theta_2 \\ \theta_3 \end{Bmatrix}=\frac{1}{s}\begin{Bmatrix} \omega_1 \\ \omega_2 \\ \omega_3 \end{Bmatrix} \tag{9-12}$$

9.4.2　轧机传动系统扭振的振幅计算

下面以可逆中板轧机为例，分析轧机传动系统扭振的振幅和放大系数 TAF。

式（9-7）轧机传动系统的振动微分方程为有阻尼振动，由于轧机传动系统的阻尼很小，对系统的振幅影响甚微，因此 [D] =0，得到无阻尼自由振动微分方程：

$$[J]\{\ddot{\theta}\}+[K]\{\theta\}=\{0\} \tag{9-13}$$

利用 MATLAB 求出 $s=[J]^{-1}[K]$ 的特征值（ω_i^2）及特征矢量，并将其特征矢量归一化即得扭转振幅位移矩阵。

传动系统各阶振幅是各阶频率下的位移，用振型表示：

$$[X_{\mathrm{m}}]=\begin{bmatrix} -0.3876 & -0.0022 \\ 0.9709 & 1 \\ 1 & -0.3568 \end{bmatrix} \tag{9-14}$$

借助 MATLAB 仿真平台，对可逆中板轧机上辊系统的各阶频率振幅进行仿真，得到传动系统的一阶振幅和二阶振幅如图 9-17 所示。

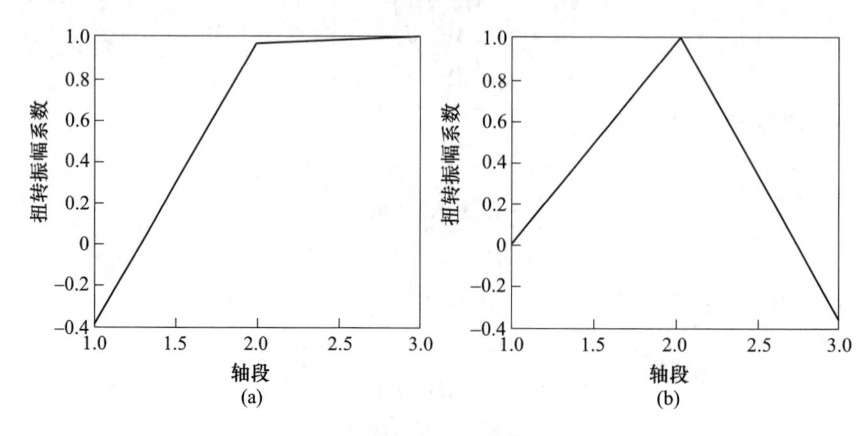

图 9-17　上辊系统振幅

（a）上辊系统一阶振幅；（b）上辊系统二阶振幅

9.5　轧机传动系统扭振放大系数 *TAF* 分析

轧钢机轧钢时，钢坯接触轧辊到完全咬入需要一个过程，所以轧制转矩 T_3 可以近似为图 9-18 所示的斜坡函数。T_0 是稳态轧制转矩，轧材完全咬入后与轧辊接触弧长的水平投影为 $\sqrt{R\Delta h}$ 。则咬入时间为：

$$t_1 = \sqrt{R\Delta h}/v \tag{9-15}$$

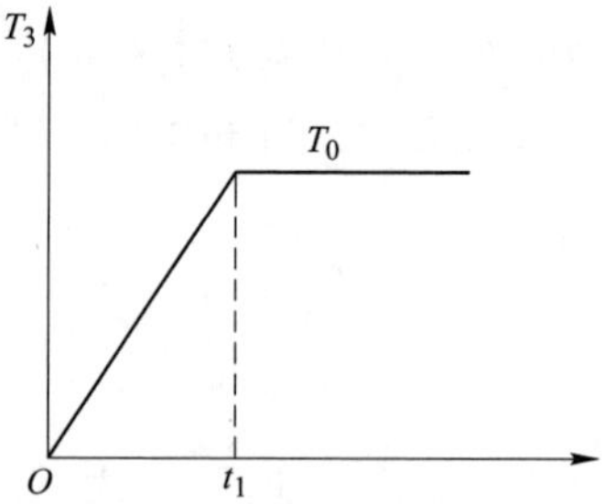

式中　R——工作辊半径，mm；

v——轧制速度，mm/s；

Δh——压下量，mm。

图 9-18　轧制转矩示意图

不考虑系统刚体转动，则系统初始条件为 $\{\theta\}_0 = 0$，用正则坐标表示的激励转矩为：

$$\{T_{iN}\} = [X_N]^{\mathrm{T}}\{T\} \tag{9-16}$$

激励转矩矩阵 $\{T\}$ 中轧制转矩 T_3 大小为：

$$T_3 = \begin{cases} \dfrac{t}{t_1}T_0 & t \leqslant t_1 \\ T_0 & t > t_1 \end{cases} \tag{9-17}$$

对这样的斜坡函数激励，系统的正则坐标响应在各阶段有不同的表达式，但系统的最大响应发生在 $t > t_1$ 时。

对轧机传动系统求其响应与角位移。

根据式（9-16）求得激励转矩 $\{T_{iN}\}$ 为：

$$T_{1N} = 7.5 \times 10^{-3} T_0 \tag{9-18}$$

$$T_{2N} = -3.677 \times 10^{-3} T_0 \tag{9-19}$$

系统的角位移响应为：

$$\{\theta\} = [X_N]\{\Phi_N\} \tag{9-20}$$

代入求得：

$$\theta_1 = (-2.1\Phi_{1N} - 0.023\Phi_{2N}) \times 10^{-3} \tag{9-21}$$

$$\theta_2 = (5.2\Phi_{1N} + 10.5\Phi_{2N}) \times 10^{-3} \tag{9-22}$$

$$\theta_3 = (5.4\Phi_{1N} - 3.7\Phi_{2N}) \times 10^{-3} \tag{9-23}$$

当 $t > t_1$ 时，有

$$\Phi_{iN} = \frac{T_{iN}}{\omega_i^2 t_i}\left[t_1 - \frac{e^{-\zeta\omega_i 1}}{\omega_i}\sin\omega_i t + \frac{e^{-\zeta\omega_i(t-t_1)}}{\omega_i}\sin\omega_i(t - t_1)\right] \quad i = 1,2 \tag{9-24}$$

式中，系数 $\zeta = 0.05$，$\omega_i = 2\pi f_i$，f_i 为系统的各阶频率，ω_i 为系统的各阶角频率。

电机输出轴的扭矩为：

$$T_1 = K_1(\theta_2 - \theta_1) \tag{9-25}$$

将计算出的 θ_1、θ_2、θ_3 代入式（9-25），推导得：

$$T_1 = T_0\left(1.0106\left(1 - \frac{e^{-\zeta\omega_1 t}}{\omega_1 t_1}\sin\omega_1 t + \frac{e^{-\zeta\omega_1(t-t_1)}}{\omega_1 t_1}\sin\omega_1(t - t_1)\right) - 5.4442 \times 10^{-3}\left(1 - \frac{e^{-\zeta\omega_2 t}}{\omega_2 t_1}\sin\omega_2 t + \frac{e^{-\zeta\omega_2(t-t_1)}}{\omega_2 t_1}\sin\omega_2(t - t_1)\right)\right) \tag{9-26}$$

$$TAF = \frac{T_{1\max}}{T_0} = 1.825 \tag{9-27}$$

式（9-27）为轧机传动机电扭振放大系数，即轧机扭振的轴扭矩最大值与施加轧钢转矩稳态值之比。

借助 MATLAB 仿真平台，对上辊系统连接轴转矩 T_1 随时间变化情况进行仿真，得到可逆轧机上辊传动系统 *TAF* 随时间 t 变化曲线如图 9-19 所示。

图 9-19 中，曲线 1 为只有一阶频率作用下的连接轴转矩 T_1 随时间变化曲线，曲线 2 为只有二阶频率作用的曲线，曲线 3 为一阶频率和二阶频率共同作用的曲线。

由图 9-19 可见，一阶频率对整个扭矩影响较大。二阶频率作用下的波形幅值几乎为 0，作用很小，式（9-26）计算的二阶频率 *TAF* 仅为一阶频率的 0.54%，对 T_1 影响较小，仿真结果与数学推导的结论一致。在咬入时间为 0.01s 时，上辊的连接轴转矩 T_1 的扭矩放大系数 *TAF* 为 1.8253，连接轴转矩随着时间的增加，逐渐衰减并趋于稳定，最终稳定在 1 附近。

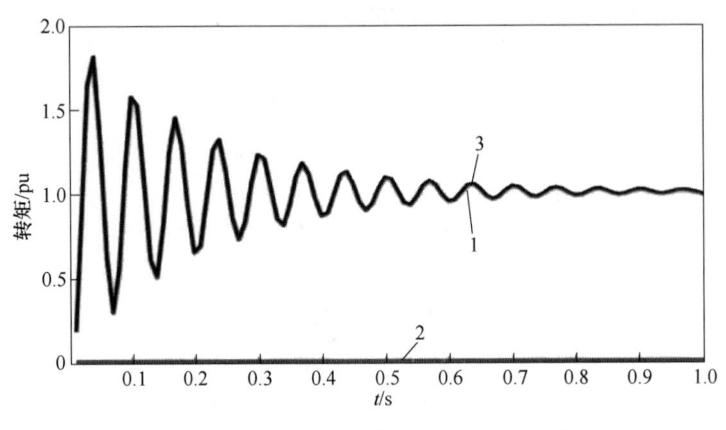

图 9-19　上辊连接轴转矩 T_1 随时间 t 变化曲线

9.6　机械参数对轧机传动扭振放大系数 *TAF* 的影响

9.6.1　各阶固有频率对轧机传动系统扭振特性的影响

通过前面对于轧机传动系统各轴段 *TAF* 的分析，各轴段转矩随时间 t 变化曲线可以看出，*TAF* 又由各阶频率共同决定，其中一阶频率的影响最大，二阶频率、三阶频率相比一阶频率所占比例很低，且高阶频率衰减更快，因此可略去计算过程中第二、三阶频率项，只采用一阶频率项对轧机传动扭振 *TAF* 进行分析。

9.6.2　各轴段的轧机传动扭振放大系数 *TAF*

研究各轴段的 *TAF*，即对电机侧、轧辊万向轴侧以及轧辊侧的转矩进行计算分析，选用轧机下辊为例进行研究计算。

通过上面的计算得到不同轴段的 *TAF* 见表 9-6。

表 9-6　不同轴段的 *TAF*

不同轴段	电机侧	万向连接轴	轧辊侧
TAF	1.8795	1.7871	1.4603

借助 MATLAB 仿真平台，对下辊系统各轴段 *TAF* 进行仿真，得到下辊系统各轴段 *TAF* 曲线，见图 9-20。

由表 9-6 和图 9-20 可以看出，在轴系不同位置处 *TAF* 是不同的，需要具体问题具体分析。研究表明，不同传动链结构，其最大 *TAF* 出现的位置不同。本例中的轧机传动系统电机侧的 *TAF* 较大，轧辊侧的 *TAF* 较小。

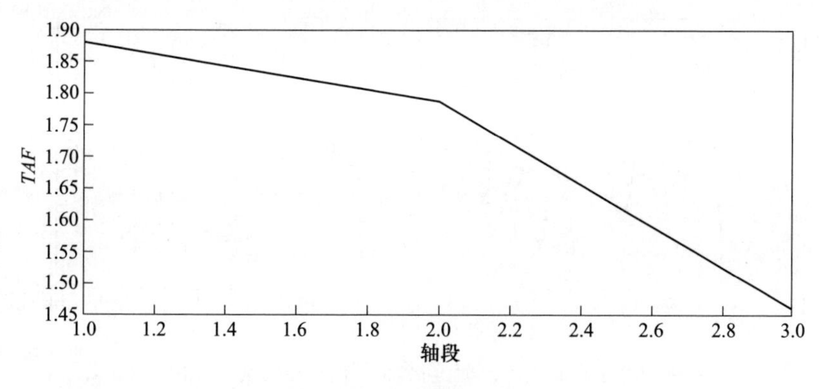

图 9-20 不同轴段的 *TAF*

9.6.3 咬入时间 t_1 对轧机传动扭振放大系数 *TAF* 的影响

通过轧机上辊的 *TAF* 计算公式可以看出 *TAF* 的大小与咬入时间 t_1 有关系。借助 MATLAB 仿真平台，对 *TAF* 随咬入时间变化情况进行仿真，得到 *TAF* 随咬入时间变化曲线，如图 9-21 所示。

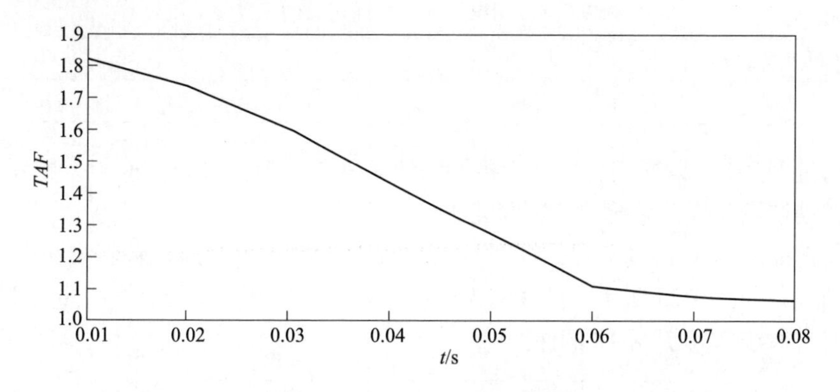

图 9-21 *TAF* 随 t_1 变化的曲线

由图 9-21 可以明显看出 *TAF* 与 t_1 密切相关，*TAF* 随着咬入时间 t_1 的增加，扭矩放大系数减小，当咬入时间 t_1 为 0.06s 后，*TAF* 趋于 1.00。

对 *TAF* 在不同咬入时间随时间变化的情况进行仿真，当咬入时间分别为 t_1 = 0.01s 和 t_1 = 0.08s 时，得到连接轴转矩 T_1随时间变化曲线，如图 9-22 所示。

图 9-22 中，曲线 1 为咬入时间为 t_1 = 0.01s 时 T_1随时间变化的波形，曲线 2 为咬入时间为 t_1 = 0.08s 时 T_1随时间变化的波形。

在 t_1 = 0.01s 时，系统的扭矩放大系数振荡较大，且衰减达到稳定的时间较长。而 t_1 = 0.08s 时，系统的扭矩放大系数振荡较小，能够很快达到稳定。

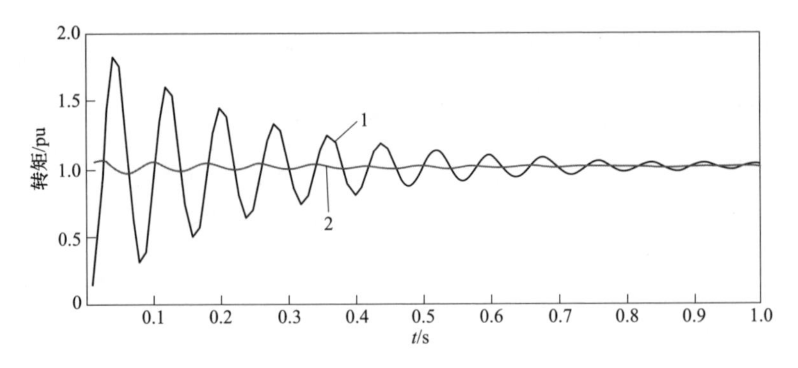

图 9-22　咬入时间不同时连接轴转矩 T_1 随时间变化的波形

9.7　电机转动惯量对轧机传动扭振放大系数 *TAF* 的影响

在轧机电气传动系统中，电机转动惯量的不同会影响轧机传动扭振放大系数 *TAF*。以可逆轧机的上辊为例，我们将电机转动惯量增加 10 倍和减小 10 倍展开讨论。通过计算得到不同电机转动惯量对应的 *TAF*，如表 9-7 所示。

表 9-7　不同电机转动惯量对应的 *TAF*

不同电机转动惯量	$J_1/10$	J_1	$J_1\times10$
TAF	1.7084	1.8202	1.8202

通过表 9-7 可以看到，增加电机转动惯量并不能减小 *TAF*，而当大幅度减小电机转动惯量，传动系统的 *TAF* 能够减小。

借助 MATLAB 仿真平台，得到不同电机转动惯量下的连接轴转矩 T_1 随时间变化曲线，如图 9-23 所示，曲线 1 为 $J_1/10$ 的 T_1 随时间变化的曲线，曲线 2 为 J_1 的曲线，曲线 3 为 $J_1\times10$ 的曲线。

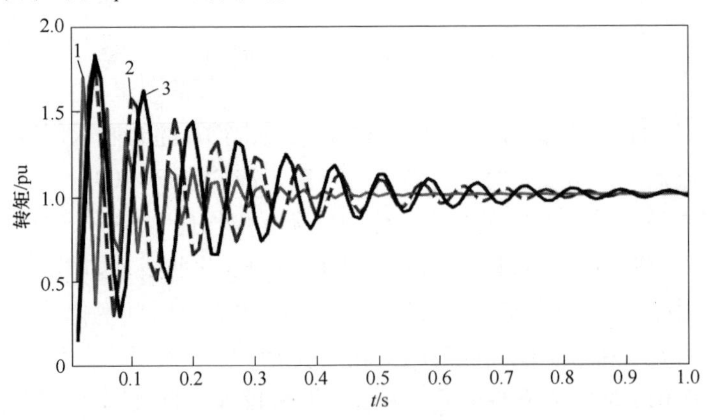

图 9-23　电机转动惯量不同时连接轴转矩 T_1 随时间变化的波形

由图9-23中电机转动惯量为$J_1/10$的连接轴转矩曲线可以看出，减小电机转动惯量，传动系统的*TAF*亦减小，同时振荡衰减加快，能够在较短时间内趋于稳定，相当于增大了传动系统的阻尼效果。而电机转动惯量增大到10倍时，*TAF*变化不大，与计算得到的表9-7结论相同。

由此可见，降低电机转动惯量值时能够有效降低传动系统的*TAF*值，增加了系统阻尼。同时，在二质量模型分析中可知，改变系统的电机转动惯量，能够在不改变系统反谐振频率的情况下，改变传动系统的谐振频率。当负载转动惯量一定，电机转动惯量较小时，系统不易振荡。

因此，从降低轧机扭振*TAF*的角度来设计轧机传动，应尽量选择小转动惯量的电机，但大幅减少电机的转动惯量，减少5~10倍，实际电机制造是不可行的，因此通过减少电机转动惯量来降低机电扭振还要寻找新的途径。而在“虚拟惯量”控制一章我们已经知道，通过传动轴转矩观测器反馈控制可以改变传动系统的惯性比，继而达到抑制轧机机电扭振*TAF*的目的。

9.8　轧机传动扭振抑制的工程应用案例

9.8.1　冷连轧机组传动“虚拟惯量”控制系统

冷连轧机组是集机械、电气以及计算机控制于一体的大型复杂传动系统。随着高转速、大功率电机在冷连轧机上的应用，其主传动系统由于机电扭振引起的事故随之增加。当设备发生机电扭振时，会对产品的平直度、厚度公差产生影响，影响产品质量；更严重者出现断轴等现象，直接造成设备损坏，给企业造成重大损失。

某钢厂1780mm五机架冷连轧机组主传动系统由大功率交直交变频供电，电机主要参数如表9-8所示。

表9-8　电机主要参数

项　目	参　数	项　目	参　数
型式	电励磁同步电动机	额定电压等级/V	3300
功率/kW	4400/8800/8800	励磁方式	他励
额定电流/A	791/1601/1627	励磁电压/V	122/235/223
频率/Hz	19.95/19.95/60	励磁电流/A	401/774/732
转速/$r \cdot min^{-1}$	0~399/399/1200		

该冷连轧机组在降速过程中，在某一运行速度区域，由于电机转矩的谐波转矩频率与传动链固有频率吻合引发机电谐振，轧机的转速和转矩出现持续振荡现象，如图9-24所示。这种振荡情况造成机架间张力不稳定，甚至使冷轧板断带。通常冷连轧生产厂采用“跳频”法来躲避产生传动系统扭振运行区域，避免扭

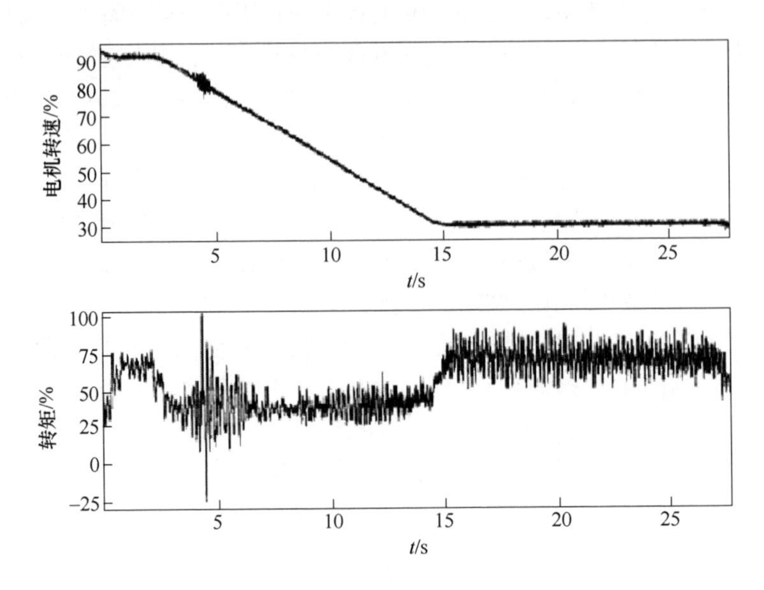

图 9-24　冷连轧机主传动系统的速度及转矩波形

振对设备和产品质量造成的危害。冷轧厂实时监测轧机传动的速度及转矩波形，如图 9-25 所示，一旦发生扭振，扭振转矩超过预警值，迅速降低轧机速度，避开扭振运行点。

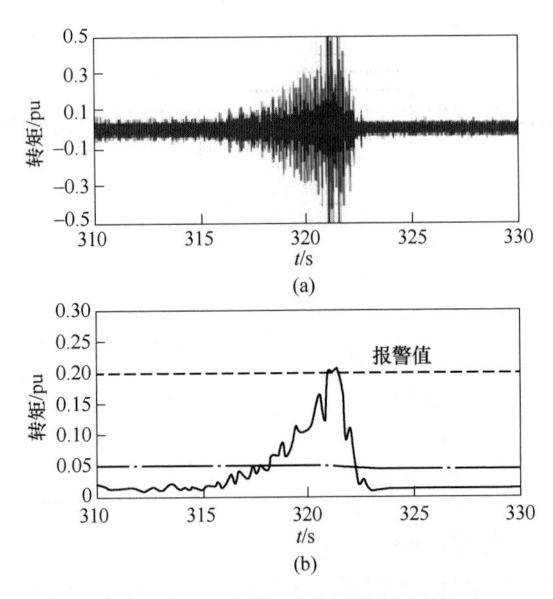

图 9-25　冷连轧机扭振的转矩波形

(a) 5 号机架时域波形；(b) 5 号机架有效值

但“跳频”并不能预知扭振点，并提前避开；跳频也会影响各机架间的速度协调；同时由于轧机在某些产生扭振的速度区域不能运行，导致冷连轧机组生产受限，无法生产某些规格的板带产品。

该厂 1780mm 五机架冷连轧机组主传动系统采用“虚拟惯量”控制，有效地解决了冷连轧机运行中的机电扭振问题。该冷连轧机主传动系统结构如图 9-26 所示。

将其简化为多质量弹性模型，为一个 10 自由度的力学模型，如图 9-27 所示。

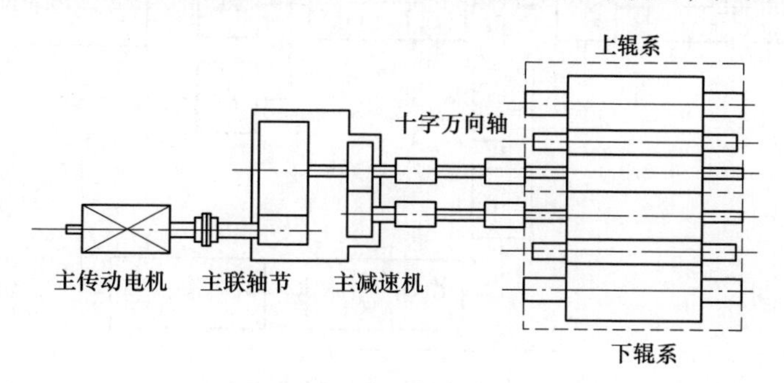

图 9-26 冷连轧机主传动系统结构图

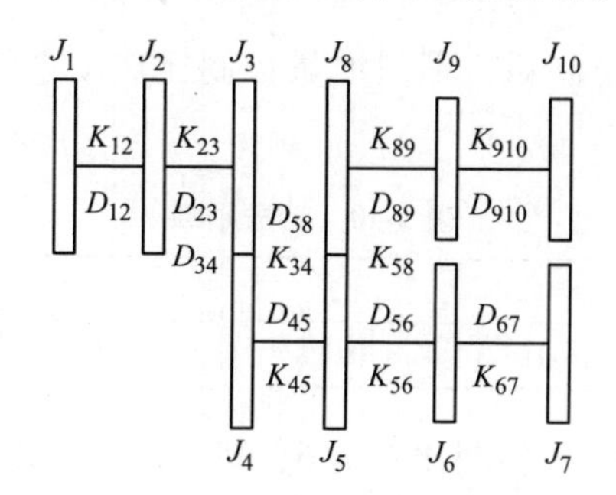

图 9-27 冷连轧机主传动系统模型

$J_i(i=1,2,\cdots,10)$ —各结点的等效转动惯量；

$K_{ij}(i=1,2,\cdots,9,\ j=1,2,\cdots,10)$ —相邻结点间等效扭转弹性体的弹性系数；

$D_{ij}(i=1,2,\cdots,9,\ j=1,2,\cdots,10)$ —相邻结点间等效扭转阻尼

选择冷连轧机机组中的第 3 架机组（F_3）和第 5 架机组（F_5）进行分析，借助传动系统运动微分方程和频域方程，通过分析计算，分别得到冷连轧机 F_3 和 F_5 轧机主传动系统的各阶谐振频率，如表 9-9 所示。

表 9-9 冷轧机 F_3 机组和 F_5 机组各阶谐振频率

阶数 i	1	2	3	4	5	6	7	8	9
F_3	16.18	17.11	53.49	160.12	166.22	204.68	272.30	313.58	441.03
F_5	11.45	13.61	67.52	115.14	125.36	230.19	253.21	306.92	455.42

通过计算得到冷轧机 F_3 机架的谐振频率为 16.18Hz，与现场实际监测到的 12Hz 基本吻合，仿真程序可以较准确计算出传动链的谐振频率点。

在 F_3 机架的电气传动控制系统中加入“虚拟惯量”控制，见图 9-28。

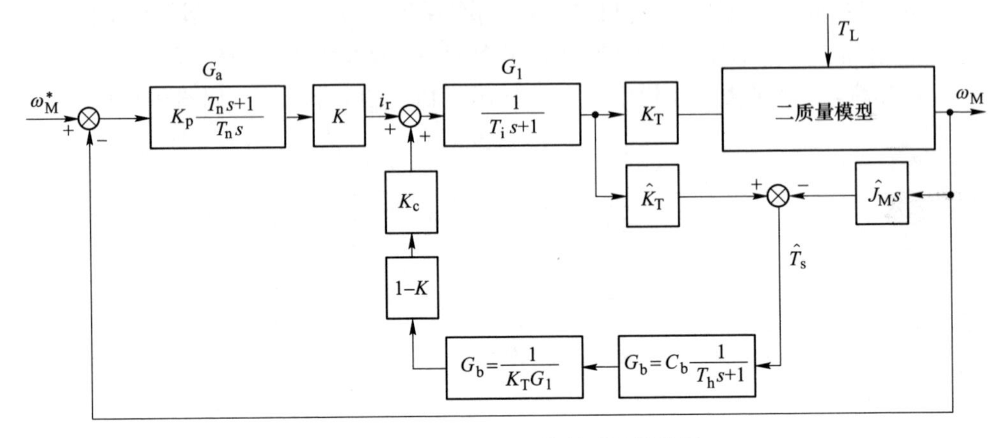

图 9-28　“虚拟惯量”控制系统结构图

加入“虚拟惯量”控制后，不同惯量控制比传动系统的谐振频率计算见表 9-10。

表 9-10　谐振频率

“虚拟惯量”控制比 K	0	2	4	6	10
谐振频率/Hz	16.18	18.28	21.93	25.05	30.34

工程选择“虚拟惯量”控制比 K 为 6，即电机虚拟转动惯量变为原来的 1/6，人为地大幅度减小电机转动惯量，谐振频率由 16.18Hz 右移动到 25.05Hz，使得冷轧机主传动系统能够在轧制速度段避开谐振点，有效地抑制了轧机传动扭振引起的速度振荡，大大增强了传动系统抗机电扭振的能力。

9.8.2　薄板坯连铸连轧机扭振分析与抑制

薄板坯连铸连轧工艺具有高效节能、成本较低、产品质量好等优点，据不完全统计，全世界 50%的热轧卷由薄板坯连铸连轧工艺生产。CSP 是德国西马克公司开发的一款紧凑式带钢生产线。在钢铁行业低成本、高质量的要求下，如何利用薄板坯连铸连轧工艺生产极薄规格产品从而部分替代冷轧产品需求，已成为国内外钢铁企业竞相攻关的关键课题，与此同时，汽车轻量化用高强钢市场需求日益增加，这些都对薄板坯连铸连轧装备提出更高技术要求。然而在轧制薄规格高强带钢时，轧机传动的扭振会造成带钢表面产生振纹并诱发设备事故。

某厂 CSP 热轧 F_3 轧机在轧制 1.6mm 厚薄带钢时出现强烈振动，振动发生时，轧机有明显轰鸣声，同时在轧辊和带钢表面留下振纹，如图 9-29 所示。

图 9-29 F_3 轧机轧辊及出口带钢表面振纹

现场对轧机振动及电机传动的各项参数进行了监测。图 9-30 为监测获取的 F_3 轧机传动轴转矩波形及频谱，频谱分析显示传动转矩含有 43Hz 的谐波振动成分。图 9-31 为 F_3 轧机振动时测试获取的电机转矩电流波形及频谱，从图中看出电机转矩电流波形含有 42Hz 左右的谐波成分，由此推测出 F_3 轧机发生了机电耦合扭振。

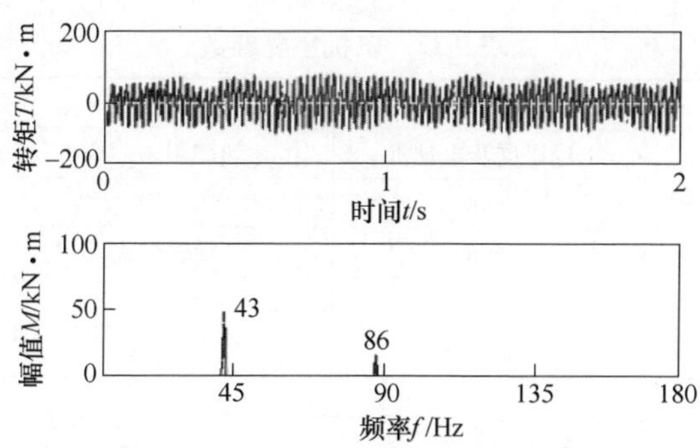

图 9-30 F_3 轧机传动轴扭振波形及频谱

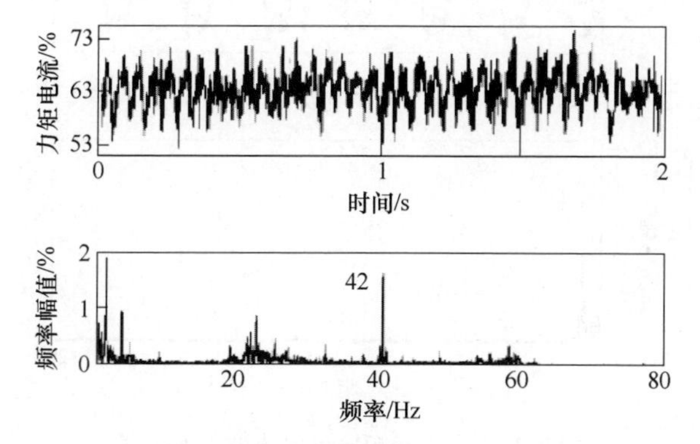

图 9-31 电机转矩电流波形及频谱

F_3 轧机主传动机械结构包括电动机转子、减速机、中间接轴、齿轮座、上下弧形齿接轴及辊系等组成。依每个单元为一集中质量建立多自由度非线性动力学方程，运用计算机仿真程序计算出该传动链的前五阶固有频率，见表 9-11。可以看出 F_3 轧机扭振的实测振动频率 43Hz 与其主传动结构二阶固有频率 41.5Hz 接近，从而确定 F_3 轧机扭振为外源激励引发轧机传动结构二阶固有频率的谐振。

表 9-11　F_3 轧机传动固有频率

阶　数	频率/Hz
1	18.8
2	41.5
3	80.5
4	137
5	185.5

F_3 轧机传动由一台 10000kW 的交流同步电机驱动，采用交交变频供电，表 9-12 列出该电机的主要数据。交交变频器输出电流含有大量谐波，图 9-32 为该轧机工作在额定频率（7Hz）时，交交变频器输出给电机的电流波形及频谱。

表 9-12　电机主要参数

项　目	参　数	项　目	参　数
型式	电励磁同步电动机	电机惯量/kg · m^2	10500
功率/kW	10000	额定电压等级/V	924
额定电流/A	3695	励磁方式	他励
频率/Hz	7/22	励磁电流/A	325
转速/r · min^{-1}	140/440	极对数	3

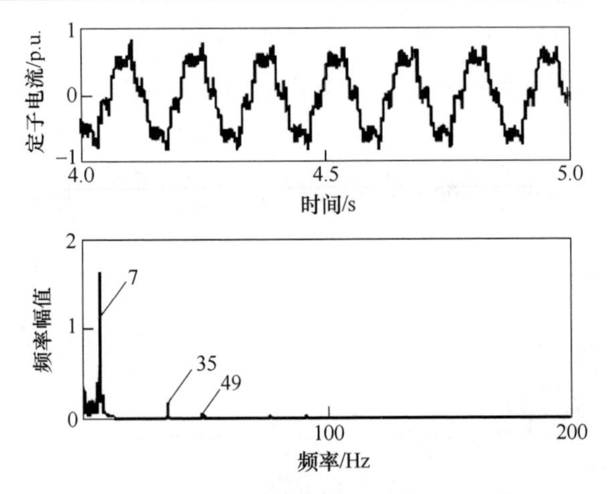

图 9-32　交交变频输出电流波形及频谱

由图 9-32 可见，电机在交交变频器控制运行时的定子电流除基频 7Hz 外，还有 35Hz（5 次）和 49Hz（7 次）谐波分量。根据电机学原理，谐波电流流过定子绕组时，在绕组内感应出交变的磁势，5 次负序谐波电流在空间产生与基波反向的旋转磁势，相对于同步电动机基波磁场的旋转频率为 35Hz+7Hz=42Hz；而 7 次正序谐波电流在空间产生与基波磁场同向磁势，其旋转频率相对于基波磁场为 49Hz−7Hz=42Hz，由此可见 5 次、7 次谐波电流在同步电动机中相对于基波磁场的旋转频率相同，同样会产生 42Hz 的电磁转矩。由此可见，电机电磁转矩中含有 42Hz 谐波脉动是有交交变频输出的 5、7 次谐波电流产生的。

现场针对交交变频供电谐波引发轧机扭振这一问题，对 F_3 轧机电气传动系统进行改造，改变了变频供电系统并优化了控制策略，有效地抑制了 F_3 轧机的扭振。图 9-33（a）和（b）为 F_3 轧机改造前测得的轧钢时电机电流波形及频谱，图 9-33（c）和（d）为 F_3 轧机改造后获得的电流波形及频谱。对比可见，改造后电机电流的谐波次数减少，谐波幅值降低约 80%，效果明显。

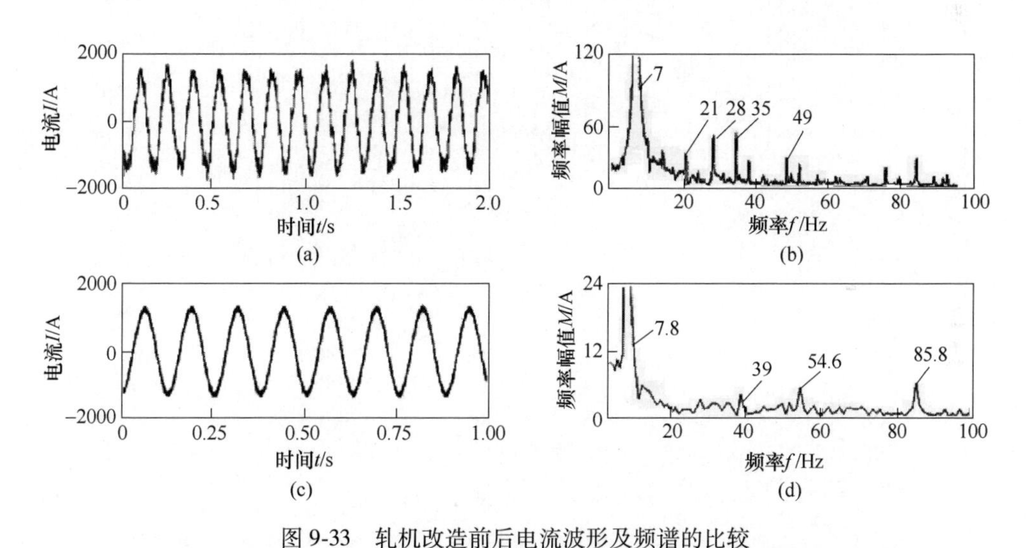

图 9-33　轧机改造前后电流波形及频谱的比较

（a）措施前电流波形；（b）措施前电流频谱；（c）措施后电流波形；（d）措施后电流频谱

现场还优化了工艺参数，合理分配机架压下规程，进一步改善轧制力的波动。通过上述措施，有效抑制了 F_3 轧机的扭振，图 9-34 为改造后测试得到的 F_3 轧机传动扭振波形和频谱，从图中看出虽然频谱中仍含有 42Hz 左右频率，但其幅值与改造前相比大幅降低，比措施前降低约 75%，效果显著；满足了薄板坯连铸连轧机轧制薄规格高强带钢的工艺要求。

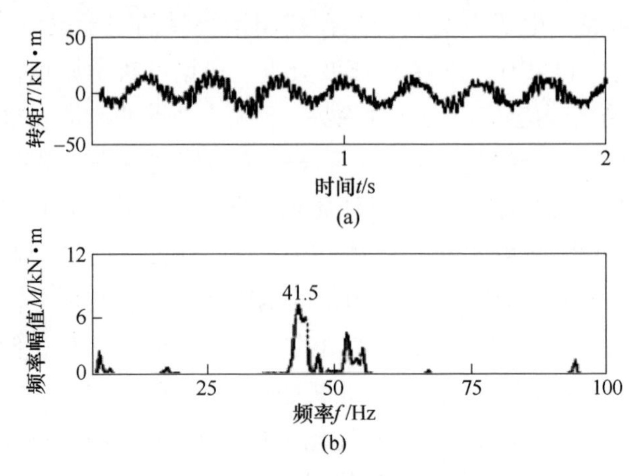

图 9-34 改造后 F_3 轧机传动扭振波形和频谱

（a）扭振波形；（b）扭振频谱

第 10 章 “虚拟阻尼”控制

在前述的电气传动系统机电谐振机理讨论得知，传动链阻尼系数可以改变系统谐振转矩的幅值和放大系数，阻尼系数增大可以减少系统谐振给机械和电气造成的负面影响，同时也可以减少变频电流的间谐波幅值，增强电气传动系统抗机电谐振的能力。从机械设计的角度出发，增加传动链的阻尼系数通常是通过改变传动链的机械结构或增加阻尼装置，但这种“被动抑制”方法实际应用有局限。而通过驱动传动链电机转矩的控制，同样可以改变传动系统的谐振阻尼特性，这种通过电气控制增加传动链阻尼系数的方法，可以称之为“虚拟阻尼”控制，也有称为“电气阻尼”或“主动抑制”。对比机械系统的“被动抑制”方法，电气阻尼控制更简单、精确、有效。本章先讨论“虚拟阻尼”控制原理，构建“虚拟阻尼”控制系统，并借助 MATLAB 平台对电气传动系统的谐振特性进行仿真分析。

10.1 “虚拟阻尼”控制原理

10.1.1 “虚拟阻尼”控制原理的数学分析

由前面章节推出的二质量系统传动轴转矩微分方程：

$$\ddot{T}_S + D_S\left(\frac{1}{J_M} + \frac{1}{J_L}\right)\dot{T}_S + K_S\left(\frac{1}{J_M} + \frac{1}{J_L}\right)T_S = \frac{K_S}{J_M}T_M \tag{10-1}$$

该系统的阻尼系数为：

$$\xi_r = \frac{\dfrac{D_S}{J_M} + \dfrac{D_S}{J_L}}{2\sqrt{K_S\left(\dfrac{1}{J_M} + \dfrac{1}{J_L}\right)}} \tag{10-2}$$

我们知道，通过施加附加的电机电磁转矩可以改变传动链的谐振特性。如果控制附加的电磁转矩与变量微分成正比，该补偿转矩与连接轴转矩 T_S 的微分成正比，并呈现为负号，即：

$$\hat{T}_{mc} = -\frac{K_c}{J_M}\dot{T}_S \tag{10-3}$$

增加补偿转矩后，式（10-1）变为：

$$\ddot{T}_S + D_S\left(\frac{1}{J_M} + \frac{1}{J_L}\right)\dot{T}_S + K_S\left(\frac{1}{J_M} + \frac{1}{J_L}\right)T_S = K_S\frac{T_M}{J_M} - \frac{K_c}{J_M}\dot{T}_S \tag{10-4}$$

将式（10-4）等式右侧最后一项移到左侧：

$$\ddot{T}_S + \left(\frac{D_S + K_c}{J_M} + \frac{D_S}{J_L}\right)\dot{T}_S + K_S\left(\frac{1}{J_M} + \frac{1}{J_L}\right)T_S = K_S\frac{T_M}{J_M} \tag{10-5}$$

由式（10-5）可以推出传动链阻尼系数变为：

$$\xi_r' = \frac{\dfrac{D_S + K_c}{J_M} + \dfrac{D_S}{J_L}}{2\sqrt{K_S\left(\dfrac{1}{J_M} + \dfrac{1}{J_L}\right)}} \tag{10-6}$$

将加入补偿转矩后的阻尼系数表达式（10-6）与原系统表达式（10-2）进行比较，可以看出，通过在电磁转矩中增加补偿阻尼项可以实现增加系统的阻尼，以此来抑制传动链的机电谐振。这种通过电气控制来增加系统阻尼抑振的方法，被称之为“虚拟阻尼”控制。

由上述控制电机转矩来改变传动链频率特性分析，我们可以写出附加电磁转矩的一般形式：

$$\hat{T}_{mc} = \hat{T}_{mcd} + \hat{T}_{mcq} = -K_{cd}T_S - K_{cq}\dot{T}_S \tag{10-7}$$

式中　$\hat{T}_{mcd}$——补偿“谐振频率转矩”，补偿电磁转矩正比于连接轴转矩，改变谐振频率；

$\hat{T}_{mcq}$——补偿“阻尼转矩”，补偿电磁转矩正比于连接轴转矩微分，只改变阻尼系数，不改变谐振频率。

附加电磁转矩 $\hat{T}_{mcq}$ 与连接轴转矩微分成正比，加入该补偿转矩可以不改变系统的谐振频率和反谐振频率，只改变系统的阻尼系数，$\hat{T}_{mcq}$ 可以看作为电磁转矩的补偿“阻尼转矩”。而附加电磁转矩 $\hat{T}_{mcd}$ 与连接轴转矩成正比，加入补偿转矩改变了系统的谐振频率，随着加权系数 K_c 的增加，系统谐振频率 ω_r' 亦增加，$\hat{T}_{mcd}$ 可以看成为电磁转矩的补偿“谐振频率转矩”。其控制原理及系统频率特性分析，已在前面“虚拟惯量”控制一章中叙述。

10.1.2 “虚拟阻尼”控制原理的矢量分析

我们运用矢量分析来进一步讨论“虚拟阻尼”控制原理。首先以传动轴转矩为矢量坐标轴线，确定传动系统各变量的矢量关系。由二质量模型的结构图，如图 10-1 所示。

在忽略负载转矩影响，同时不考虑连接轴阻尼系数的情况下，可以写出连接

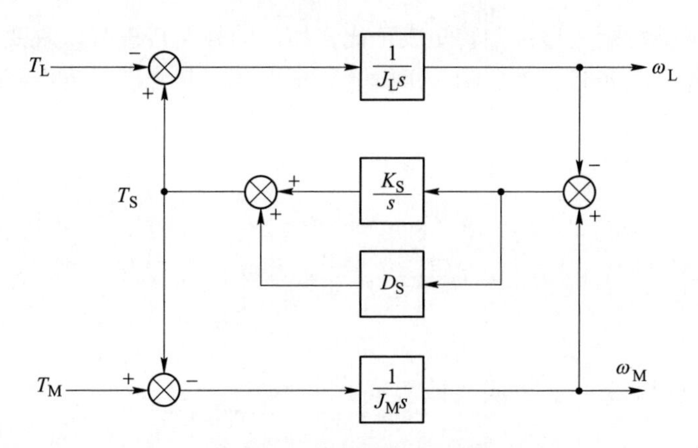

图 10-1 二质量模型结构图

轴转矩与电机角频率的关系式：

$$T_S = \frac{K_S}{s}\left(\omega_M - \frac{1}{J_L s}T_S\right) \tag{10-8}$$

由式（10-8）可以推出：

$$\omega_M = \left(\frac{s}{K_S} + \frac{1}{J_L s}\right) T_S \tag{10-9}$$

写出复数形式可得：

$$\omega_M = j\left(\frac{\omega}{K_S} - \frac{1}{\omega J_L}\right) T_S \tag{10-10}$$

由此可知，电机角频率的幅值与连接轴转矩成正比，其相位超前 90°，其矢量关系见图 10-2。

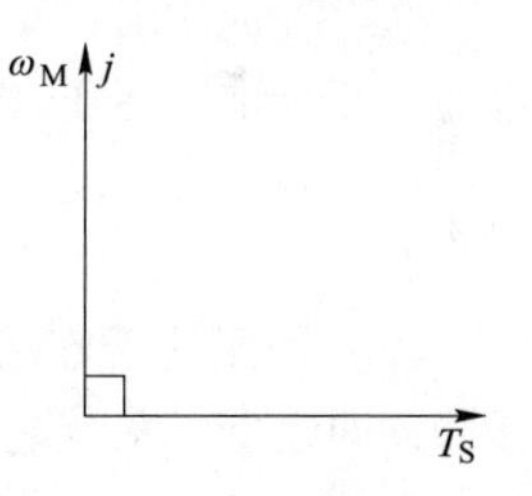

图 10-2 电机角频率与连接轴转矩的矢量图

前面章节我们在推导连接轴转矩与电磁转矩间的传递函数时，考虑到连接轴弹性系数 K_S 远大于阻尼系数 D_S，即 $K_S \gg D_S$，该传递函数近似为：

$$\frac{T_S}{T_M} \approx \frac{K_S J_L}{J_M + J_L} \cdot \frac{1}{\frac{J_M J_L}{J_M + J_L}s^2 + D_S s + K_S} \tag{10-11}$$

式（10-11）可以写为：

$$T_S\left(\frac{J_M J_L}{J_M + J_L}s^2 + D_S s + K_S\right) = T_M \frac{K_S J_L}{J_M + J_L} \tag{10-12}$$

令 $s = j\omega$，上式写为复数形式：

$$T_S\left[\left(K_S - \frac{J_M J_L}{J_M + J_L}\omega^2\right) + j\omega D_S\right] = T_M \frac{K_S J_L}{J_M + J_L} \tag{10-13}$$

由前面分析可知，通过施加补偿电磁转矩负反馈可以改变传动系统的谐振特性，当补偿电磁转矩与连接轴转矩成正比，加入的补偿转矩可以改变系统的谐振频率，而补偿电磁转矩为连接轴转矩微分负反馈时，其控制只改变系统的阻尼系数，不改变传动系统的谐振频率。

式（10-13）加入补偿电磁转矩负反馈后变为：

$$T_S\left[\left(K_S - \frac{J_M J_L}{J_M + J_L}\omega^2\right) + j\omega D_S\right] = T_M \frac{K_S J_L}{J_M + J_L} + T_{mc} \tag{10-14}$$

将补偿电磁转矩 T_{mc} 写成复数形式（见图 10-3）：

$$T_{mc} = -K_{cd} T_S - jK_{cq} T_S \tag{10-15}$$

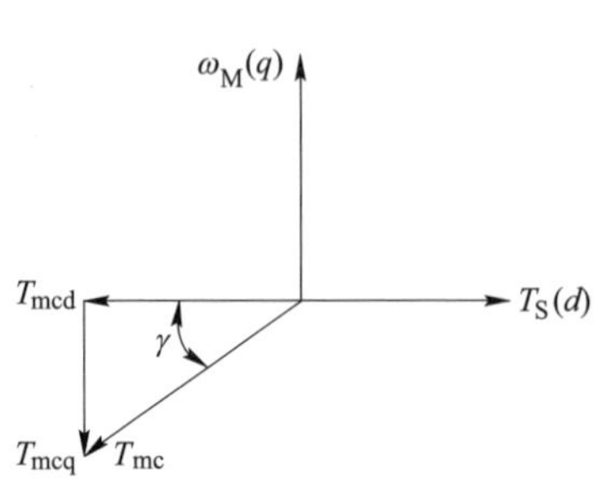

图 10-3 补偿电磁转矩矢量图

将式（10-15）代入到式（10-14）中得到：

$$T_S\left[\left(K_S - \frac{J_M J_L}{J_M + J_L}\omega^2 + K_{cd}\right) + j(\omega D_S + K_{cq})\right] = T_M \frac{K_S J_L}{J_M + J_L} \tag{10-16}$$

由式（10-16）可以看出：

（1）正比于连接轴转矩的补偿电磁转矩 T_{mcd} 改变了连接轴转矩复数的实部，式（10-16）实部的变化可以改变谐振频率，也就是说转矩矢量在实轴的分量决定传动系统的谐振频率。当 $T_{mcd}=-K_{cd}T_S$ 为负反馈，其矢量在负实轴上，K_{cd} 越大，控制使系统谐振频率越高，而如果 $T_{mcd}=K_{cd}T_S$ 为正反馈，其矢量在正实轴上，控制使系统谐振频率降低。

这里特别指出，对照前面“虚拟惯量”一章的分析结论，我们可以看出，施加与连接轴转矩正比的补偿电磁转矩控制，实际上就是“虚拟惯量”控制讨论的负荷观测器正反馈和负反馈，这里的矢量分析方法同样适用于“虚拟惯量”控制。

（2）而正比于连接轴转矩微分的补偿电磁转矩 T_{mcq} 改变了连接轴转矩复数的虚部，即改变了系统的阻尼系数，即转矩矢量在虚轴的分量决定传动系统的阻尼效果。当 $T_{mcq}=-K_{cq}\dot{T}_S$ 为负反馈，其矢量在负虚轴上，K_{cq} 越大，控制使系统阻尼系数越大，转矩矢量越靠近负虚轴，阻尼效果越强，而反之 $T_{mcq}=K_{cq}\dot{T}_S$ 为正反馈，其矢量在正虚轴上，控制使系统阻尼系数降低，传动系统更易谐振。

由上述矢量分析，我们可以得到“虚拟阻尼”控制原理的一个重要结论：电机驱动的电磁转矩矢量越靠近负虚轴，或者说电机转矩矢量与负虚轴的夹角越小，传动系统的阻尼效果越强，即可以用电磁转矩矢量与负虚轴的夹角来评判传动系统抗机电扭振的能力。

图 10-4 为“虚拟阻尼”控制的矢量图。由图可见电机角频率 ω_M、连接轴转矩 T_S 和补偿电磁转矩 T_{mc} 间的相位关系。传动系统电磁转矩 T_M 矢量在第三象限，

与负实轴夹角为 γ。通过“虚拟阻尼”控制，在-j 负虚轴上施加补偿转矩 T_{mc}，该补偿转矩与电磁转矩相加，得到新的电磁转矩 T'_M，由图可见，该合成转矩矢量向负虚轴-j 靠近，与负实轴的夹角增大，变为 γ'，偏离水平轴越远，靠负虚轴越近，传动系统的阻尼效果加强。

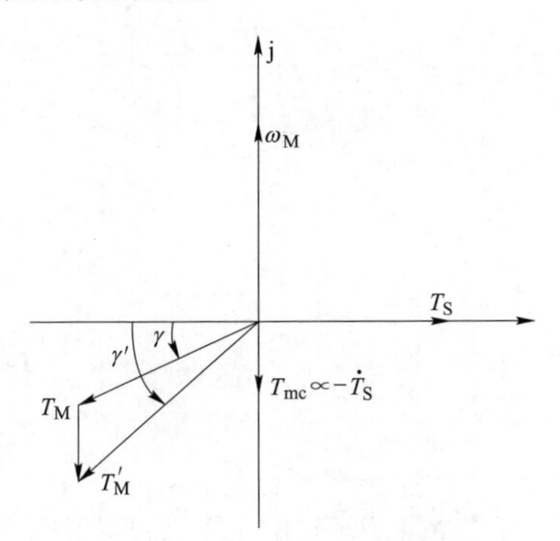

图 10-4　虚拟阻尼控制的矢量图

10.2　“虚拟阻尼”控制系统的谐振频率特性

根据前述的“虚拟阻尼”控制原理，在电磁转矩中增加与连接轴转矩微分 $\dot{T}_S$ 成正比的补偿转矩，可以增加系统的阻尼系数，实现“虚拟阻尼”控制。通过负荷观测器可以得到连接轴转矩观测值 $\hat{T}_S$，通过负荷观测器构造“虚拟阻尼”控制系统，见图 10-5。由连接轴转矩观测值 $\hat{T}_S$ 到阻尼补偿转矩的传递函数 $G_b(s)$ 为

$$G_b(s) = -\frac{K_c}{J_M K_S}s \tag{10-17}$$

由图 10-5 可以看出，控制系统负反馈中加入根据式（10-17）推导得到的微分环节 $G_b(s) = -\frac{K_c}{J_M K_S}s$。纯微分在实际工程中是很难实现的，而且微分还会对系统引入干扰，工程应用往往在观测器反馈通路中加入一个滞后的惯性环节，以消除微分引入的干扰，增加观测器控制的鲁棒性。图 10-5 反馈通道中引入一阶惯性环节 $G_h = \frac{1}{T_h s + 1}$。

根据“虚拟阻尼”控制系统的结构框图，可以推出电磁转矩与传动轴转矩的传递函数：

$$s^2 T_S + \left(\frac{D_S + K_c}{J_M} + \frac{D_S}{J_L}\right) s T_S + K_S\left(\frac{1}{J_M} + \frac{1}{J_L}\right) T_S = K_S \frac{T_M}{J_M} \tag{10-18}$$

由式（10-18）可以推出系统阻尼系数为：

$$\xi_r' = \frac{\dfrac{D_S}{J_M} + \dfrac{D_S}{J_L} + \dfrac{K_c}{J_M}}{2\sqrt{K_S\left(\dfrac{1}{J_M} + \dfrac{1}{J_L}\right)}} \tag{10-19}$$

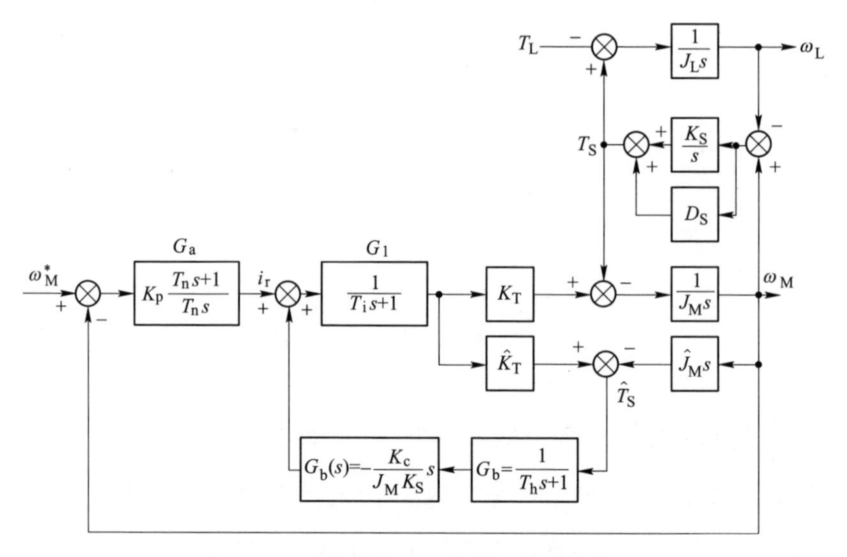

图 10-5 “虚拟阻尼”控制系统的结构图

（1）阻尼加权系数对频率特性的影响。对“虚拟阻尼”控制系统加入不同阻尼加权系数 K_c 的频率特性伯德图进行仿真分析，如图 10-6 所示。在图 10-6 中，曲线 1 为 $K_c = 0$ 为未加入“虚拟阻尼”控制，原系统频率特性，曲线 2 为 $K_c = 20$ 的特性，曲线 3 为 $K_c = 100$ 的特性，曲线 4 为 $K_c = 200$ 的特性。由图可见，随着阻尼加权系数 K_c 的增加，对系统的谐振频率幅值的抑制增加，起到“阻尼”的作用。

（2）惯性环节滞后时间常数对频率特性的影响。对“虚拟阻尼”控制系统加入不同惯性环节滞后时间常数的频率特性进行仿真，如图 10-7 所示。在图 10-7 中，曲线 1 为 $T_h = 0$ 的系统频率特性，相当于理想“虚拟阻尼”控制，曲线 2 为 $T_h = 10$ms 特性，曲线 3 为 $T_h = 80$ms 的特性。随着滞后环节时间常数的增加，阻尼效果减弱。由此可见，该时间常数对阻尼系数的作用与 K_c 相反，阻尼放大系数 K_c 和时间常数 T_h 的选择要综合考虑。

可以先根据工程实际选择抗干扰的 T_h，再由确定的时间常数 T_h 选择满足阻

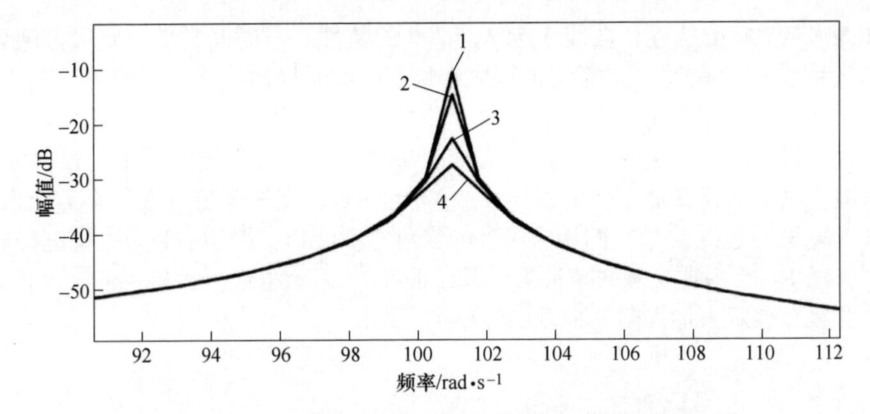

图 10-6 不同阻尼加权系数对系统频率特性的影响

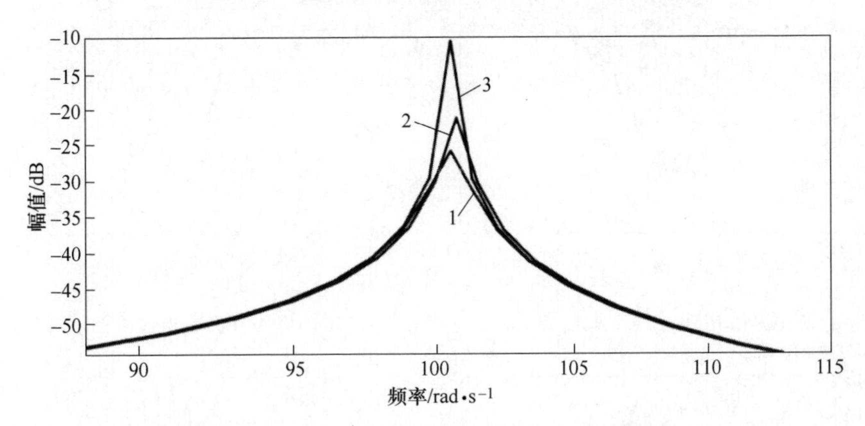

图 10-7 不同滞后时间常数对系统频率特性的影响

尼效果的放大系数 K_c 值。如图 10-8 为选择时间常数为 10ms，加入不同加权系数的“虚拟阻尼”控制系统频率特性曲线仿真。

图 10-8 中，曲线 1 为 $K_c=0$ 未加入“虚拟阻尼”控制的原系统频率特性，曲

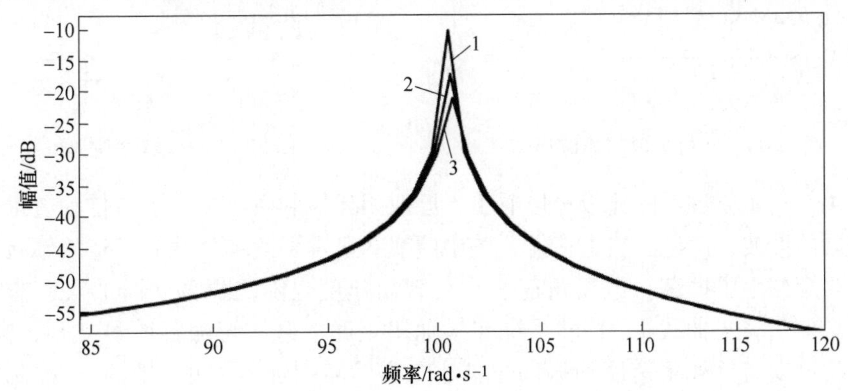

图 10-8 “虚拟阻尼”控制系统的频率特性

线 2 为 $K_c=100$ 的特性，曲线 3 为 $K_c=200$ 的特性。当时间常数一定时，随着阻尼加权系数 K_c 的增加，对系统谐振频率幅值的抑制增加，起到“阻尼”的作用。

下面对“虚拟阻尼”控制系统进行仿真实验。为了更清楚地观察传动系统的机电谐振情况，在电磁转矩处注入传动链固有谐振频率相同频率，幅值为 2% 的谐波。电机运行在额定速度 $\omega_M^*=1$，在 $t=2s$ 时，突加额定负载转矩 $T_L=1$；图 10-9 为电机角速度波形，图 10-10 为负载角速度波形，图 10-11 为电机电磁转矩波形，图 10-12 为连接轴转矩波形，其中曲线 1 表示加入“虚拟阻尼”控制的波形，曲线 2 表示未加入阻尼控制的波形图。

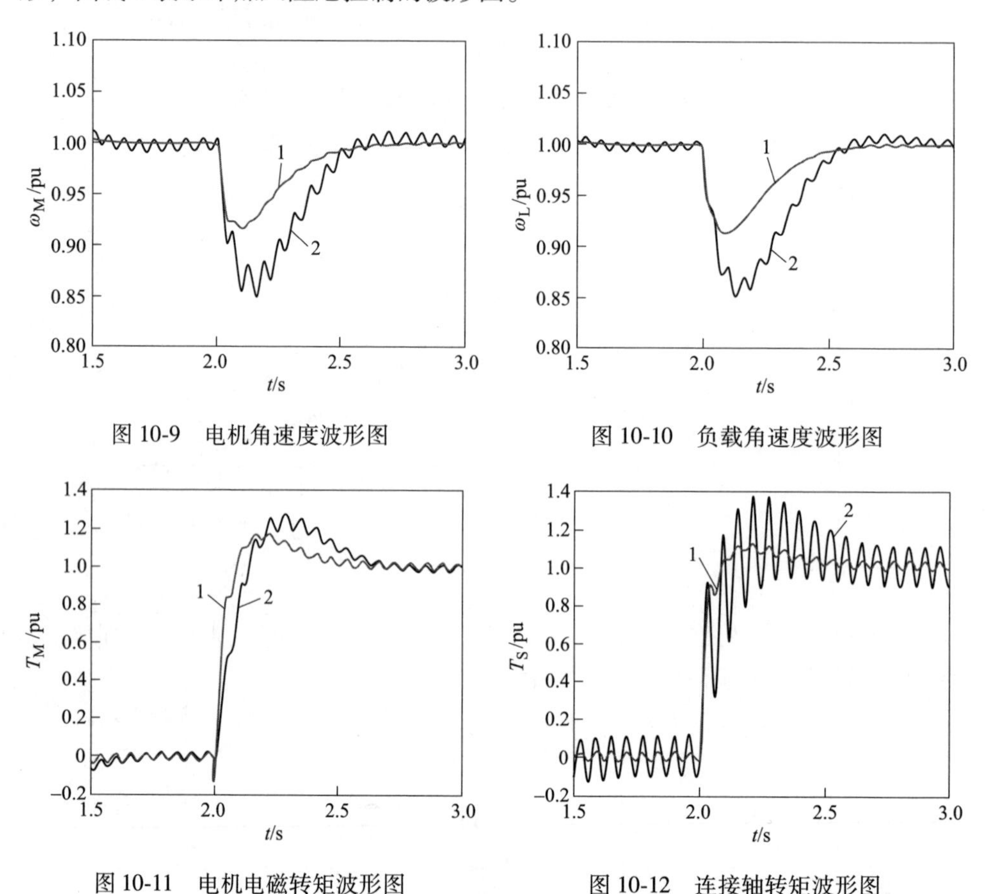

图 10-9　电机角速度波形图

图 10-10　负载角速度波形图

图 10-11　电机电磁转矩波形图

图 10-12　连接轴转矩波形图

由仿真实验波形的比较可以看出，原双闭环控制由于注入了与传动链谐振频率相同的谐波，产生了机电谐振，图中曲线 2 显示了突加负载后，连接轴转矩和电机转矩产生了振荡，电机角速度与负载角速度也随之振荡。而加入“虚拟阻尼”控制后，见曲线 1，传动系统连接轴扭矩和电磁转矩振荡明显减小，同时，电机角速度与负载角速度的振荡也减小。实验表明加入“虚拟阻尼”控制对系统机电振荡有明显的阻尼抑制作用。

10.3 基于速度微分反馈的“虚拟阻尼”控制系统

10.3.1 基于速度微分反馈的“虚拟阻尼”控制原理

前面分析通过施加传动轴转矩微分负反馈控制，可以改变传动系统的阻尼系数，实现“虚拟阻尼”控制效果。但在工程实际中传动轴转矩的检测比较困难，虽然传动轴转矩 T_S 可以通过测量电机电压电流，借助负荷观测器的计算得到，但观测器计算的信号中常含有许多其他干扰谐波，难以去除；而电机转速 ω_M 检测容易，且基本无其他谐波，用它作为反馈控制信号来实现谐振抑制，会获得较好的控制效果。

由“虚拟阻尼”控制的矢量分析，在忽略负载转矩影响，同时不考虑连接轴阻尼系数的情况下，可以写出连接轴转矩与电机角频率的关系式：

$$\omega_M = \left(\frac{s}{K_S} + \frac{1}{J_L s}\right) T_S \tag{10-20}$$

写出复数形式可得：

$$\omega_M = j\left(\frac{\omega}{K_S} - \frac{1}{\omega J_L}\right) T_S = j\omega\left(\frac{1}{K_S} - \frac{1}{\omega^2 J_L}\right) T_S \tag{10-21}$$

由此可知，电机角频率矢量的幅值与连接轴转矩成正比，其相位超前 90°，见图 10-13。我们再把式（10-21）还原到传递函数，可以近似得到：

$$\omega_M \approx sK_\omega T_S \tag{10-22}$$

其中

$$K_\omega = \frac{1}{K_S} - \frac{1}{\omega^2 J_L}$$

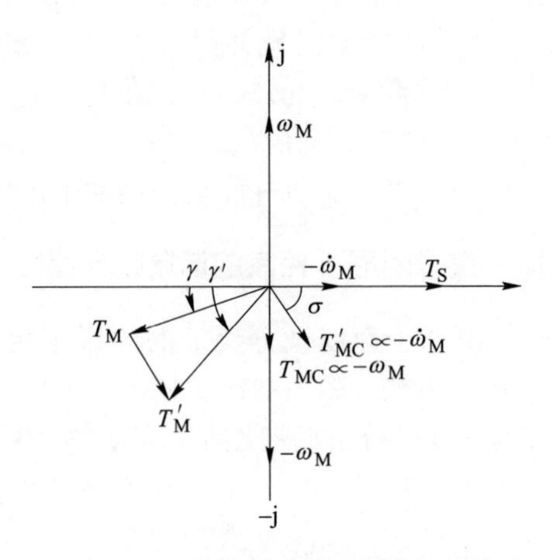

图 10-13 速度微分反馈控制的矢量关系

根据前面以传动轴转角为变量的“虚拟阻尼”控制原理分析，在电磁转矩中增加一个与传动轴转矩 T_S 微分成正比，并呈现为负号的补偿转矩。由式（10-22）可得，电机角频率 ω_M 近似为传动轴转矩 T_S 的微分，我们可以用电机角频率 ω_M 来近似传动轴转矩 T_S 微分，由图 10-13 的矢量关系也可以看出，$-\omega_M$ 恰好在 -j 轴上，因此，阻尼控制的补偿转矩可以变为：

$$\hat{T}_{mc} = -\frac{K_c}{J_M}\dot{T}_S = -\frac{K_c}{J_M K_\omega}\omega_M \tag{10-23}$$

从虚拟阻尼原理出发，将电机速度负反馈到电流给定环节，形成阻尼补偿转矩，同样可以得到“虚拟阻尼”控制效果。但在实际的电气传动系统中，由于转矩给定的滞后、电流调节滞后，以及转速采样滞后等因素，为了增强控制效果，往往采用速度的微分作为补偿控制变量，阻尼控制的补偿转矩变为：

$$\hat{T}_{mc} = -\frac{K_c}{J_M K_\omega}\dot{\omega}_M \tag{10-24}$$

由图 10-13 的矢量关系可以看出，$-\dot{\omega}_M$ 速度微分矢量在实轴上，正比于连接轴转矩，该矢量为改变谐振频率的补偿电磁转矩 T_{mcd}，其效果相当于前述的负荷观测器正反馈控制，显然对增强传动系统的阻尼作用不大。

同时，纯微分在实际工程中很难实现，微分还会对控制系统引入不必要的干扰，工程实际控制系统的微分环节为微分加入一个滞后的惯性环节，以消除微分引入的干扰，加强控制系统抗干扰的鲁棒性。

对于加入惯性环节的速度微分负反馈控制系统，图 10-13 中的阻尼补偿转矩的传递函数为：

$$\hat{T}_{mc} = -\frac{K_c}{J_M K_\omega}\cdot\frac{1}{T_h s + 1}\dot{\omega}_M \tag{10-25}$$

由图 10-13 矢量图可以看到，传动系统电磁转矩 T_m 矢量在第三象限，与负实轴夹角为 γ，加入惯性环节的速度微分补偿转矩 T'_{mc} 矢量在第四象限，与连接轴转矩 T_S 和正实轴滞后一个夹角 σ。通过“虚拟阻尼”控制，该补偿转矩 T'_{mc} 与电磁转矩 T_m 相加，合成为新的电磁转矩 T'_m，由图可见，该合成转矩矢量与负实轴的夹角增大，由 γ 变到 γ'，向负虚轴 -j 靠近，增强了传动系统的阻尼效果。

10.3.2　速度微分反馈“虚拟阻尼”控制的谐振频率特性

根据上述分析，构造出基于速度微分反馈的“虚拟阻尼”控制结构图，见图 10-14。

对于加入惯性环节的速度微分负反馈控制系统，图 10-14 中阻尼补偿环节的传递函数为：

$$G_b(s) = -\frac{1}{J_M}s,\ G_h = \frac{1}{T_h s + 1} \tag{10-26}$$

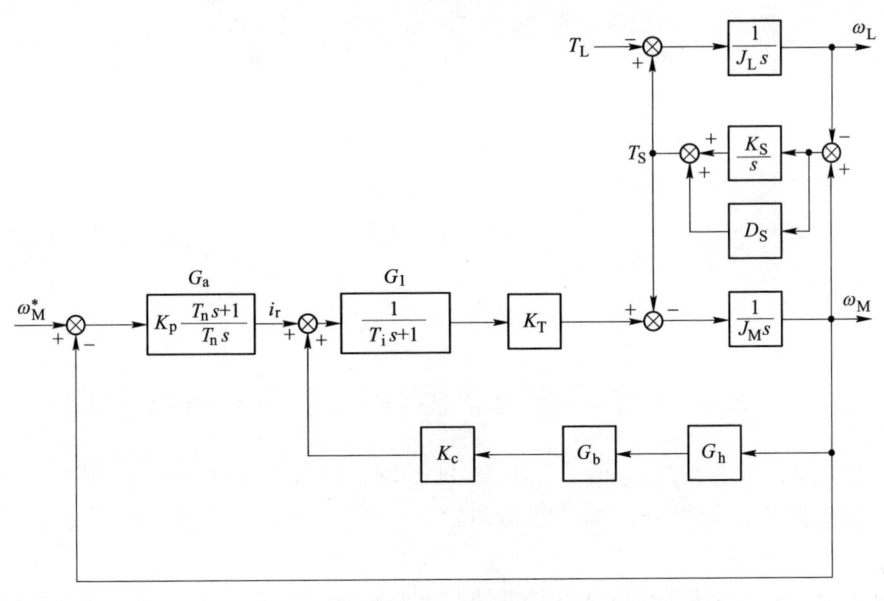

图 10-14 速度微分反馈“虚拟阻尼”控制系统结构图

由图 10-14 可以推出，未加入阻尼补偿控制时，电机角速度与电流的传递函数为：

$$\frac{\omega_M}{i_r}=\frac{(J_L s^2+D_S s+K_S)G_1K_T}{s[J_MJ_Ls^2+D_Ss(J_M+J_L)+K_S(J_M+J_L)]} \tag{10-27}$$

同样可以推导出，加入带惯性环节的速度微分负反馈控制，该控制系统的电机角速度与电流传递函数：

$$\frac{\omega_M}{i_r}=\frac{(J_Ls^2+D_Ss+K_S)G_1K_T}{(J_Ms-K_cG_bG_h)J_Ls^2}+D_Ss[(J_M+J_L)]s-K_cG_bG_h]+ \tag{10-28}$$
$$K_S[(J_M+J_L)s-K_cG_bG_h]$$

对基于速度微分反馈的“虚拟阻尼”控制系统进行仿真实验。

（1）惯性环节加入不同滞后时间常数，其频率特性伯德图如图 10-15 所示。图中曲线 1 为不加入速度微分反馈的系统频率特性曲线，曲线 2 的时间常数 $T_h=10\text{ms}$，曲线 4 的时间常数为 $T_h=100\text{ms}$，曲线 5 的时间常数为 $T_h=500\text{ms}$。可以看出，随着滞后环节时间常数的增加，阻尼效果减弱。曲线 3 时间常数为 $T_h=0\text{ms}$，没有惯性环节的速度纯微分反馈控制，可以看到这种理想微分反馈控制改变了系统谐振频率，频率特性左移，其幅值并没有减少，对系统基本没有阻尼效果。因此，阻尼放大系数 K_c 和时间常数 T_h 的选择要综合考虑。

（2）可以先根据工程实际选择抗干扰的 T_h，再由确定的时间常数 T_h 选择满

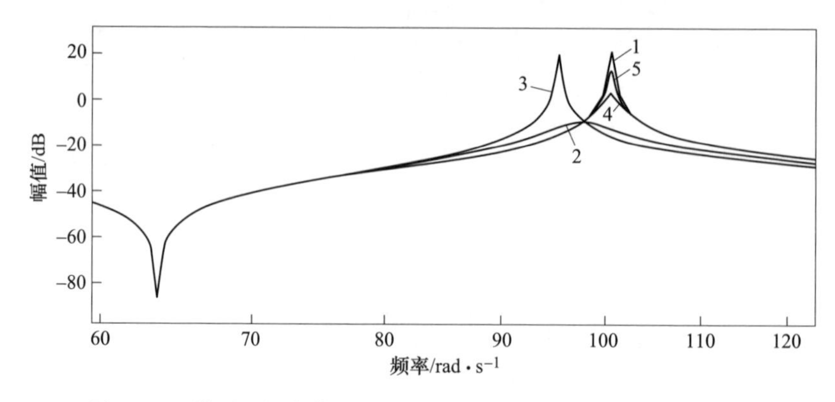

图 10-15　滞后时间常数对速度微分反馈控制系统频率特性的影响

足阻尼效果的放大系数 K_c 值。如图 10-16 为选择时间常数为 100ms，加入不同阻尼加权系数的速度微分反馈“虚拟阻尼”控制系统频率特性曲线仿真，见图 10-16。

图 10-16 的曲线 1 为 $K_c=0$ 的系统频率特性曲线，相当于未加入速度微分反馈“虚拟阻尼”控制，曲线 2 为 $K_c=0.1$，曲线 3 为 $K_c=0.5$，曲线 4 为 $K_c=1$。时间常数一定时，随着阻尼加权系数 K_c 的增加，对系统谐振频率幅值的抑制增加，起到“阻尼”的作用。

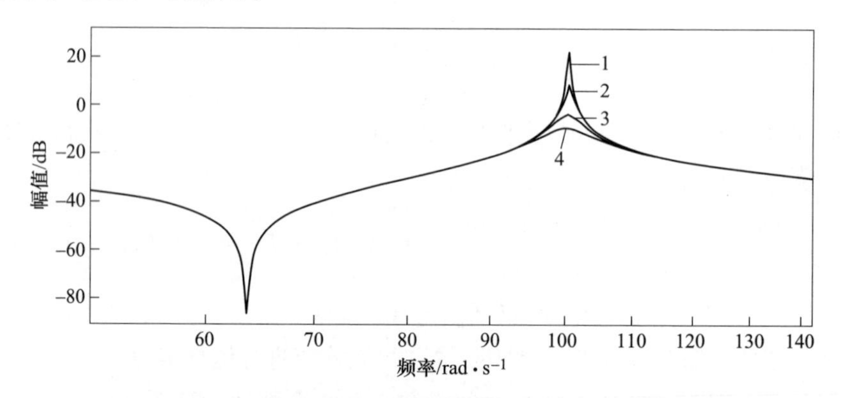

图 10-16　不同阻尼加权系数的速度微分反馈控制频率特性

10.3.3　速度微分反馈“虚拟阻尼”控制系统的仿真与实验

借助 MATLAB 平台，对基于速度微分反馈的“虚拟阻尼”控制系统进行仿真实验，给定速度为 $\omega_M^*=1$，$t=2$s 时突加恒定负载转矩 $T_L=1$，并在电磁转矩处注入和系统相同谐振频率幅值为 2%的谐波。图 10-17 为电机角速度波形图，图 10-18 为负载角速度波形图，图 10-19 为电机电磁转矩波形图，图 10-20 为连接轴扭矩波形图，其中曲线 1 表示加入“虚拟阻尼”控制的波形，曲线 2 表示未加入控制的波形图。

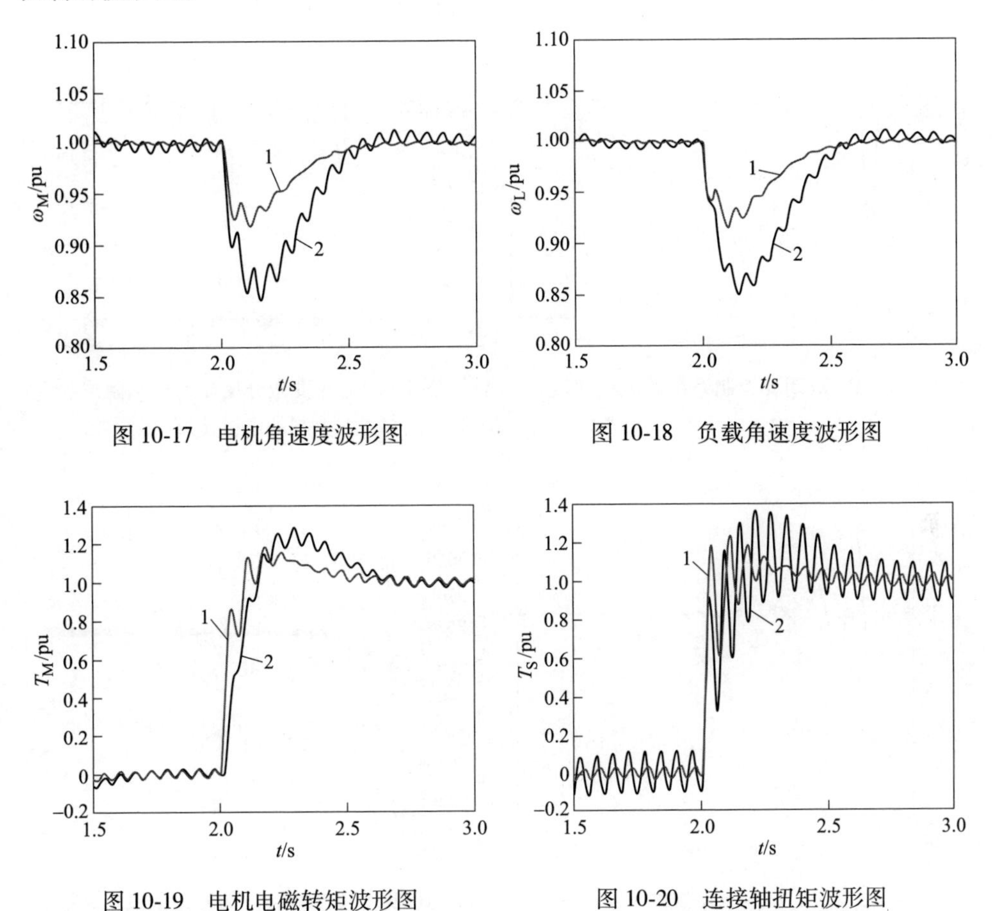

图 10-17 电机角速度波形图

图 10-18 负载角速度波形图

图 10-19 电机电磁转矩波形图

图 10-20 连接轴扭矩波形图

由仿真波形的比较可见，由于电磁转矩注入了与系统谐振频率相同的谐波，原双闭环控制系统产生了机电振荡，图中曲线 2 显示了突加负载后，连接轴扭矩和电磁转矩产生振荡，电机角速度与负载角速度也随之振荡。而加入速度微分反馈“虚拟阻尼”控制后，见曲线 1，系统的连接轴扭矩和电磁转矩振荡明显减小，同时，电机角速度与负载角速度的振荡也减小。仿真实验表明，速度微分反馈“虚拟阻尼”控制与前面提到的基于转矩观测器“虚拟阻尼”控制同样，对系统机电振荡有阻尼抑制作用。

我们在电气传动机电扭振实验平台上对基于速度微分反馈的“虚拟阻尼”控制系统进行实验。图 10-21 为双闭环控制的电机速度波形，图 10-22 为速度微分反馈“虚拟阻尼”控制的电机速度波形，图 10-23 为双闭环控制的电机电磁转矩波形，图 10-24 为加入速度微分反馈“虚拟阻尼”控制的电机电磁转矩波形。

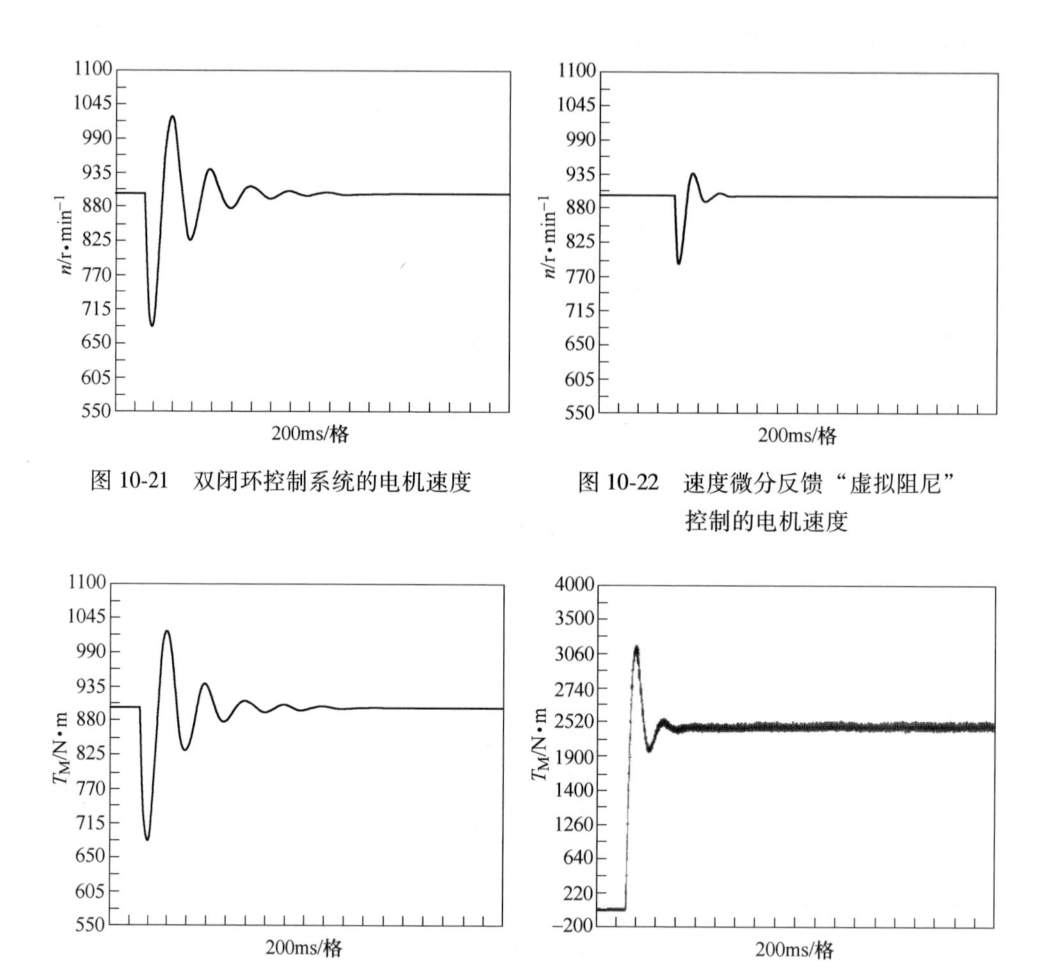

图 10-21　双闭环控制系统的电机速度

图 10-22　速度微分反馈“虚拟阻尼”控制的电机速度

图 10-23　双闭环控制系统的电机转矩

图 10-24　速度微分反馈控制的电机转矩

突加负载，双闭环控制系统的转矩波形产生振荡，加入基于速度微分反馈“虚拟阻尼”控制后，系统转矩振荡减小，速度波形的振荡也减小。实验进一步验证了速度微分反馈的“虚拟阻尼”控制对于振荡抑制的有效性。

10.4　两种“虚拟阻尼”控制的比较

前面讨论了传动轴转矩微分反馈的“虚拟阻尼”控制和速度微分反馈的“虚拟阻尼”控制，下面我们对两种不同的“虚拟阻尼”控制进行比较。

同样注入谐振转矩谐波仿真，图 10-25、图 10-26 分别为加入传动轴转矩微分反馈“虚拟阻尼”控制的连接轴转矩和电机速度波形，图 10-27、图 10-28 分别为加入速度微分反馈“虚拟阻尼”控制的连接轴转矩和电机速度波形。

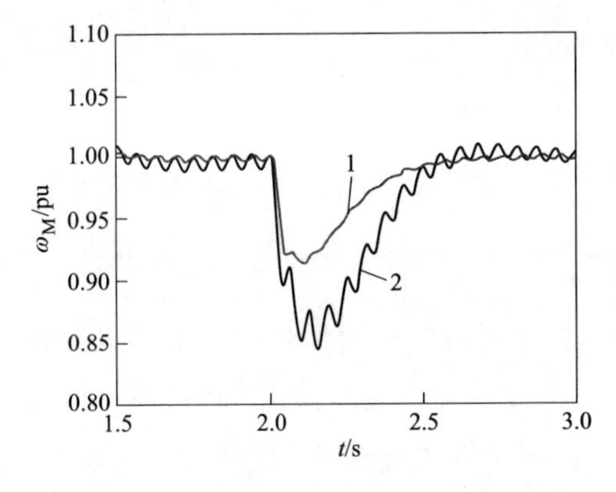

图 10-25 转矩微分反馈控制的电机角速度

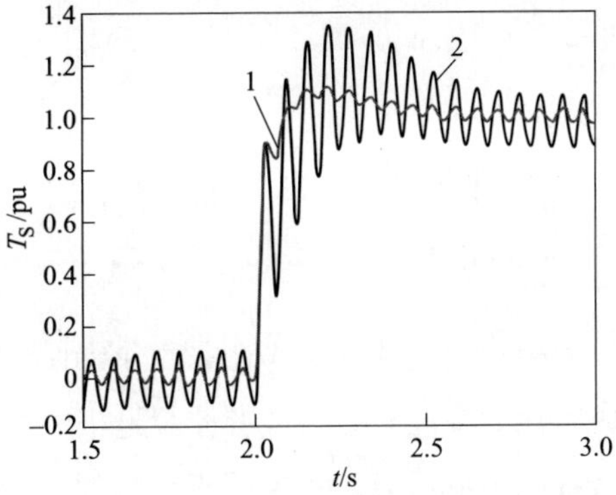

图 10-26 转矩微分反馈控制的连接轴转矩

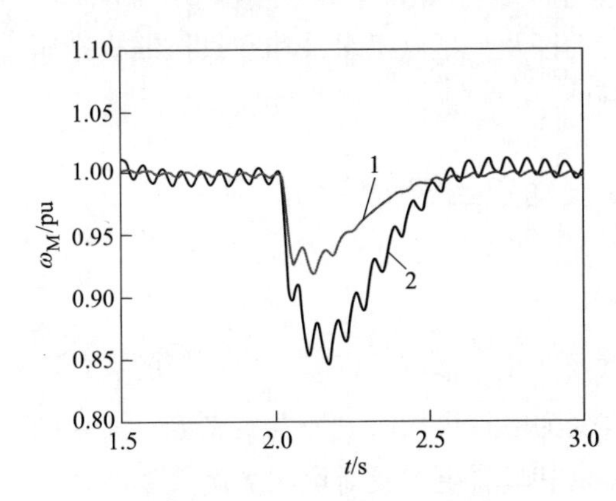

图 10-27 速度微分反馈控制的电机角速度

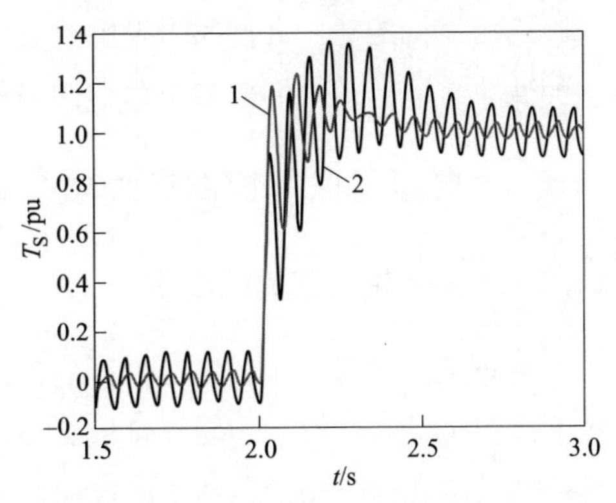

图 10-28 速度微分反馈控制的连接轴转矩

从仿真实验结果来看，传动轴转矩微分反馈“虚拟阻尼”控制对连接轴转矩振荡的阻尼抑制作用要明显优于速度微分反馈“虚拟阻尼”控制，对电机速度振荡的抑制效果也是转矩观测“虚拟阻尼”控制更有效。

通过前面“虚拟阻尼”控制的数学模型和传递函数分析可知，转矩微分反馈“虚拟阻尼”控制的数学推导是针对连接轴转角与电磁转矩的传递函数，控制的对象是连接轴转角，控制手段为电磁转矩，控制目标是对连接轴转角的振荡进行阻尼抑制。所以，该方案对传动系统连接轴转角、扭矩的振荡抑制，更为直接、合理。

速度微分反馈“虚拟阻尼”控制的数学推导是针对电机速度与电磁转矩的传递函数，控制手段为电磁转矩，控制目标是对电机速度振荡进行阻尼抑制。所以，该方案对传动系统连接轴扭矩的振荡抑制是间接的，效果不如转矩观测“虚拟阻尼”控制。但速度微分反馈“虚拟阻尼”控制对其他因素引起的电机速度振荡进行阻尼抑制得更直接、效果会更好。此外，速度微分反馈“虚拟阻尼”控制的结构简单，在工程中易于实现，已广泛应用于电气传动系统的机电振荡抑制。

第 11 章　“虚拟阻尼”控制的工程应用

根据前述的“虚拟阻尼”控制原理，在电磁转矩中增加与连接轴转矩微分成正比的补偿转矩，或者控制电机的电磁转矩矢量靠近负虚轴线，可以增加传动系统的阻尼系数，实现“虚拟阻尼”控制，减少传动谐振转矩的幅值放大系数，增强电气传动系统抗机电振动的能力。本章介绍“虚拟阻尼”控制在大功率油气输送压缩机传动、大型风力发电机组传动以及大型风机水泵和空气压缩机高压变频调速节能传动中的典型工程应用案例。

11.1　“虚拟阻尼”控制在大功率油气输送压缩机传动的应用

11.1.1　油气输送压缩机传动

近年来，在石油和天然气管道输送以及液化天然气（LNG）中应用的大功率压缩机组传动，由原来的燃气轮机驱动改变为电气传动已成为发展趋势。变频调速驱动系统在油气输送传动中的应用，显示其具有更大灵活性和更高效率的显著优点。这些大型压缩机的电气传动有以下特点：

（1）大容量，油气输送压缩机传动电机容量在 15～30MW，而 LNG 压缩机传动的电机容量高达 50～80MW。

（2）高转速，油气输送压缩机转速在 4000～6000r/min，为提高输送效率，转速还在不断提升，达到 10000r/min 以上。高转速给电机和变频器制造带来困难，近年来采用磁悬浮轴承的高速电机，中高频大功率变频器已开始应用于油气输送压缩机传动。

（3）采用传统的 1500r/min 或 3000r/min 变频电机加升速齿轮箱来满足油气输送压缩机传动高转速的要求，该方案简单、成熟、成本低，在油气输送压缩机传动中仍有应用。但带升速齿轮箱的传动系统，传动链复杂，弹性部件多，容易产生机电扭振。

典型的石油和天然气管道输送压缩机电气传动系统如图 11-1 所示。大型油气输送压缩机传动主要采用 LCI 晶闸管电流型变频和 VSI 电压型 PWM 变频两种调速方式。

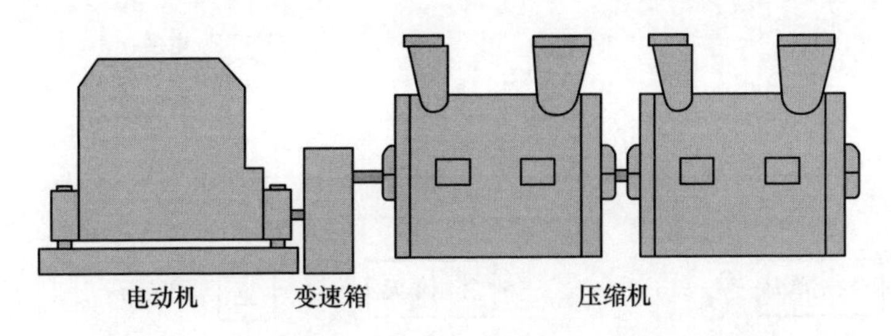

图 11-1 石油和天然气管道输送压缩机电气传动系统

11.1.2 LCI 电流型变频传动系统“虚拟阻尼”控制

大型油气输送压缩机传动主要采用 LCI 晶闸管电流型变频和 VSI 电压型 PWM 变频两种调速方式。LCI 负载换流同步电机调速系统简单、可靠，主要应用于10~100MW 的超大容量电机传动系统。

LCI 变频调速系统的电流波形为方波，电流谐波大，因而会造成较大的电机转矩脉动，特别是电机运行在低速时更为严重。图 11-2 的 LCI 变频系统为两组 LCI 变频器供电给双绕组的 6 相同步电机，形成电源侧 12 脉动和电机侧 12 脉动的供电方式。

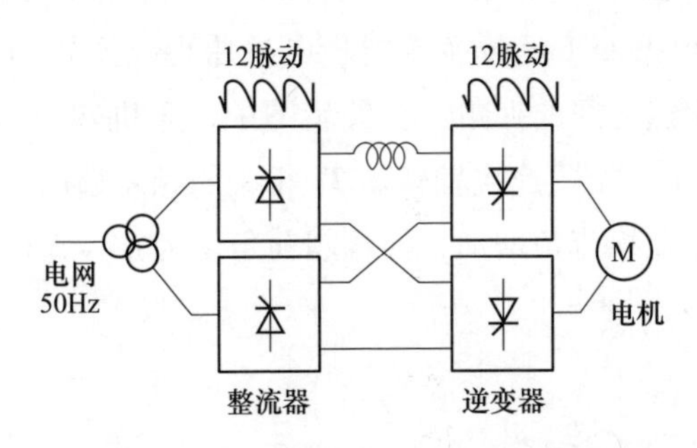

图 11-2 LCI 晶闸管电流型变频系统

图 11-3 为一种 LCI 变频传动系统“虚拟阻尼”控制方案，该方法有效地抑制了 LCI 变频供电谐波引起的机电谐振，已应用到 10~50MW 大型油气输送压缩机电气传动系统中，取得良好的运行效果。

如图 11-3 所示，由于大型油气输送压缩机传动的连接轴转矩 T_S 测量信号通常可以由制造压缩机的机械厂商提供，该方案直接采用被拖动压缩机的连接轴转矩 T_S 检测信号；将检测到的 T_S 反馈到传动系统，控制 LCI 逆变器的晶闸管触发超前角，即叠加一个与连接轴转矩 T_S 相关的触发超前补偿角 $\Delta\beta$。

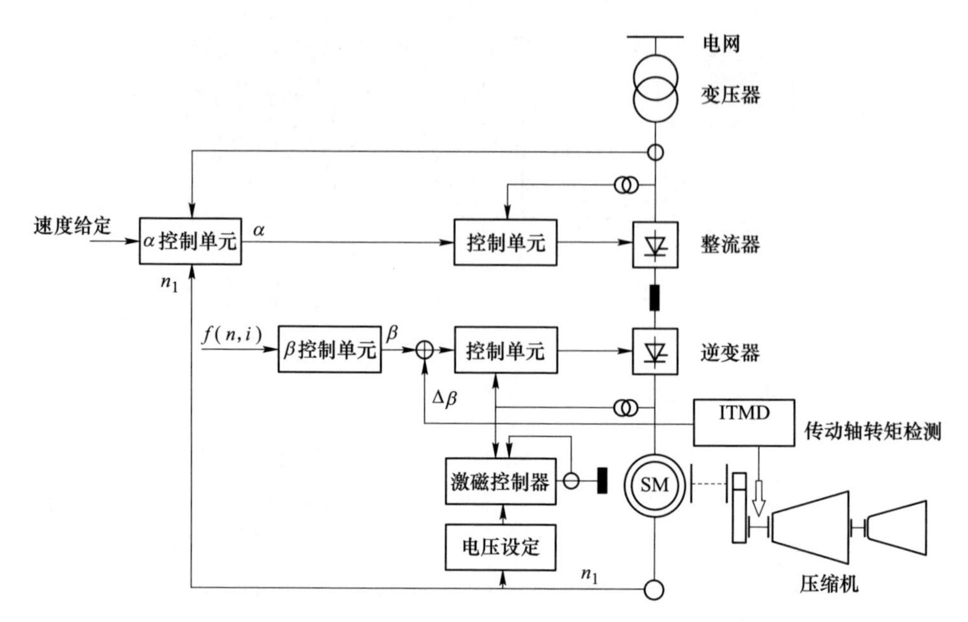

图 11-3　LCI 变频传动系统“虚拟阻尼”控制方案

图 11-4 为 LCI 变频系统“虚拟阻尼”控制原理的矢量关系图。当电机恒磁通运行时，电流 I 与电磁转矩 T_M 成正比，控制电流的幅值和相位，即控制了电机的电磁转矩 T_M。根据 LCI 负载换流同步电机原理，换相超前角 β 为电流换流与电机电压自然换相点之间的夹角。在矢量图中，电机转速 ω_M 超前连接轴转矩 T_S 90°。该控制增加了一个与连接轴转矩 T_S 相关的触发超前换流角 $\Delta\beta$，使得 LCI 逆变器晶闸管触发超前换流角增加，换相超前角变为 $\beta' = \Delta\beta + \beta$，合成电磁转矩变为 T'_M。

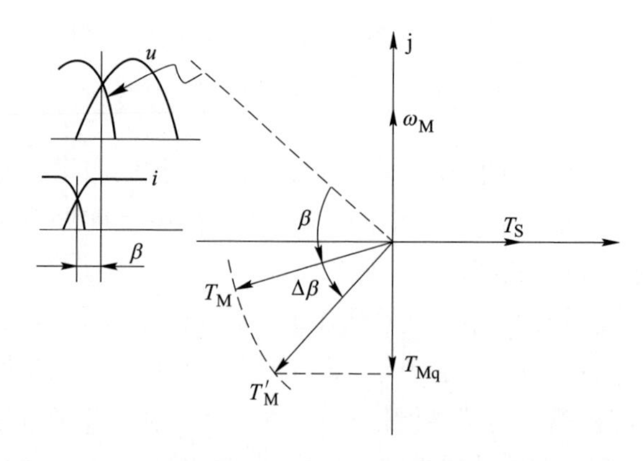

图 11-4　LCI 变频系统“虚拟阻尼”控制原理的矢量关系

该叠加补偿超前角的方法，等效为在传动系统的电磁转矩中叠加了一个附加的阻尼转矩 T_{Mq}，而阻尼转矩 T_{Mq}的矢量滞后于连接轴转矩 T_S 90°。

在矢量坐标中，相当于增加了一个滞后于 T_S 连接轴转矩 90°的补偿阻尼转矩 $T_{Mq}=-jT_S$。这与“虚拟阻尼”控制原理矢量分析的结果是完全一致的。LCI 变频系统控制方案是“虚拟阻尼”控制的一个典型应用，该方案的特点是连接轴转矩 T_S 由检测器直接测量得出，而不是由观测器间接计算得到。

图 11-5 为 30MW-晶闸管 LCI 变频调速“虚拟阻尼”控制系统加入和不加入“虚拟阻尼”控制的运行波形。(a) 为电机运行在 1500r/min 附近谐振临界转速的波形，(b) 为连接轴转矩波形，(c) 为控制系统加入 2°左右阻尼补偿角，中间关闭“虚拟阻尼”控制十几秒，看其控制效果。由图 11-5 可以看出，不加入“虚拟阻尼”控制时，连接轴转矩有明显的机电谐振，转矩幅值增大；而加入“虚拟阻尼”控制后有效地抑制了机电谐振转矩。

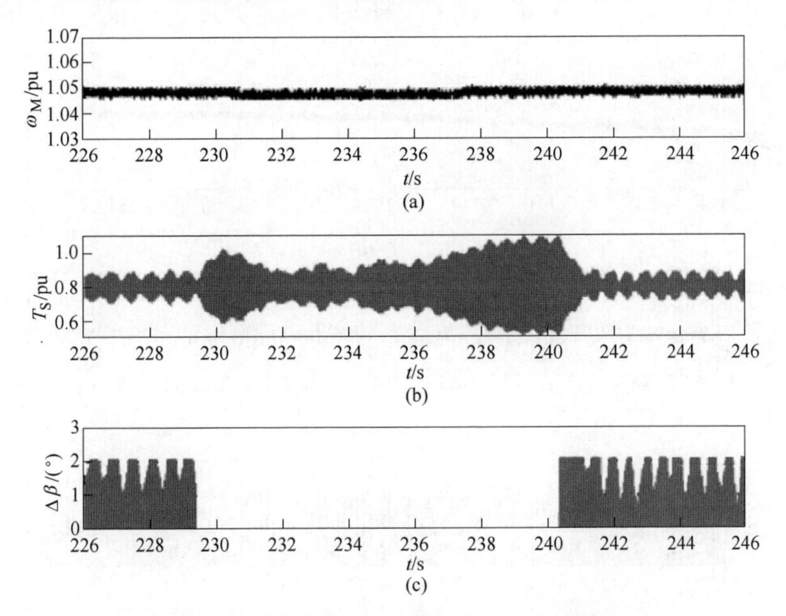

图 11-5 LCI 传动系统“虚拟阻尼”控制的运行波形

图 11-6 (a)~(c) 为该传动系统穿越 1500r/min 附近临界谐振点的运行波形。同样 (a) 为电机转速波形，(b) 为连接轴转矩波形，(c) 为控制系统加入的阻尼补偿角。可以看到电机在穿越临界谐振转速段时，连接轴转矩产生明显的谐振。图 11-6 (d)~(f) 为加入“虚拟阻尼”控制系统的运行波形，可以看出，该传动系统穿越 1500r/min 附近临界谐振点时，连接轴转矩几乎没有变化，证明“虚拟阻尼”控制有效地抑制了机电谐振。

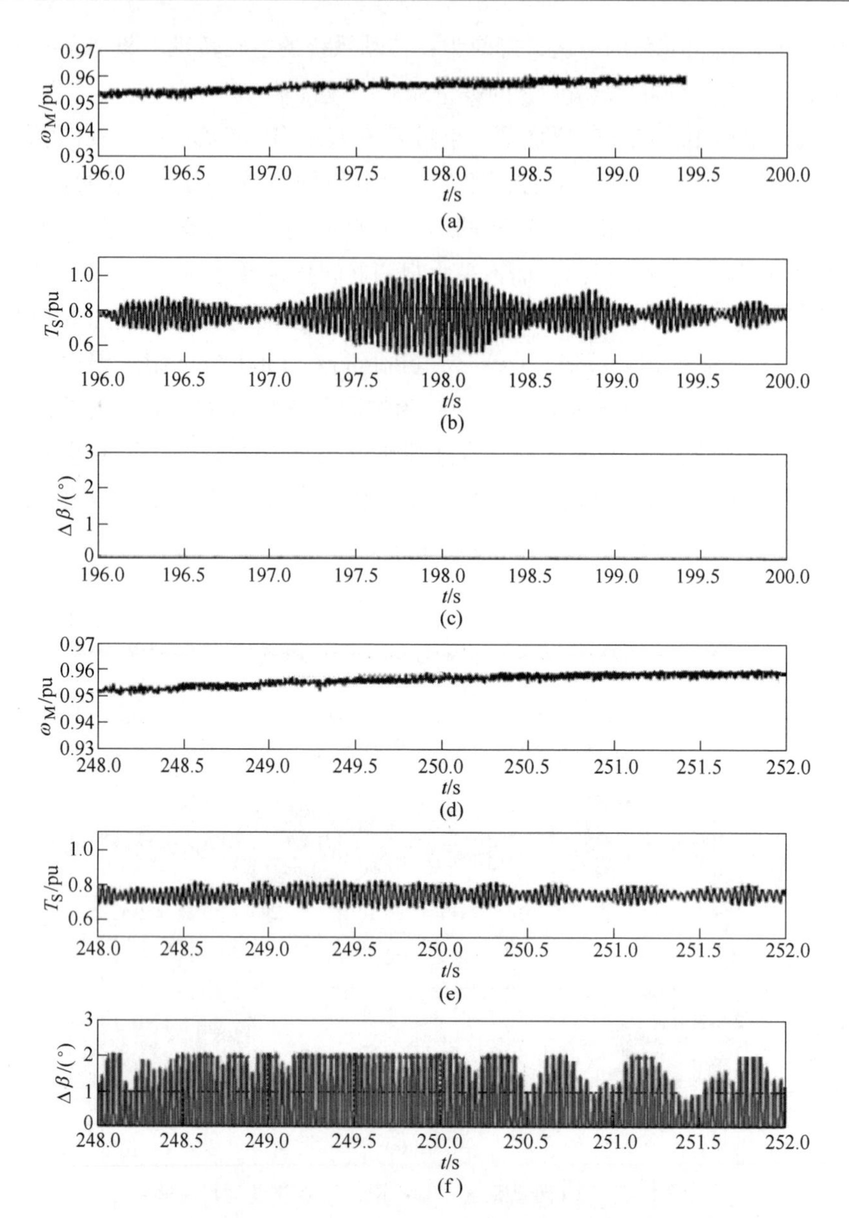

图 11-6　LCI 传动系统穿越 1500r/min 附近临界谐振点的运行波形

(a)~(c) 未加入“虚拟阻尼”控制；(d)~(f) 加入“虚拟阻尼”控制

11.2 “虚拟阻尼”控制在风力发电中的应用

11.2.1 风力发电机组

风力发电是新能源发电的主要类型之一。由于风机转速随风力大小变化，风机驱动发电机的电压幅值和频率也随之变化，该电能必须通过电力电子变流器，变换为电网要求的恒定幅值和恒定频率（CVCF）的交流电压，才能并网发电。而交流电机变频调速是将恒定电压和恒定频率的电网电能，通过电力电子变流器变换为电机调速所需要的变压变频（VVVF）电能。

在目前的变速风力发电机 CVCF 并网发电系统中，主要有双馈异步发电和直驱永磁同步发电两种类型。图 11-7 为变速恒频双馈异步发电系统的原理图，双馈式风力发电机组主要由风机叶轮、升速齿轮箱、双馈异步发电机、双向 PWM 变流器等部件组成。双馈机的定子与电网直接连接，而转子通过滑环与电力电子变频器连接到电网中。该系统通过调节转子电压的频率和幅值，可以实现发电机定子侧电能的恒压恒频并网发电，还可以对其无功功率和有功功率进行调节。由于该发电机定转子都有外接电源并与之实现能量交换，因而称为双馈发电机。

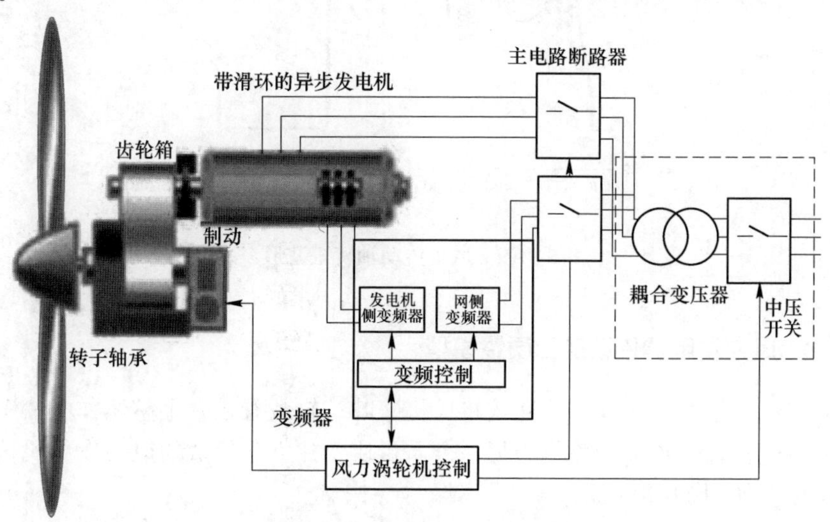

图 11-7 双馈风力发电机示意图

双馈风电机组传动链将转速较低的具有大转动惯量的风轮与转速较高的具有小转动惯量的发电机连接起来。双馈风电机组传动链示意图如图 11-8 所示，其由低速轴、齿轮箱、高速轴、发电机等组成。传动链的动态特性直接影响机组运行的可靠性。传动链的振动会对部件的动态载荷产生很大的影响，导致齿轮箱动态转矩增大，造成部件损坏并产生严重的机械噪声。

某风力发电 2MW 机组由于弹性传动链的机电扭振，传动轴转矩产生大幅度波动，见图 11-9，发生多起齿轮箱弹性支承和联轴器损坏的事故。因此，如何提高风机的可靠性、抑制风机传动系统的机电扭振，已成为当前风力发电领域研究的重要课题。

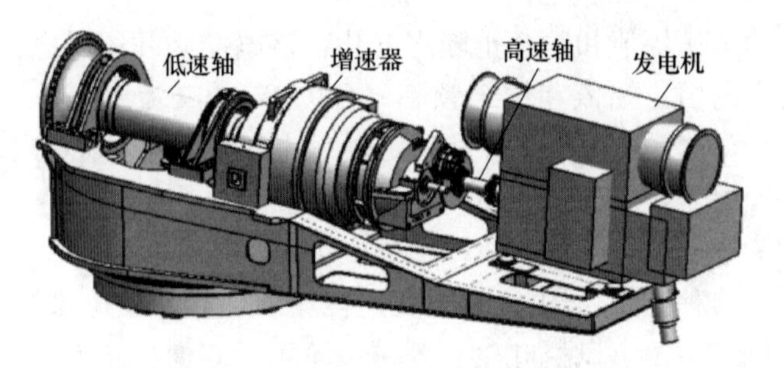

图 11-8　双馈风电机组传动链示意图

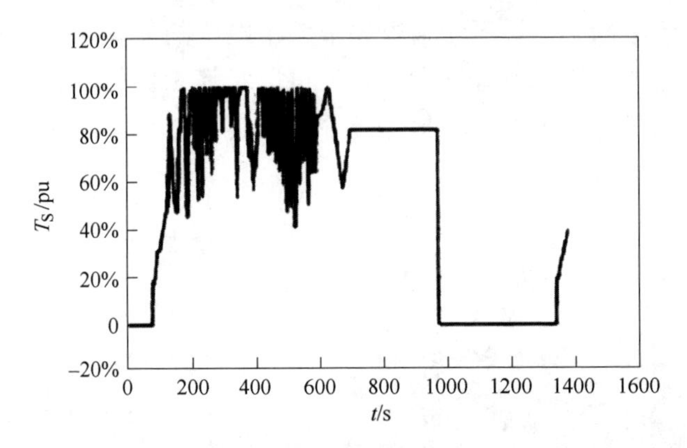

图 11-9　风机传动轴转矩波形

11.2.2　风力发电机传动链二质量模型

双馈风力发电机传动链，通常将风机桨叶、轮毂看成一个整体作为一个质量块，而将电机转子和齿轮箱作为另一个质量块，建立起等效的风力发电机传动链二质量模型如图 11-10 所示。

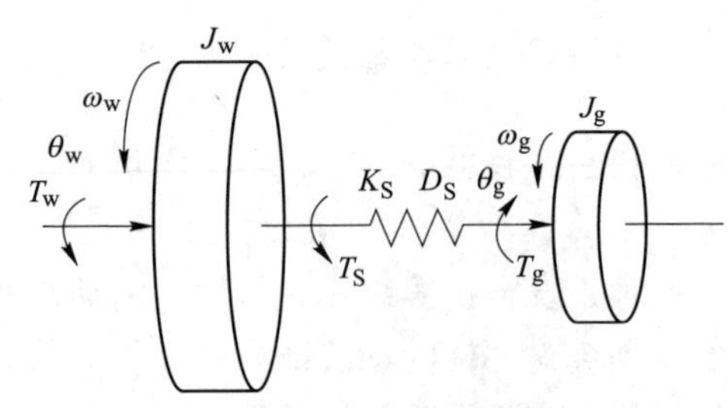

图 11-10　风力发电轴系二质量传动链模型

T_w—风机输出转矩；T_g—发电机负荷转矩；T_S—连接轴转矩；

K_S—连接轴弹性系数；D_S—连接轴阻尼系数；ω_w—风机旋转角频率；

ω_g—发电机旋转角频率；θ_w—风机轴旋转角度；θ_g—发电机轴旋转角度；

J_w—风机轮转动惯量；J_g—发电机转动惯量。

由二质量模型可以推出传动轴转角的微分方程：

$$\ddot{\theta}_S + D_S\left(\frac{1}{J_g} + \frac{1}{J_r}\right)\dot{\theta}_S + K_S\left(\frac{1}{J_g} + \frac{1}{J_w}\right)\theta_S = \frac{T_g}{J_g} + \frac{T_w}{J_w} \tag{11-1}$$

风机传动链的谐振频率为：

$$\omega_r = \sqrt{K_S\left(\frac{1}{J_g} + \frac{1}{J_w}\right)} \tag{11-2}$$

传动链的阻尼系数为：

$$\xi_r = \frac{\dfrac{D_S}{J_g} + \dfrac{D_S}{J_w}}{2\sqrt{K_S\left(\dfrac{1}{J_g} + \dfrac{1}{J_w}\right)}} \tag{11-3}$$

11.2.3 风力发电机组的“虚拟阻尼”控制

双馈风力发电机采用基于电网电压定向的转子侧变流器控制策略，控制系统外环为速度闭环，控制内环为电机转子电流环，可以认为转子电流能够实时跟踪电流指令，则电流环可以简化为比例环节1。则带有两质量块模型的速度环的控制结构如图11-11所示。

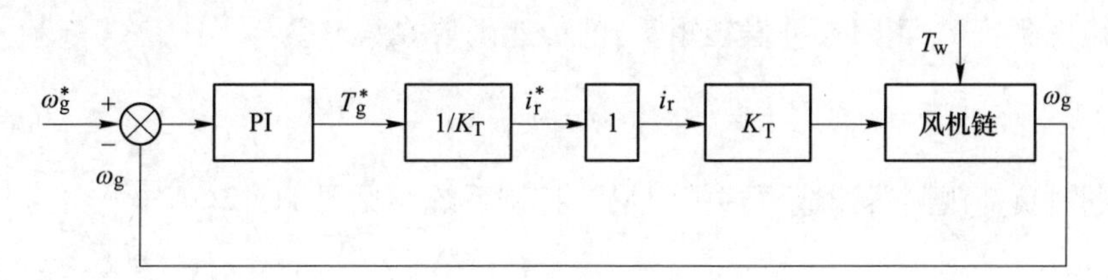

图11-11 风力发电速度闭环控制结构图

根据前述的“虚拟阻尼”控制原理，可以在电磁转矩中增加一个补偿转矩，即在式（11-1）的右侧加入 $\hat{T}_{mc}$，该补偿转矩与连接轴扭转角速度 $\dot{\theta}_S$ 成正比，并呈现为负号：

$$\hat{T}_{mc} = -\frac{K_C}{J_M}\dot{\theta}_S \tag{11-4}$$

增加补偿转矩后，式（11-1）变为：

$$\ddot{\theta}_S + D_S\left(\frac{1}{J_g} + \frac{1}{J_w}\right)\dot{\theta}_S + K_S\left(\frac{1}{J_g} + \frac{1}{J_w}\right)\theta_S = \frac{T_g}{J_g} + \frac{T_w}{J_w} - \frac{K_C}{J_g}\dot{\theta}_S \tag{11-5}$$

将式（11-5）右侧最后一项移到左侧：

$$\ddot{\theta}_S + \left(\frac{D_S + K_C}{J_g} + \frac{D_S}{J_w}\right)\dot{\theta}_S + K_S\left(\frac{1}{J_g} + \frac{1}{J_w}\right)\theta_S = \frac{T_g}{J_g} + \frac{T_w}{J_w} \tag{11-6}$$

由式（11-6）可以推出系统阻尼变为：

$$\xi_r' = \frac{\dfrac{D_S}{J_g} + \dfrac{D_S}{J_w} + \dfrac{K_C}{J_g}}{2\sqrt{K_S\left(\dfrac{1}{J_g} + \dfrac{1}{J_w}\right)}} \tag{11-7}$$

加入补偿转矩并不改变系统的谐振频率和反谐振频率，而只改变系统的阻尼系数，即通过在电磁转矩中增加补偿阻尼项来实现增加系统阻尼的控制。

在电磁转矩中增加与连接轴扭转角速度 $\dot{\theta}_S$ 成正比的补偿转矩，可以增加系统的阻尼系数，实现“虚拟阻尼”控制。由于 $\theta_S = \theta_w - \theta_g$ 在实际工程中较难获得，根据连接轴转矩表达式，即：

$$T_S = K_S\theta_S + D_S\dot{\theta}_S \tag{11-8}$$

由于连接轴弹性系数 K_S 远大于阻尼系数 D_S，即 $K_S \gg D_S$，那么：

$$T_S \approx K_S\theta_S \tag{11-9}$$

则：

$$\dot{T}_S \approx K_S\dot{\theta}_S \tag{11-10}$$

式（11-10）表明，连接轴转矩的微分正比于连接轴扭转角速度，因此可以通过观测器观测连接轴转矩 T_S，进而得到观测的 $\dot{\theta}_S$。根据式（11-10），由连接轴转矩观测值 $\hat{T}_S$ 到阻尼补偿转矩 $\hat{T}_{mc}$ 的传递函数 $G_b(s)$ 为

$$G_b(s) = -\frac{K_C}{J_g K_S}s \tag{11-11}$$

通过负荷观测器构造“虚拟阻尼”控制系统，见图 11-12。

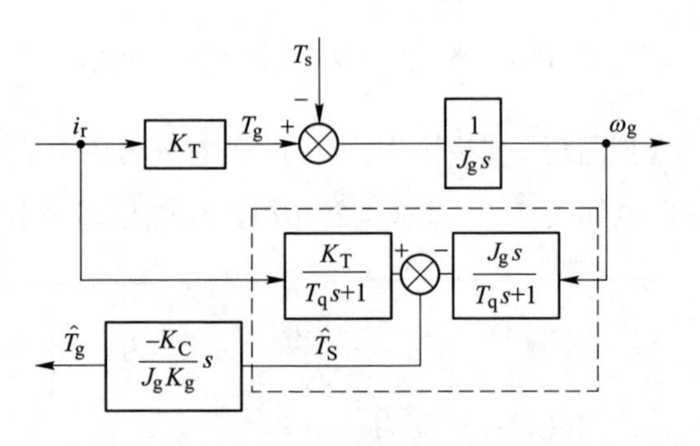

图 11-12　传动轴转矩观测器结构图

图 11-12 中虚线部分为传动轴转矩 $\hat{T}_S$ 观测器，利用检测的电流值和转速值来观测传动轴系转矩 $\hat{T}_S$ 的大小，观测器中时间常数为 T_q 的低通滤波器 $\dfrac{1}{T_q s + 1}$ 是为

了消除测量噪声和高频干扰。将转矩的观测值乘以微分环节$\frac{-K_C}{J_g K_S}s$，得到电磁转矩的补偿值 $\hat{T}_g$。图 11-13 为加入“虚拟阻尼”控制的风力发电系统控制框图。

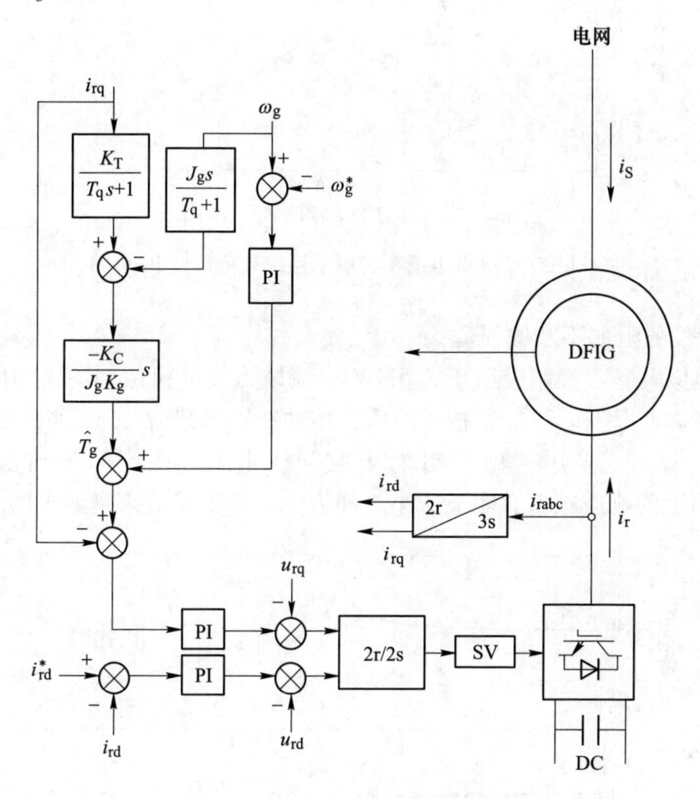

图 11-13 风力发电系统控制结构图

增加“虚拟阻尼”补偿转矩 $\hat{T}_g$ 后，发电系统速度闭环控制结构如图 11-14 所示。

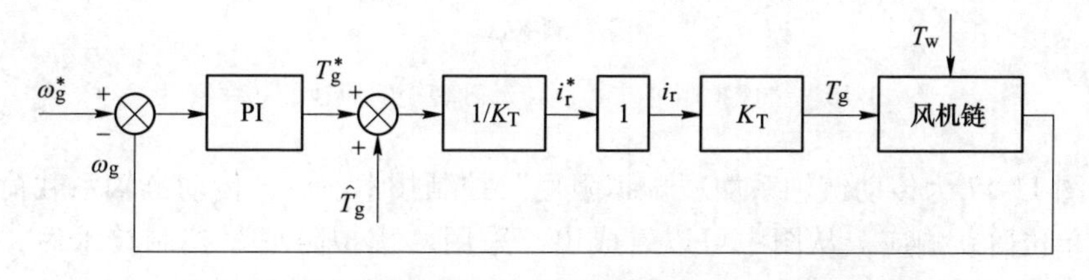

图 11-14 带附加阻尼补偿的速度闭环控制结构图

图 11-15 为采用附加“虚拟阻尼”控制的发电机速度闭环系统频率特性 Bode 图。由图可见，随着“虚拟阻尼”K 值的不断增大，谐振频率的幅值明显减少，

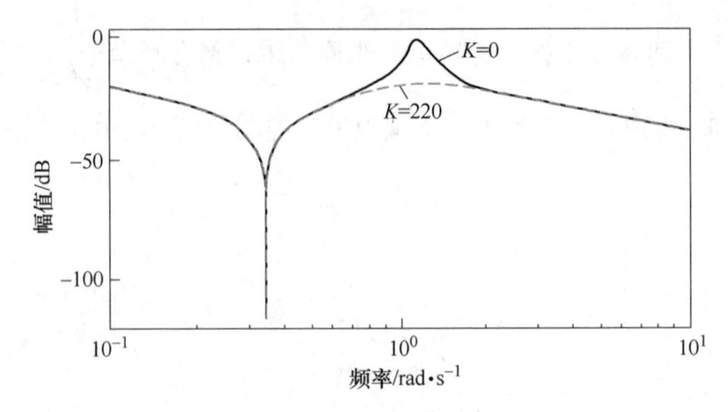

图 11-15　“虚拟阻尼”控制的系统频率特性 Bode 图

系统频率特性的阻尼不断增强。

该“虚拟阻尼”控制应用于 2.5MW 双馈风力发电机组。图 11-16 为采用传动链轴系加“虚拟阻尼”控制技术前后，传动链轴系载荷对风速响应的 Bode 图。从图中可以看出，采用“虚拟阻尼”控制技术后，在传动链轴系固有频率（1.5Hz）附近的响应幅值有明显减小，即表明系统阻尼效果是显著的。

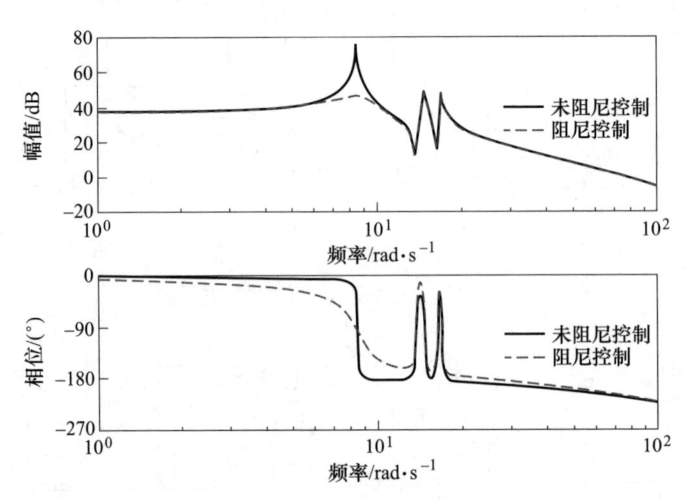

图 11-16　“虚拟阻尼”控制传动轴转矩对风速的频率特性

图 11-17 为传动链轴系加“虚拟阻尼”控制技术前后，传动链轴系载荷对风速的单位阶跃响应，从图中可以看成出，采用“虚拟阻尼”控制技术后，风速变化引起传动链轴系载荷的响应衰减更迅速，证明阻尼效果明显。

图 11-18（a）、（b）为电网发生故障后，发电机转速和传动轴转矩的变化波形。随着“虚拟阻尼”K 值的不断增大，传动轴的阻尼和稳定性不断增强，电机转速和传动轴转矩的波动量可以降低 30%，传动轴低频振荡的时间可以降低

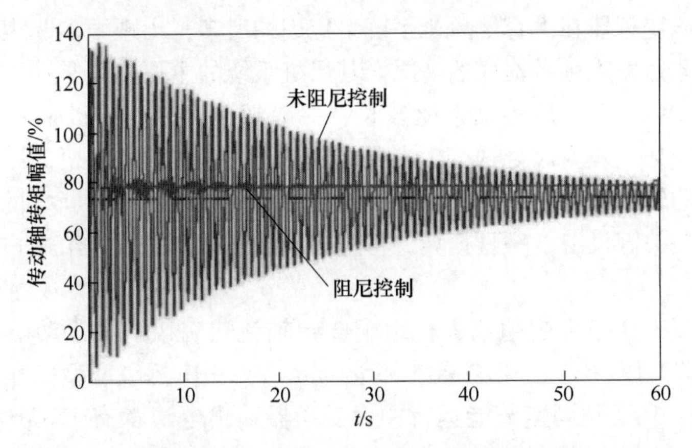

图 11-17 “虚拟阻尼”控制传动轴转矩对风速的阶跃响应特性

42%。由此可见，“虚拟阻尼”控制，附加阻尼补偿有效降低了扭转载荷的幅值，减少了传动轴振荡的衰减过程，降低了对传动轴，齿轮箱的疲劳损害。

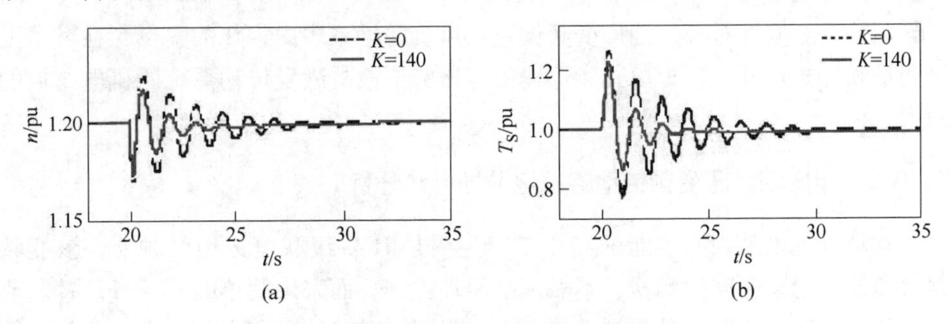

图 11-18 不同加权系数 K 的扭振抑制效果比较

（a）发电机转速；（b）传动轴转矩

11.3 高压变频风机水泵节能调速传动的机电谐振抑制

11.3.1 高压变频驱动风机水泵压缩机调速节能

随着国家对节能减排的重视，作为占社会总能耗60%以上的旋转电机设备的节能降耗被提到了首要位置。电动机的节能一般通过变频器进行调速运行。由于风机水泵类负载具有功率与转速成三次方关系的特点，所以风机水泵类负载进行变频调速后，可以大大降低能耗。采用高压变频器对风机或者水泵类负载进行节能改造，节电率在20%以上，节能效果非常明显。

特别是近年来，高压变频器已经逐步进入了电厂、钢厂、化工厂等行业的核心设备领域，如电厂的电动给水泵、引风机，炼钢厂的主抽风机，化工厂的主压缩机等。这些设备不仅容量大，而且重要程度高。

随着高压变频器在大容量风机系统上应用的增多，出现了多起大容量风机系统改造变频调速发生轴系损坏的情况。其风机系统的主要特点是：容量较大，一般都在 2000kW 以上；风机轴系比较长，一般超过七米；风机轴系一般为空心轴。轴系的损坏一般为风机轴产生裂纹或者断裂；风机与电动机的联轴器产生断裂；电动机的转子轴产生裂纹或断裂；也有部分出现风机叶片断裂的情况。由于大容量风机是关键设备，一旦损坏，将造成机组非计划停机，给用户带来巨大的经济损失。

某发电厂 1000MW 超超临界机组配 2 台轴流式引风机，驱动电机额定功率 6450kW，额定电压 6kV，额定转速 596r/min。采用 H 桥级联型高压变频器，开环 V/F 控制。在变频调速节能运行中，变频器输出电流都有 17.5Hz 的次谐波，转速升高到 450r/min 后扭振信号中 17.5Hz 频率分量的幅值明显增大，扭振角速度幅值已经达到 150°/s（RMS 值），扭振位移幅度达到 1.93°。多次发生电机-风机联轴器膜片断裂，引风机叶轮-电机中间轴在电机侧出现多条与轴向成 45°的贯穿裂纹的重大事故。

国外有专家针对某炼油厂变频调速引风机的轴系多次损坏的案例，在做了大量测量和分析基础上，提出变频器输出电流的谐波是激发传动系统的机电扭振的原因之一。

11.3.2　电压源高压变频传动的机电谐振特性分析

驱动风机水泵调速节能的高压变频主要是 H 桥级联电压型变频器，该变频器大多没有安装速度检测器，不做速度闭环控制；而采用简单的 *V/F* 开环控制或简易的无速度传感器矢量控制系统。根据 *V/F* 正比的电压控制原理，电机转矩等于电流和磁链乘积，而电机的感应电势与磁链和速度的乘积呈正比，当磁链恒定不变时，电机电流由输入电压和电势之差决定。电机电流为：

$$i_s \approx (u_s - e_s)/(r_\sigma + j\omega L_\sigma) \tag{11-12}$$

电机等效电阻为 $r_\sigma = r_s + r_r$，等效电感为 $L_\sigma = L_s + L_r$。由于 $u_s \propto \omega_M \psi$，$e_s \propto \omega_M \psi$，当只考虑动态变化，认为电压给定值不变时，可以得到动态电流与电机角速度的传递函数：

$$\frac{i_s}{-\omega_M} \approx \frac{\psi}{r_\sigma + sL_\sigma} \tag{11-13}$$

根据上述分析，可以推出电机传递函数结构，见图 11-19。

由式（11-13），电机电流幅值与电机转矩成比例，相位滞后$-\omega_M$ 轴线 σ 角。

$$\angle G(j\omega) = -\tan^{-1}(\omega T_\sigma) \tag{11-14}$$

式中，$T_\sigma = \dfrac{L_\sigma}{r_\sigma}$为电机阻抗时间常数。

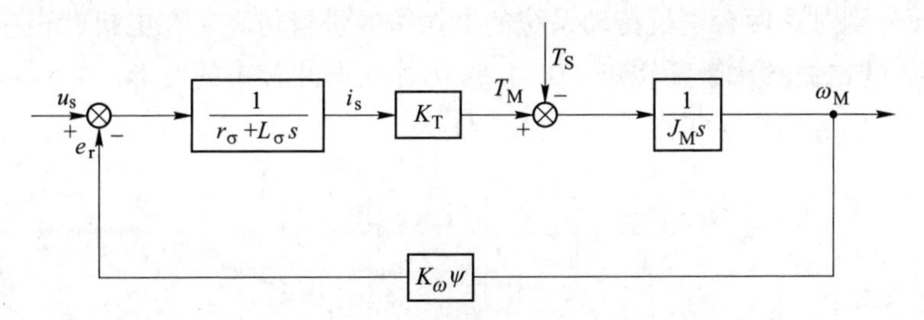

图 11-19　电机传递函数结构图

由上式可知，电机阻抗时间常数为电机等效电感与等效电阻之比，该滞后角 σ 与电机阻抗参数有关。由“虚拟阻尼”控制原理的数学方程和矢量分析可知，电机电流的矢量越靠近滞后于 T_S 传动轴转矩 90°轴线，即图 11-20 中负电机角速度轴线，该传动系统的阻尼越强。也就是说，式（11-14）所示的电机阻抗时间常数 T_σ 越小，电机阻抗角 σ 越小，系统的阻尼越强。反之 T_σ 越大，使得 σ 越大，系统的阻尼越弱。

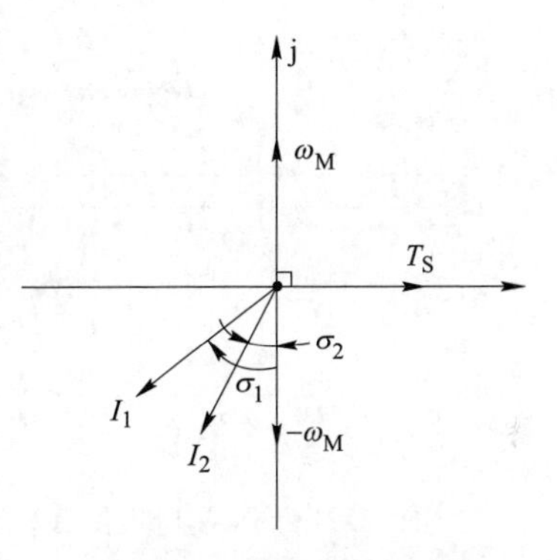

图 11-20　电机电流矢量关系

我们分别对 30kW 和 2MW 的电机参数进行传动轴扭振进行仿真分析。为便于比较，在仿真中令两轴系的相关参数标幺值相同，轴阻尼系数 $D_S=0$(无阻尼)。电机和轴系参数：

（1） 2MW 电机 - 2.6MVA，10.4kV，144.5A，744.6r/m，2p = 8，$R_s=0.01135$，$R_r=0.00785$，$L_s=0.138$，$L_r=0.078$，$L_m=2.044$；

（2） 30kW 电机 - 39.5kVA，380V，59.9A，961r/m，2p = 6，$R_s=0.041$，$R_r=0.039$，$L_s=0.066$，$L_r=0.085$，$L_m=1.67$；

轴系参数标幺值 $-J_M=0.5$，$J_L=1.5$，$K_S=3795$，$D_S=0$，$f_0=16\text{Hz}$。

由上述电机参数可以计算出电机阻抗角：

$$T_{\sigma 1}=\frac{L_s+L_r}{r_s+r_r}=11.25,\sigma_1=-\tan^{-1}(1.8875)=84.92° \tag{11-15}$$

$$T_{\sigma 2}=\frac{L_s+L_r}{r_s+r_r}=1.8875,\sigma_2=-\tan^{-1}(1.8875)=62.085° \tag{11-16}$$

图 11-20 给出在复数坐标中两台电机的电流矢量关系。由图可见，30kW 小电机的电抗时间常数小，其阻抗角为 $\sigma_2=62.085°$，而 2MW 大电机的电抗时间常数大，其阻抗角为 $\sigma_1=84.92°$，显然 $\sigma_2<\sigma_1$，小电机的电流矢量更靠近负电机角速度 $-\omega_m$ 轴线，系统的阻尼强，反之大电机系统的阻尼弱。

下面分别对这两台电机传动系统的谐振特性进行仿真。在电机转矩中加入幅值为 0.02 的谐振频率激励转矩，0~4.5s 为加入谐波转矩的波形；4.5s 以后去除谐波转矩，仿真结果示于图 11-21 和图 11-22。

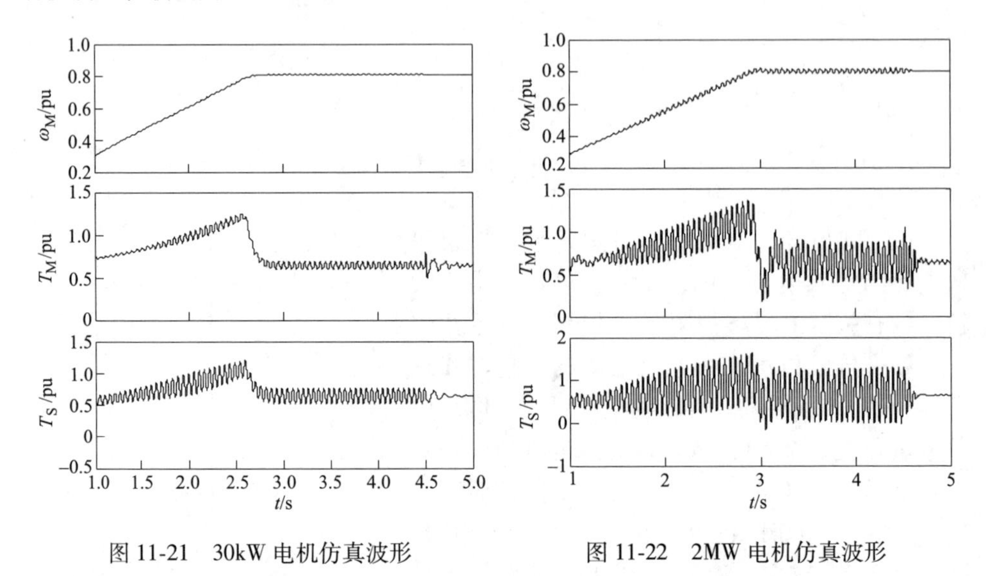

图 11-21 30kW 电机仿真波形　　图 11-22 2MW 电机仿真波形

从图 11-21 和图 11-22 看出，加入幅值为 0.02 的谐振频率谐波激励转矩后，轴转矩 T_S 呈等幅振荡，小电机阻尼强，30kW 的振荡幅值为 0.125，转矩放大倍数 $A_S=6.25$；大电机阻尼弱，2MW 的振荡幅值为 0.6，转矩放大倍数高达 $A_S=30$。

上述分析也可以看出，由于大电机较小电机参数的阻抗时间常数大，使电流矢量的阻抗角更大，所以传动系统的阻尼弱。这也说明为什么机电谐振事故多发生在大型机组，而少发生在小机组。

11.3.3 一种电压补偿的“虚拟阻尼”控制方法

本节介绍一种电压补偿“虚拟阻尼”控制方法。该方法简单易行，无需速度传感器，适用于电压型高压变频调速节能传动。“虚拟电阻”电压补偿方案的控制结构如图 11-23 所示。在电压给定中引入电流负反馈，对照前面的电流控制

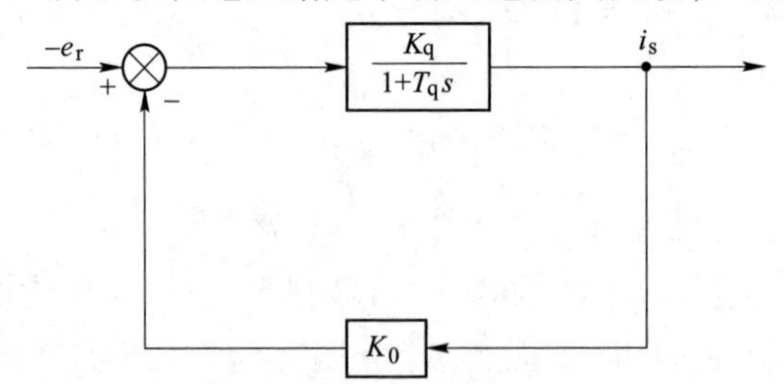

图 11-23 “虚拟电阻”电压补偿方案控制结构图

环节，加入电流反馈后的传递函数变为：

$$G(s)=\frac{A}{(r_{\sigma}+K_0)+sL_{\sigma}} \tag{11-17}$$

由式（11-17）可见，电流负反馈的控制作用，实际上等同于增加了电机的内阻，也可以看作“虚拟电阻”r'_{σ}，由此也改变了电机的阻抗时间常数 T'_{σ}

$$T'_{\sigma}=\frac{L_{\sigma}}{r_{\sigma}+K_0}=\frac{L_{\sigma}}{r'_{\sigma}} \tag{11-18}$$

该环节改变了阻抗滞后角

$$\angle G(\mathrm{j}\omega)=-\tan^{-1}(\omega T'_{\sigma}) \tag{11-19}$$

显然：

$$T'_{\sigma}=\frac{L_{\sigma}}{r_{\sigma}+K_0}<T_{\sigma}=\frac{L_{\sigma}}{r_{\sigma}},\ \sigma'<\sigma \tag{11-20}$$

K_0 越大，“虚拟电阻”r'_{σ} 越大，滞后角 σ'减少，系统的阻尼增强，呈现“虚拟阻尼”控制效果。

但是，K_0 的增加会造成电流控制正向通道增益减少，该环节的传递函数幅值为：

$$|G(\mathrm{j}\omega)|=\frac{A}{\sqrt{(r_{\sigma}+K_0)^2+(\omega L_{\sigma})^2}} \tag{11-21}$$

由此可见，引入电流负反馈，改变了“虚拟电阻”，增加了系统阻尼，但同时也影响系统的动态响应。如何在不影响控制通道增益的情况下，通过控制来增加传动系统的阻尼系数，下面我们讨论一种改进的“虚拟阻尼”控制方案。

令 $K_0=K-sL'_{\sigma}$，代入式（11-17）、式（11-19）和式（11-20），可得：

$$G'(s)=\frac{A}{(r_{\sigma}+K)+s(L_{\sigma}-L'_{\sigma})} \tag{11-22}$$

$$|G'(\mathrm{j}\omega)|=\frac{A}{\sqrt{(r_{\sigma}+K)^2+\omega^2(L_{\sigma}-L'_{\sigma})^2}} \tag{11-23}$$

$$\angle G(\mathrm{j}\omega)=-\tan^{-1}(\omega T''_{\sigma}),\ T''_{\sigma}=\frac{L_{\sigma}-L'_{\sigma}}{r_{\sigma}+K} \tag{11-24}$$

由式（11-22）可以看出，该方法实际上是通过减少电机的电感来改变阻抗时间常数，也可以说是“虚拟电感”控制方案。

在不改变正向通道增益的情况下，先选择 $L'_{\sigma}<L_{\sigma}$，同时选择 K 系数满足下列等式

$$(r_{\sigma}+K_0)^2+\omega^2L_{\sigma}^2=(r_{\sigma}+K)^2+\omega^2(L_{\sigma}-L'_{\sigma})^2 \tag{11-25}$$

$$K=\sqrt{(r_{\sigma}+K_0)^2+\omega^2L_{\sigma}^2-\omega^2(L_{\sigma}-L'_{\sigma})^2}-r_{\sigma} \tag{11-26}$$

我们把下列传递函数先改变为复数形式，再将其变回传递函数：

$$\frac{1}{K - sL'_\sigma} \rightarrow \frac{K - j\omega L'_\sigma}{K^2 + \omega^2 L^{2\prime}_\sigma} \rightarrow \frac{K - sL'_\sigma}{K^2 + \omega^2 L^{2\prime}_\sigma} \tag{11-27}$$

我们可以近似得到：

$$K - sL'_\sigma \approx \frac{K^2 + \omega^2 L'^2_\sigma}{K + sL'_\sigma} = \frac{K + \omega^2 L'^2_\sigma / K}{1 + \dfrac{sL'_\sigma}{K}} \tag{11-28}$$

由式（11-28）可以看出，$K - sL'_\sigma$实际上可以看作一个一阶惯性环节，这在工程上是很容易实现的。这种改变“虚拟电感”的电压补偿方案控制结构图，见图 11-24，其中：

$$K_q = K + \omega^2 L'^2_\sigma / K, \quad T_q = \frac{L'_\sigma}{K} \tag{11-29}$$

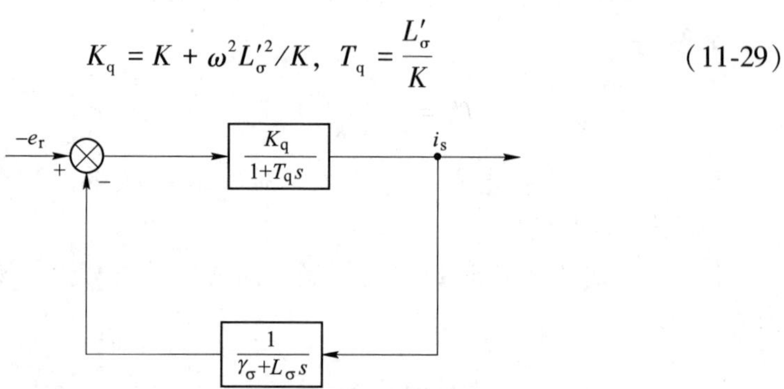

图 11-24 “虚拟电感”电压补偿方案控制结构图

11.3.4 高压变频“虚拟阻尼”控制对机电谐振的抑制

采用 H 桥级联多电平高压变频器驱动一台 3.3kV/600kW 异步电机和空气压缩机传动系统，如图 11-25 所示，该电机额定转速为 3000r/min，机械传动比为 118/30，传动链固有频率为 21.8Hz。

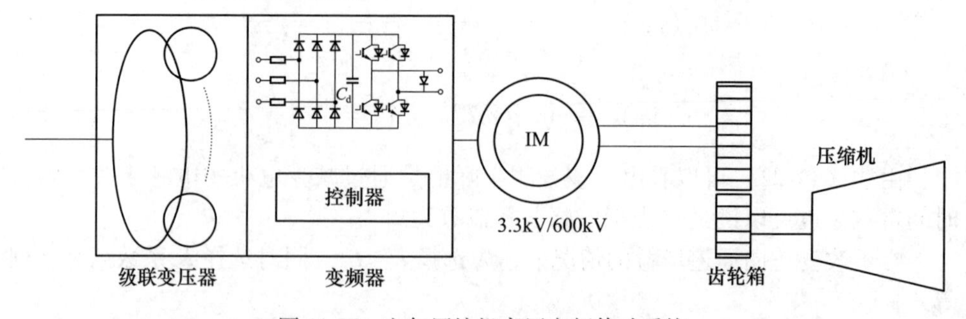

图 11-25 空气压缩机高压变频传动系统

图 11-26 为采用前述电压补偿的“虚拟阻尼”控制框图。

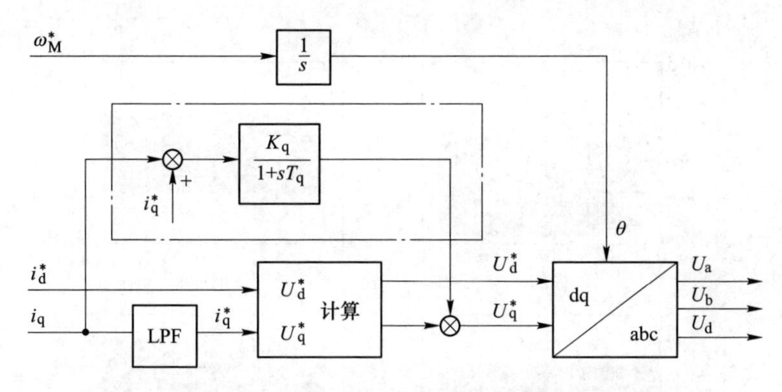

图 11-26 电压补偿“虚拟阻尼”控制框图

该高压变频器采用无速度传感器的矢量控制系统。转矩电流 I_q 与设定值 I_q^* 比较，其电流差值经“虚拟阻尼”控制环节输出附加电压补偿值，该电压补偿值叠加到 q 轴电压 U_q^* 给定中，其中“虚拟阻尼”控制环节的传递函数为：

$$G(s) = \frac{K_q}{1 + sT_q} \tag{11-30}$$

该传递函数的一阶惯性环节为前面推导的式（11-29），在不影响系统正向通道增益的情况下，减少了电机系统的“虚拟漏抗”，减少了电流矢量与$-\omega_M$ 轴的阻抗角，产生滞后于传动轴 T_S转矩 90°的电磁转矩阻尼分量，增加了该传动链的阻尼系数。

为了验证这种电压补偿的“虚拟阻尼”控制效果，将额定电压幅值1%，对应于扭转固有频率的谐振电压信号注入到电压给定中，图 11-27 为该实验情况下，电机速度、电流、转矩和传动轴转矩的波形。由图可见，注入谐振电压后，电机各量和传动轴转矩产生机电谐振，传动轴转矩脉动的幅值高达 80%，而加入“虚拟阻尼”控制后，传动轴脉动转矩减小到 10%以下，传动系统的机电谐振得到明显的抑制。

高压变频器输出电压的谐波会引起传动轴扭转振动。研究证明，高压变频器 PWM 开关的导通延迟、导通压降以及输出电压的不平衡会产生变频器输出频率的边带谐波，如果这些频率分量与扭转的固有频率相一致，将可能使传动轴产生较大的机电谐振幅值。

由边带谐波引起的电机转矩脉动频率为基频 f_1 ±边带频率 f_s，经仿真分析，该系统存在四个谐振点，即 f_1 = 44. 8Hz、33. 8Hz、25. 5Hz、21. 8Hz。图 11-28 为该传动轴转矩幅值与变频电机转速的关系。由图可见，当高压变频器输出频率 44. 88Hz，电机转速为 2688r/min 时，谐波引起的传动轴转矩幅值达到 8%以上。

图 11-29 为电机在 1250r/min 时传动轴转矩脉动幅值，高压变频器输出频率 21. 8Hz 与传动链固有谐振频率相同，传动轴转矩的扭振波动幅值为额定转矩

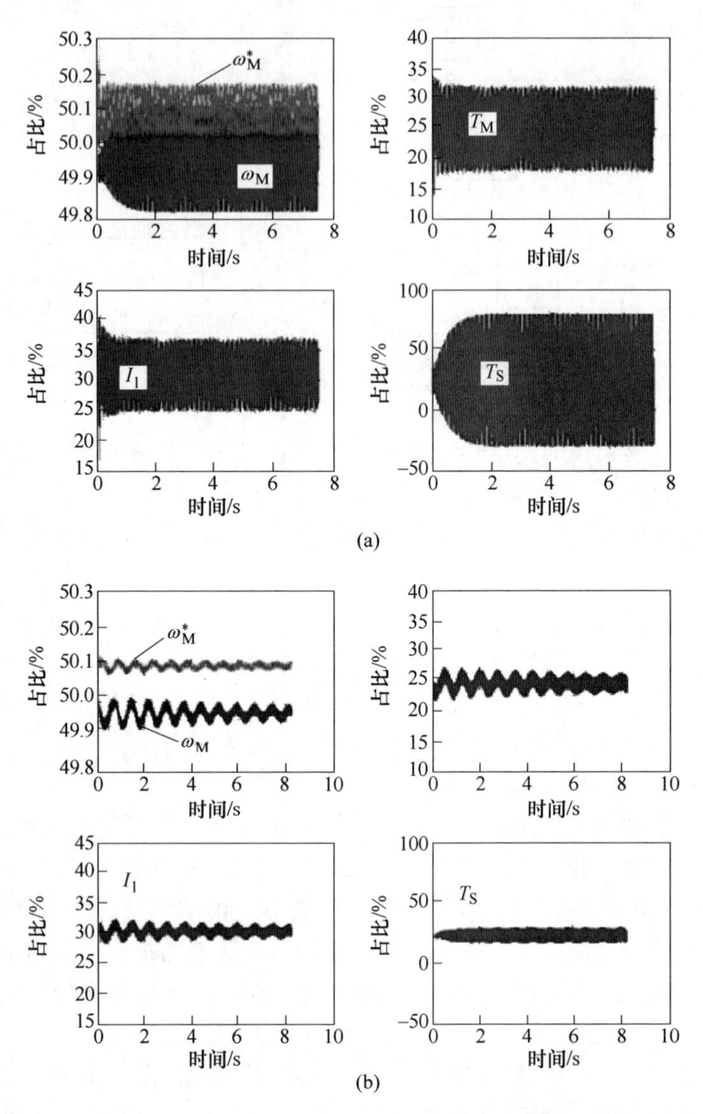

图 11-27 “虚拟阻尼”控制的传动系统扭振波形比较

(a) 不采用“虚拟阻尼”控制；(b) 采用“虚拟阻尼”控制

4. 8%，通过“虚拟阻尼”控制，扭转振动降低到 2. 5%，降低了 50%左右。

图 11-30 为电机在 2680r/min 时传动轴转矩脉动幅值。电机在 2680 转/分转速运行时，高压变频器输出频率为 44. 8Hz，负载转矩约为电机额定转矩的 85%。由图可见，传动轴产生 9%的谐振转矩，通过阻尼控制，扭转振动峰值可以降低到 4%以下，与其他转速下谐波转矩的幅值相同，基本消除了变频谐波引起的谐振转矩影响。

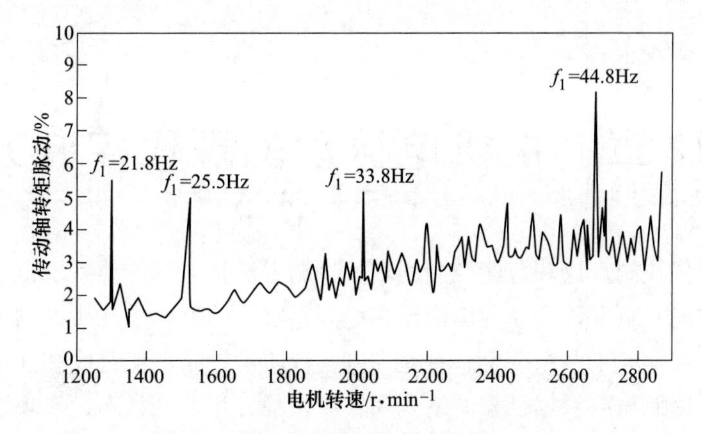

图 11-28 传动转矩脉动与运行速度的关系

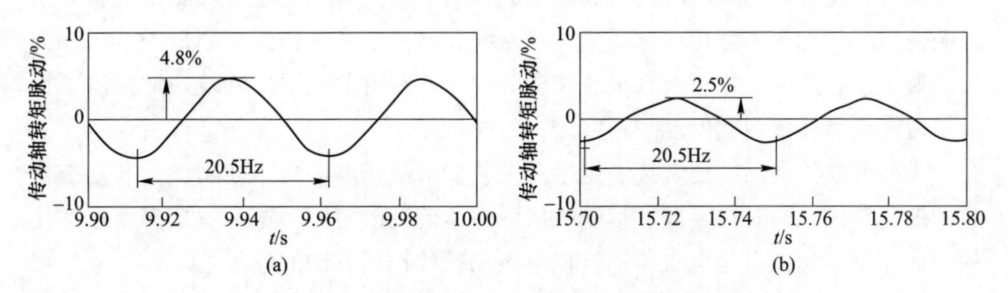

图 11-29 电机在 1250r/min 时传动轴转矩脉动幅值

（a）不采用“虚拟阻尼”控制；（b）采用“虚拟阻尼”控制

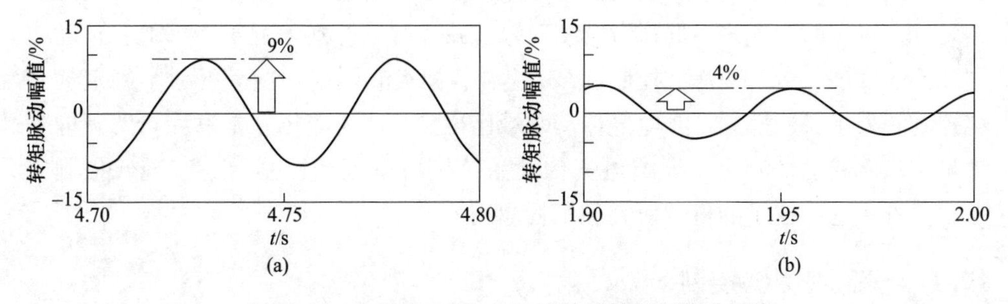

图 11-30 电机在 2680r/min 时传动轴转矩脉动幅值

（a）不采用“虚拟阻尼”控制；（b）采用“虚拟阻尼”控制

由此可见，这种电压补偿的阻尼控制方法，无需速度传感器，简单易行。该方法有效降低 PWM 调制边带谐波引起的扭转振动，对电机参数具有良好的鲁棒性，能有效地抑制高压变频调速驱动风机、水泵和压缩机系统的扭转振动。

第12章　抗机电振动的现代控制方法

基于现代控制理论和智能控制的现代控制方法是电气传动系统抗机电振动控制的发展方向。电气传动动力学模型在控制系统中的重构是现代控制理论中的观测器问题。在实际工业系统中，一些控制系统所需的状态变量往往无法通过直接测量得到，因此需要根据已知的输入和输出来估计系统的状态，实现这一任务的系统称为状态观测器。也就是说，所谓状态观测器是一个物理上可以实现的动力学系统，它在待观测系统的输入和输出的驱动下产生一组逼近待观测系统状态变量的输出。状态观测器用可测量信号经系统数学模型来重构无法测量的状态，如负荷转矩，连接轴转矩，负载机械速度等，状态观测器反馈控制较好地抑制了机电扭振和负荷外扰引起的动态速降。

大型电气传动系统要实现满足生产工艺要求的速度、转矩高精度、高动态响应的控制目标，同时也要能够抑制机械弹性体传动的扭振，这是一个多目标优化的现代控制问题，也是电气传动抗机电振动现代控制方法的任务之一。

应当指出，依赖模型的状态观测器控制还存在许多问题，实际的传动系统非常复杂，要获得精确的系统参数非常困难。此外，由于各传动系统的参数各异，很难得到统一的评价指标和实用的工程设计方法。目前大多数文献中状态观测器的设计，极点的配置多根据作者意图而定，缺少统一标准。近年来，随着自动控制理论的发展，卡尔曼滤波控制、$H\infty$ 控制、神经元网络控制等针对不确定性系统控制和人工智能控制，在电气传动领域已得到了广泛应用。本章在查阅国内外大量文献资料的基础上，介绍电气传动系统抗机电振动控制的一些现代控制方法，以推进这一技术的科学研究和工程应用。

12.1　状态观测器控制

现代控制理论是用系统内部的状态来描述系统的，除了输出反馈外，还可以从系统的状态引出信号作为反馈量。采用状态反馈不但可以实现闭环系统的极点任意配置，而且它也是实现系统解耦和构成线性最优调节器的主要手段。

12.1.1　全维状态观测器

假设待观测系统状态空间方程：

$$\begin{cases}\dot{x} = \boldsymbol{A}x + \boldsymbol{B}u \\ y = \boldsymbol{C}x\end{cases} \tag{12-1}$$

式中 $\boldsymbol{A}$——$n\times n$ 矩阵；

$\boldsymbol{B}$——$n\times r$ 矩阵；

$\boldsymbol{C}$——$m\times n$ 矩阵。

根据状态观测器原理构造一个多变量系统的状态观测器，如图 12-1 所示。如果观测器的维数与原系统的维数一样，就把它称为全维观测器；观测器的维数小于原系统的维数，则把它称为降维观测器。全维观测器的状态方程为：

$$\dot{\hat{x}} = \boldsymbol{A}\dot{\hat{x}} + \boldsymbol{B}u - \boldsymbol{LC}\dot{\hat{x}} + \boldsymbol{L}y \tag{12-2}$$

即：

$$\dot{\hat{x}} = (\boldsymbol{A} - \boldsymbol{LC})\hat{x} + \boldsymbol{B}u + \boldsymbol{L}y$$

其特征多项式为

$$f(s) = |s\boldsymbol{I} - (\boldsymbol{A} - \boldsymbol{LC})| \tag{12-3}$$

式中，$\boldsymbol{L}$ 为 $r\times n$ 状态反馈矩阵。由于在工程上要求 $\hat{x}$ 能比较快地逼近 x，只要调整反馈阵 $\boldsymbol{L}$，观测器的极点就可以任意配置达到要求的性能，所以，观测器的设计与状态反馈极点配置的设计类似。

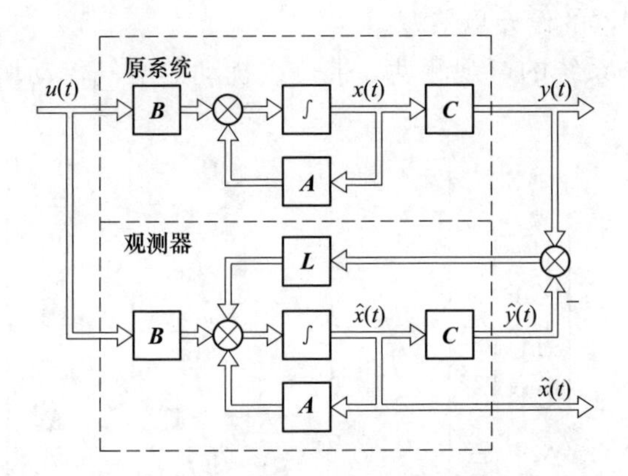

图 12-1　多变量系统的状态观测器模型

12.1.2　电气传动系统的状态方程

已知带负载扰动的电气传动系统的状态方程是：

$$\begin{bmatrix}\dot{\omega}_{\mathrm{M}} \\ \dot{\omega}_{\mathrm{L}} \\ \dot{T}_{\mathrm{S}}\end{bmatrix} = \begin{bmatrix}0 & 0 & -\dfrac{1}{J_{\mathrm{M}}} \\ 0 & 0 & \dfrac{1}{J_{\mathrm{L}}} \\ K_{\mathrm{S}} & -K_{\mathrm{S}} & 0\end{bmatrix}\begin{bmatrix}\omega_{\mathrm{M}} \\ \omega_{\mathrm{L}} \\ T_{\mathrm{S}}\end{bmatrix} + \begin{bmatrix}\dfrac{1}{J_{\mathrm{M}}} \\ 0 \\ 0\end{bmatrix}T_{\mathrm{M}} + \begin{bmatrix}0 \\ -\dfrac{1}{J_{\mathrm{L}}} \\ 0\end{bmatrix}T_{\mathrm{L}} \tag{12-4}$$

$$[\omega_M] = [1 \quad 0 \quad 0]\begin{bmatrix}\omega_M \\ \omega_L \\ T_S\end{bmatrix} \tag{12-5}$$

假设系统的负载扰动是阶跃信号，即：

$$\dot{T}_L = 0 \tag{12-6}$$

将式（12-4）、式（12-5）、式（12-6）合成为一个增广系统，即：

$$\begin{bmatrix}\dot{\omega}_M \\ \dot{\omega}_L \\ \dot{T}_S \\ \dot{T}_L\end{bmatrix} = \begin{bmatrix}0 & 0 & -\dfrac{1}{J_M} & 0 \\ 0 & 0 & \dfrac{1}{J_L} & -\dfrac{1}{J_L} \\ K_S & -K_S & 0 & 0 \\ 0 & 0 & 0 & 0\end{bmatrix}\begin{bmatrix}\omega_M \\ \omega_L \\ T_S \\ T_L\end{bmatrix} + \begin{bmatrix}\dfrac{1}{J_M} \\ 0 \\ 0 \\ 0\end{bmatrix}T_M \tag{12-7}$$

$$\omega_M = [1 \quad 0 \quad 0 \quad 0][\omega_M \quad \omega_L \quad T_S \quad T_L]^T \tag{12-8}$$

12.1.3　全维状态观测器的设计

全维状态观测器的设计步骤为：

（1）判断增广系统的可观测性。带负载扰动的电气传动增广系统的可观测性矩阵 $\boldsymbol{Q}_0$ 是：

$$\boldsymbol{Q}_0 = \begin{bmatrix}C \\ CA \\ CA^2 \\ CA^3\end{bmatrix} = \begin{bmatrix}1 & 0 & 0 & 0 \\ 0 & 0 & -\dfrac{1}{J_M} & 0 \\ -\dfrac{K_S}{J_M} & \dfrac{K_S}{J_M} & 0 & 0 \\ 0 & 0 & \dfrac{K_S}{J_M^2} + \dfrac{K_S}{J_M J_L} & -\dfrac{K_S}{J_M J_L}\end{bmatrix} \tag{12-9}$$

$\boldsymbol{Q}_0$ 的秩是 4，增广系统是状态完全可观测的。

（2）根据系统的稳态误差和动态特性的要求，通过选择 $\boldsymbol{L}$ 矩阵，配置极点。令：

$$\begin{cases}l_1 = K_{B1}J_M^{-1} \\ l_2 = K_{B2}J_L^{-1} \\ l_3 = K_{B3}K_S \\ l_4 = K_{B4}\end{cases} \tag{12-10}$$

则式（12-7）可写成以下形式：

$$
\begin{bmatrix} \dot{\hat{\omega}}_M \\ \dot{\hat{\omega}}_L \\ \dot{\hat{T}}_S \\ \dot{\hat{T}}_L \end{bmatrix} = \begin{bmatrix} -K_{B1}J_M^{-1} & 0 & -\dfrac{1}{J_M} & 0 \\ -K_{B2}J_L^{-1} & 0 & \dfrac{1}{J_L} & -\dfrac{1}{J_L} \\ (1-K_{B3})K_S & -K_S & 0 & 0 \\ -K_{B4} & 0 & 0 & 0 \end{bmatrix} \begin{bmatrix} \hat{\omega}_M \\ \hat{\omega}_L \\ \hat{T}_S \\ \hat{T}_L \end{bmatrix} + \begin{bmatrix} \dfrac{1}{J_M} \\ 0 \\ 0 \\ 0 \end{bmatrix} T_M + \begin{bmatrix} K_{B1}J_M^{-1} \\ K_{B2}J_L^{-1} \\ K_{B3}K_S \\ K_{B4} \end{bmatrix} \omega_M \tag{12-11}
$$

上式的特征方程为：

$$
\det(sI-A) = 1 - \frac{K_{B1}+K_{B2}}{K_{B4}}s - \frac{J_M - J_L(K_{B3}-1)}{K_{B4}}s^2 + \frac{J_L K_{B1}}{K_S K_{B4}}s^3 - \frac{J_L J_M}{K_S K_{B4}}s^4 = 0 \tag{12-12}
$$

观测器的误差加权系数 K_{B1}、K_{B2}、K_{B3}、K_{B4} 的选择直接影响系统的性能，考虑兼顾系统的快速性和稳定性，并结合理论推算和实践经验，可以按照下面方程来选择系数：

$$
1 + T_{EB}s + \frac{1}{2}T_{EB}^2 s^2 + \frac{1}{8}T_{EB}^3 s^3 + \frac{1}{64}T_{EB}^4 s^4 = 0 \tag{12-13}
$$

式中 T_{EB}——等效时间常数。

比较式（12-12）和式（12-13）得到观测器的误差加权系数是：

$$
\begin{cases} K_{B1} = \dfrac{8}{T_{EB}}J_M \\ K_{B2} = \dfrac{64}{T_{EB}^3}\dfrac{J_M J_L}{K_S} - \dfrac{8}{T_{EB}}J_M \\ K_{B3} = -\dfrac{32}{T_{EB}^2}\dfrac{J_M}{K_S} + \dfrac{J_M}{J_L} + 1 \\ K_{B4} = -\dfrac{64}{T_{EB}^4}\dfrac{J_M J_L}{K_S} \end{cases} \tag{12-14}
$$

图 12-2 即为根据式（12-14）得到的全维观测器动态结构图。

12.1.4 全维状态观测器控制系统的仿真实验

对全维状态观测器控制系统进行仿真，仿真结果如图 12-3 所示。图 12-3（a）是 ω_M、ω_L、T_S、T_L 的实际测量值，图 12-3（b）则是 $\hat{\omega}_M$、$\hat{\omega}_L$、$\hat{T}_S$、$\hat{T}_L$ 这些由全维状态观测器重构出的观测值。通过对两图的比较，我们可以看出，观测值稍稍滞后于实际值，但很快能够跟随上实际值，这意味着观测器重构出的观测量完全可以应用于控制系统。

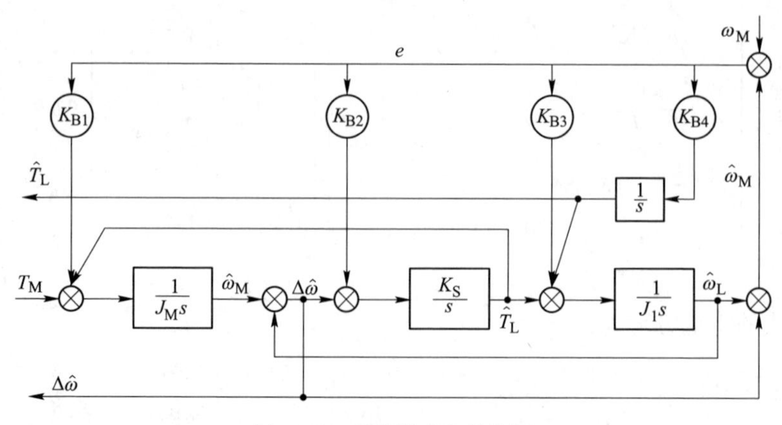

图 12-2　观测器动态结构图

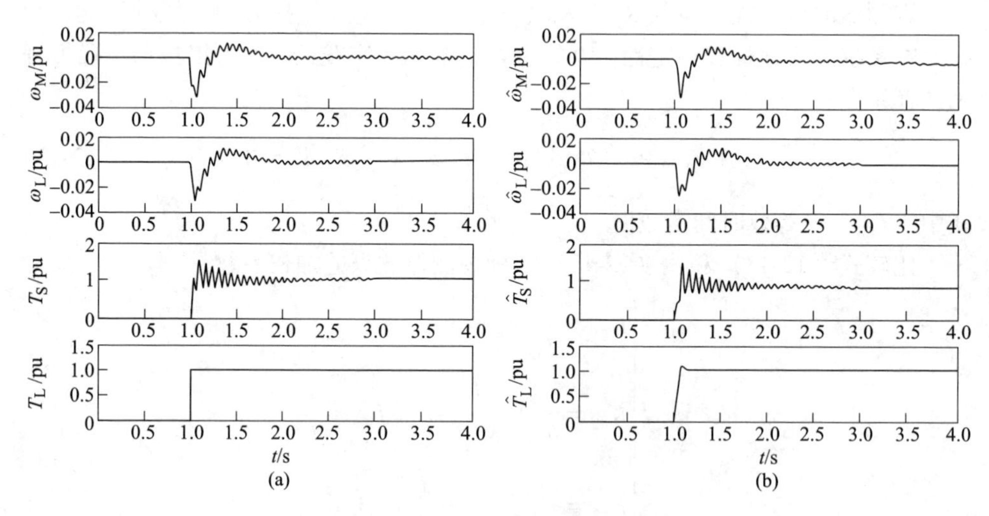

图 12-3　全维状态观测器的仿真

将以上的全维观测器加入到电气传动控制系统中，由观测器辨识出系统的转矩和旋转频率。当系统在负载扰动作用下产生机电谐振时，观测器反馈控制系统通过观测器输出的转矩信号和电动机与负载之间瞬时速差来对系统进行补偿，观测器将随之产生与传动系统谐振频率一致的振荡信号去抵消机电谐振，从而实现系统的稳定运行。

图 12-4 是带全维观测器的调速系统和传统速度电流双闭环控制系统在突加速度给定的情况下，电机速度和连接轴上所承受力矩的阶跃响应的仿真对比；图 12-5 是突加负载时电机速度、连接轴转矩的仿真波形对比。

从图 12-4 和图 12-5 中可以看出，在突加速度阶跃给定时，双闭环控制的速

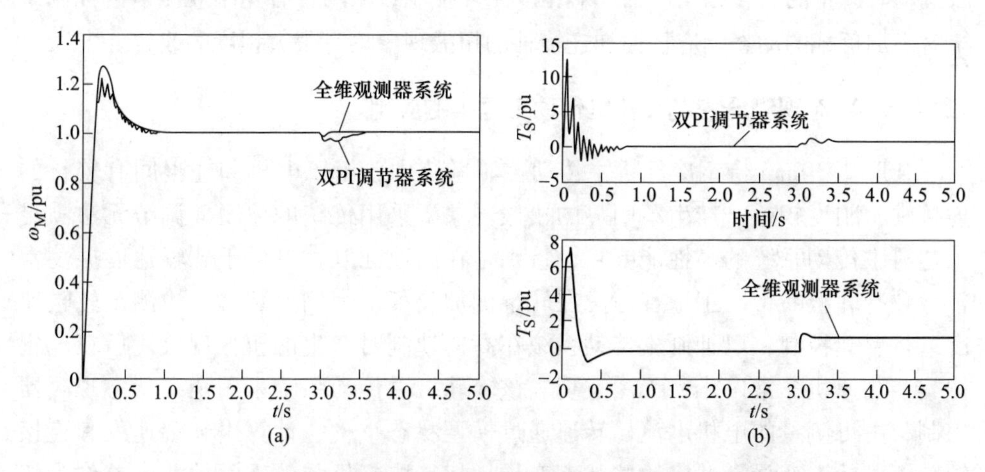

图 12-4 突加速度给定时电机速度和连接轴转矩的阶跃响应

（a）电机速度的阶跃响应对比；（b）连接轴转矩的阶跃响应对比

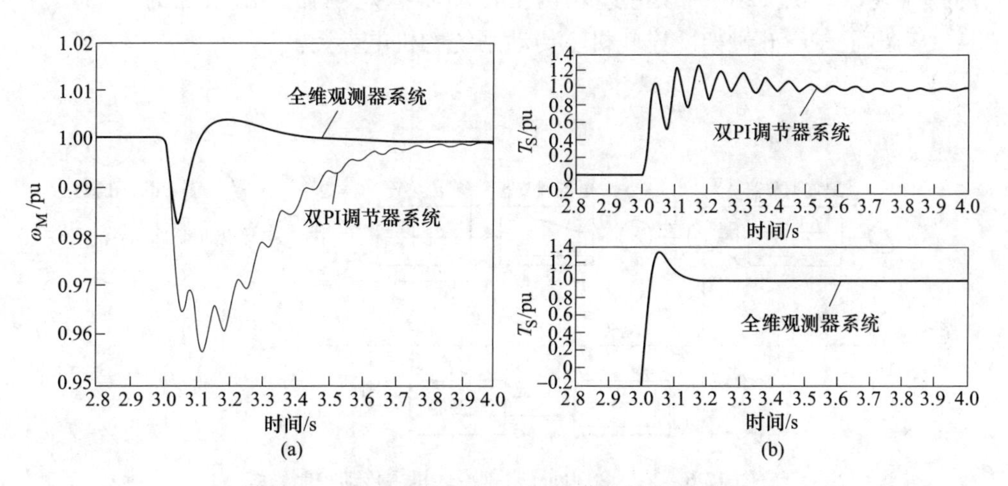

图 12-5 突加负载时电机的动态数据和恢复时间

（a）电机速度的阶跃响应对比；（b）连接轴转矩的阶跃响应对比

度超调大约为 22%，连接轴上的冲击转矩的峰值很大，持续时间较长；而加入全维观测器后，速度超调量稍有增加，为 27%，速度曲线变得光滑，连接轴上的冲击转矩的峰值减少 50%，持续时间减少 50%，并基本消除了振荡现象。

在突加阶跃负载时，双闭环控制系统的动态速降大约为 4.5%，恢复时间（设允许误差为 1%）大约为 425ms；带全维观测器的调速系统的动态速降大约为 1.7%，恢复时间大约为 73ms。带有全维观测器的调速系统比双闭环控制连接轴上所承受的转矩强度略有增加，但是持续时间缩短 6/7，消除了连接轴在负载扰动时产生的扭转振荡。因此对比双闭环控制，采用带有全维观测器的控制系统对突加负载的动态响应特性和连接轴的扭振现象均有很大程度的改善。

12.1.5　状态观测器控制在轧机传动工程中的应用

某厂 2030mm 带钢冷轧机主传动控制系统中，由于电机和轧辊间有较长的连接轴，刚度较差，产生了明显的扭振现象。采用传统的双闭环调节无法满足工艺对主传动系统的高性能要求，特别是在高速轧制时，由于轧辊速度振荡常常导致冷轧板断带。工厂曾考虑在轧辊侧加装第二个测速装置，检测出轧辊速度进行反馈控制，以抑制主传动系统在高速轧制时产生的扭振现象。但在轧辊侧安装测速机非常困难，无法实现。该冷轧机主传动系统采用全维状态观测器控制，由可测量的电机电流、转速通过模型状态重构，计算出轧辊速度和连接轴转矩等状态变量，并将这些状态变量加权，取电机与轧辊间的速度差作为扭振变量，反馈到电流给定通道中，形成状态反馈控制，有效地抑制了高速连轧的扭振现象。图 12-6 为该冷连轧机主传动状态观测器控制系统的框图。表 12-1 列出了该厂五机架冷连轧机主传动系统的机电参数。

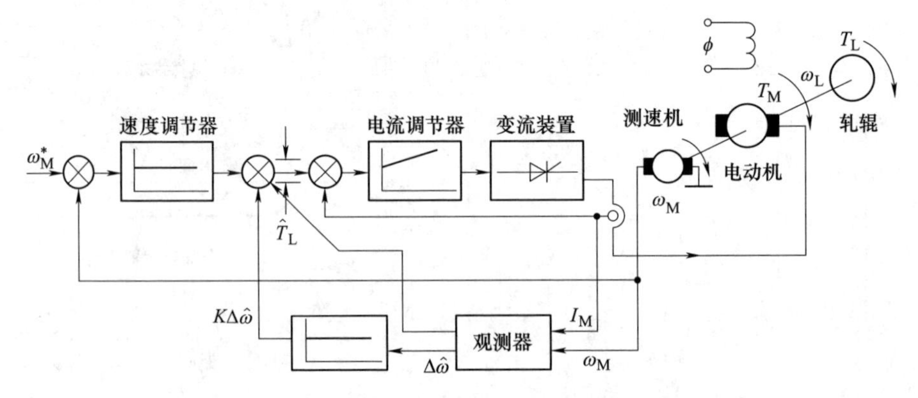

图 12-6　某厂 2030mm 带钢冷轧机主传动控制系统

表 12-1　2030mm 冷连轧机主传动系统的机电参数

机架号		额定转速 /r · min^{-1}	额定转矩 /kN · m	电机转动惯量 /kg · m^2	轧辊转动惯量 /kg · m^2	连接轴刚度系数 /N · m · rad^{-1}
1 号	上传动	670	198	1489	609	2. 88
	下传动	670	198	1336	609	3. 11
2 号	上传动	900	198	1489	609	2. 88
	下传动	900	198	1336	609	3. 11

续表 12-1

机架号		额定转速 /r·min^{-1}	额定转矩 /kN·m	电机转动惯量 /kg·m^2	轧辊转动惯量 /kg·m^2	连接轴刚度系数 /N·m·rad^{-1}
3号	上传动	900	198	1520	1029	4.43
	下传动	900	198	1336	1029	4.91
4号	上传动	891	198	1552	1542	5.93
	下传动	891	198	1398	1542	6.73
5号	上传动	894	198	1595	2301	7.74
	下传动	894	198	1441	2301	9.06

由表 12-1 中的参数计算得到传动系统各机架的固有频率 f_0，计算结果见表 12-2。

表 12-2　2030mm 冷连轧机主传动系统各机架的固有频率

机架号	1		2		3		4		5	
	上辊	下辊	上辊	下辊	上辊	下辊	上辊	下辊	上辊	下辊
频率/Hz	13	13.72	13	13.72	13.52	14.56	13.92	15.25	14.43	16.10

全维状态观测器的原理及设计方法前面已经讨论过了，本系统采用图 12-2 所示的全维状态观测器的控制结构。选择等效时间常数 $T_{EB}=40$ms，根据式（12-14）可以计算出各机架传动系统的全维观测器误差加权系数，如表 12-3 所示。

表 12-3　各机架传动控制系统的误差加权系数

机架号		参数			
		K_{B1}	K_{B2}	K_{B3}	K_{B4}
1号	上传动	105.5	−6.896	6.08	−2789.5
	下传动	94.68	−5.40	−1.98	−2317.5
2号	上传动	141.76	−6.89	8.04	−3744.9
	下传动	127.18	−5.40	−2.65	−3113.2
3号	上传动	144.70	−4.39	23.34	−4201.1
	下传动	130.04	−3.24	6.23	−3406.8
4号	上传动	146.28	−3.23	43.95	−4755.7
	下传动	131.76	−2.25	19.19	−3773.8
5号	上传动	150.84	−2.43	73.34	−5604.5
	下传动	136.34	−1.55	36.62	−4324.1

该厂 2030mm 带钢冷轧机主传动控制系统由于采用了上述的全维观测器控制，传动系统的抗扰动性得到了很大的提高。采用全维观测器控制的传动系统具有较好的抗机电扭振特性，减少了轧钢冲击负荷引起的传动链扭振幅值和振荡次数。同时，降低了咬钢引起的动态速降，原双闭环控制系统的动态速降为 8.68%，恢复时间长达 520ms，采用全维观测器控制后，动态速降降至 2.9%，恢复时间缩短为 320ms。

12.2 龙贝格 Luenberger 观测器控制

龙贝格 Luenberger 观测器是 Dr. Luenberger 在 1971 年提出的一种基于输出误差反馈补偿的观测器。根据系统的输入与输出关系建立观测器模型，取观测器输出与估计输出进行比较，最终以稳态误差为零来保证观测器的稳定。龙贝格观测器也是一种降维观测器，只是在于其设计方法不同于一般的降维观测器。

12.2.1 龙贝格 Luenberger 观测器原理

假设待观测系统状态空间方程：

$$\begin{cases}\dot{x} = \boldsymbol{A}x + \boldsymbol{B}u \\ y = \boldsymbol{C}x\end{cases} \tag{12-15}$$

根据龙贝格观测器的设计思想，构造出状态观测器的动态方程：

$$\begin{cases}\dot{\hat{x}} = \boldsymbol{A}\hat{x} + \boldsymbol{B}u - \boldsymbol{H}(\hat{y} - y) \\ \hat{y} = \boldsymbol{C}\hat{x}\end{cases} \tag{12-16}$$

式中 $\hat{x}$——模型的状态观测值；

$\hat{y}$——模型的输出观测值；

$\boldsymbol{H}$——观测器反馈增益矩阵。

根据式（12-15）与式（12-16）之差，可以得到观测器的误差状态向量：

$$\dot{\hat{x}} - \dot{x} = (\boldsymbol{A} - \boldsymbol{HC})(\hat{x} - x) \tag{12-17}$$

其解为：

$$\dot{\hat{x}} - \dot{x} = \mathrm{e}^{(\boldsymbol{A}-\boldsymbol{HC})(t-t_0)}[\hat{x}(t_0) - x(t_0)] \tag{12-18}$$

显然，当 $\hat{x}(t_0) = x(t_0)$ 时，恒有 $\hat{x}(t) = x(t)$， 所引入的输出反馈并不起作用；而当 $\hat{x}(t) \neq x(t)$ 时，输出反馈便起作用，这时只要 $\boldsymbol{A} - \boldsymbol{HC}$ 的特征值具有负实部，初始状态向量误差总会按指数规律衰减，其衰减速率取决于 $\boldsymbol{A} - \boldsymbol{HC}$ 的极点配置，从而保证观测量收敛于实际值。

龙贝格观测器按照如下设计方法构成（$n-m$）降维观测器：

（1）检查被控系统的可观测性，确定降维观测器的观测维数（$n-m$）。

（2）运用非奇异线性变换 $x=Q^{-1}\bar{x}$，将传感器可以测量到的 m 个状态变量与待观测器估计的（$n-m$）个状态变量分离开，并导出式（12-19）所示的变换后的被控系统的动态方程：

$$|\lambda I-(\bar{A}_{11}-L\bar{A}_{21})|=0 \tag{12-19}$$

（3）按照式（12-20）和式（12-21）构造实用的（$n-m$）维观测器，

$$\dot{z}=(\bar{A}_{11}-\boldsymbol{L}\bar{A}_{21})z+(\bar{B}_{1}-\boldsymbol{L}\bar{B}_{2})u+[(\bar{A}_{11}-\boldsymbol{L}\bar{A}_{21})\boldsymbol{L}+\bar{A}_{12}-\boldsymbol{L}\bar{A}_{22}]\bar{y} \tag{12-20}$$

$$\hat{\bar{x}}_{1}=z+\boldsymbol{L}\bar{y} \tag{12-21}$$

全部状态变量由式（12-22）给出；

$$\hat{x}=\begin{bmatrix}\hat{x}_{1}\\ \vdots\\ \bar{y}\end{bmatrix}=\begin{bmatrix}z+L\bar{y}\\ \vdots\\ \bar{y}\end{bmatrix}=\begin{bmatrix}I_{n-m}\\ \vdots\\ 0\end{bmatrix}z+\begin{bmatrix}L\\ \vdots\\ I_{m}\end{bmatrix}\bar{y}=\left[\begin{array}{c|c}I_{n-m} & L\\ \hline 0 & I_{q}\end{array}\right]\begin{bmatrix}z\\ \vdots\\ \bar{y}\end{bmatrix} \tag{12-22}$$

式中，I_{n-m}、I_{m} 分别为（$n-m$）、m 单位矩阵；0 为 $[m\times(n-m)]$ 维零矩阵。

（4）$\boldsymbol{L}$ 阵的参数选择由式（12-19）及期望特征方程联立确定；

适当选择 $\boldsymbol{L}$ 阵，便可任意配置降维状态观测器极点，使（$\bar{x}_{1}-\hat{\bar{x}}_{1}$）具有满意的衰减速率。

利用 $\hat{x}=\boldsymbol{Q}^{-1}\hat{\bar{x}}$ 可将 $\hat{x}$ 变换回原系统状态空间，估值 $\hat{x}$ 用作原系统状态反馈的状态信息。

12.2.2　电气传动龙贝格 Luenberger 观测器的设计

根据电气传动两质量模型的状态方程为：

$$\begin{cases}\dot{x}(t)=\boldsymbol{A}x(t)+\boldsymbol{B}u(t)\\ y(t)=\boldsymbol{C}x(t)\end{cases} \tag{12-23}$$

其中

$$\boldsymbol{A}=\begin{bmatrix}0 & 0 & \dfrac{-1}{J_{\mathrm{M}}} & 0\\ 0 & 0 & \dfrac{1}{J_{\mathrm{L}}} & \dfrac{-1}{J_{\mathrm{L}}}\\ K_{\mathrm{S}} & -K_{\mathrm{S}} & 0 & 0\\ 0 & 0 & 0 & 0\end{bmatrix},\boldsymbol{B}=\begin{bmatrix}\dfrac{1}{J_{\mathrm{M}}}\\ 0\\ 0\\ 0\end{bmatrix},\boldsymbol{C}=[1\quad 0\quad 0\quad 0]$$

$$x(t)=[\omega_{\mathrm{M}}\quad \omega_{\mathrm{L}}\quad T_{\mathrm{S}}\quad T_{\mathrm{L}}]^{\mathrm{T}},\ y=\omega_{\mathrm{M}},\ u=T_{\mathrm{M}}$$

（1）首先判断系统的可观性，确定降维观测器的维数（$n-m$）。

$$rank[\boldsymbol{C}^{\mathrm{T}}\quad \boldsymbol{A}^{\mathrm{T}}\boldsymbol{C}^{\mathrm{T}}\quad (\boldsymbol{A}^{\mathrm{T}})^2\boldsymbol{C}^{\mathrm{T}}\quad (\boldsymbol{A}^{\mathrm{T}})^3\boldsymbol{C}^{\mathrm{T}}]$$

$$= rank\begin{bmatrix} 1 & 0 & 0 & 0 \\ 0 & 0 & \frac{-1}{J_{\mathrm{M}}} & 0 \\ \frac{-K_{\mathrm{S}}}{J_{\mathrm{M}}} & \frac{K_{\mathrm{S}}}{J_{\mathrm{M}}} & 0 & 0 \\ 0 & 0 & \frac{K_{\mathrm{S}}}{J_{\mathrm{M}}J_{\mathrm{M}}}+\frac{K_{\mathrm{S}}}{J_{\mathrm{M}}J_{\mathrm{L}}} & \frac{-K_{\mathrm{S}}}{J_{\mathrm{M}}J_{\mathrm{L}}} \end{bmatrix} = 4 = n \tag{12-24}$$

显然系统可观测，由于 $m=1$，故 $n-m=3$，故降维观测器维数为 3 维。

（2）将测得的状态变量和待观测的 $n-m$ 个变量分离。

$$x = \boldsymbol{Q}^{-}\bar{x} \Rightarrow \bar{x} = \boldsymbol{Q}x$$

即　$$\bar{x} = \boldsymbol{Q}x = \boldsymbol{Q}\begin{bmatrix} \omega_{\mathrm{M}} \\ \omega_{\mathrm{L}} \\ T_{\mathrm{S}} \\ T_{\mathrm{L}} \end{bmatrix} = \begin{bmatrix} T_{\mathrm{L}} \\ T_{\mathrm{S}} \\ \omega_{\mathrm{L}} \\ \omega_{\mathrm{M}} \end{bmatrix},\quad \boldsymbol{Q} = \begin{bmatrix} 0 & 0 & 0 & 1 \\ 0 & 0 & 1 & 0 \\ 0 & 1 & 0 & 0 \\ 1 & 0 & 0 & 0 \end{bmatrix} = \begin{bmatrix} D \\ \vdots \\ C \end{bmatrix}\begin{matrix} 3\text{行} \\ 1\text{行} \end{matrix}$$

显然引入 $\boldsymbol{Q}$ 将 x 分解为 $\bar{x}_1$，$\bar{x}_2$ 两部分，其中 $\bar{x}_2$ 即 ω_{m} 是可以直接由输出观测到的状态变量。

$$\bar{\boldsymbol{A}} = \boldsymbol{QAQ}^{-1} = \left[\begin{array}{ccc|c} 0 & 0 & 0 & 0 \\ 0 & 0 & -K_{\mathrm{S}} & K_{\mathrm{S}} \\ -\frac{1}{J_{\mathrm{L}}} & \frac{1}{J_{\mathrm{L}}} & 0 & 0 \\ \hline 0 & -\frac{1}{J_{\mathrm{M}}} & 0 & 0 \end{array}\right] \tag{12-25}$$

$$\bar{\boldsymbol{B}} = \boldsymbol{QB} = \begin{bmatrix} 0 & 0 & 0 & \frac{1}{J_{\mathrm{M}}} \end{bmatrix}^{\mathrm{T}}\begin{bmatrix} \bar{\boldsymbol{B}}_1 \\ \bar{\boldsymbol{B}}_2 \end{bmatrix}$$

$$\bar{\boldsymbol{C}} = \boldsymbol{CQ}^{-1} = [0\quad 0\quad 0\quad \vdots\quad 1]$$

（3）构造实用的状态观测器。

设反馈矩阵 $\boldsymbol{L} = \begin{bmatrix} h_1 \\ h_2 \\ h_3 \end{bmatrix}$，可以推出：

$$\bar{\boldsymbol{A}}_{11} = \begin{bmatrix} 0 & 0 & 0 \\ 0 & 0 & -K_{\mathrm{S}} \\ -\frac{1}{J_{\mathrm{L}}} & \frac{1}{J_{\mathrm{L}}} & 0 \end{bmatrix},\ \bar{\boldsymbol{A}}_{12} = \begin{bmatrix} 0 \\ K_{\mathrm{S}} \\ 0 \end{bmatrix},\ \bar{\boldsymbol{A}}_{21} = \begin{bmatrix} 0 & -\frac{1}{J_{\mathrm{M}}} & 0 \end{bmatrix},\ \bar{\boldsymbol{A}}_{22} = 0$$

$$\overline{\boldsymbol{B}}_1 = \begin{bmatrix} 0 \\ 0 \\ 0 \end{bmatrix}, \ \overline{\boldsymbol{B}}_2 = \frac{1}{J_{\mathrm{M}}} \tag{12-26}$$

将以上各式代入降维观测器动态方程式（12-20），得到：

$$\dot{z} = \begin{bmatrix} 0 & \dfrac{h_1}{J_{\mathrm{M}}} & 0 \\ 0 & \dfrac{h_2}{J_{\mathrm{M}}} & -K_{\mathrm{S}} \\ -\dfrac{1}{J_{\mathrm{L}}} & \dfrac{1}{J_{\mathrm{L}}} + \dfrac{h_3}{J_{\mathrm{M}}} & 0 \end{bmatrix} z - \frac{1}{J_{\mathrm{M}}} \begin{bmatrix} h_1 \\ h_2 \\ h_3 \end{bmatrix} u + \begin{bmatrix} \dfrac{h_1 \times h_2}{J_{\mathrm{M}}} \\ \dfrac{h_1 \times h_2}{J_{\mathrm{M}}} - h_3 \times K_{\mathrm{S}} + K_{\mathrm{S}} \\ -\dfrac{h_1}{J_{\mathrm{L}}} + \left(\dfrac{1}{J_{\mathrm{L}}} + \dfrac{h_3}{J_{\mathrm{M}}}\right) \times h_2 \end{bmatrix} \bar{y} \tag{12-27}$$

将上式中的 z 代入式（12-22），即可得到状态反馈的估计状态向量 $\hat{x}$ 的表达式。

（4）$\boldsymbol{L}$ 阵的参数选择由式（12-19）及期望特征方程联立确定，故有：

$$\lambda^3 - \frac{1}{J_{\mathrm{M}}} \times h_2 \times \lambda^2 + K_{\mathrm{S}}\left(\frac{h_3}{J_{\mathrm{M}}} + \frac{1}{J_{\mathrm{L}}}\right)\lambda - \frac{1}{J_{\mathrm{L}}J_{\mathrm{M}}}K_{\mathrm{S}} \times h_1 = 0 \tag{12-28}$$

令设给定极点为 $\lambda = [\lambda_1 \quad \lambda_2 \quad \lambda_3]$，则有：

$$\begin{aligned} &(\lambda - \lambda_1)(\lambda - \lambda_2)(\lambda - \lambda_3) \\ &= \lambda^3 - (\lambda_1 + \lambda_2 + \lambda_3)\lambda^2 + (\lambda_1\lambda_2 + \lambda_2\lambda_3 + \lambda_3\lambda_1)\lambda - \lambda_1\lambda_2\lambda_3 \end{aligned} \tag{12-29}$$

对比系数可以得到以下等式：

$$\begin{cases} h_1 = \dfrac{J_{\mathrm{M}}J_{\mathrm{L}}}{K_{\mathrm{S}}}\lambda_1\lambda_2\lambda_3 \\ h_2 = J_{\mathrm{M}}(\lambda_1 + \lambda_2 + \lambda_3) \\ h_3 = \left[\dfrac{1}{K_{\mathrm{S}}}(\lambda_1\lambda_2 + \lambda_2\lambda_3 + \lambda_3\lambda_1) - \dfrac{1}{J_{\mathrm{L}}}\right] J_{\mathrm{M}} \end{cases} \tag{12-30}$$

12.2.3 龙贝格 Luenberger 观测器控制系统的仿真实验

用龙贝格观测器理论建立观测器仿真模型，控制系统框图如图 12-7 所示。

利用 Matlab/Simulink 对控制系统进行仿真，得到观测值和实际值如图 12-8 所示。对比图可以看出，龙贝格观测器观测值与实际值基本吻合，效果较好。

进一步将这些观测量加权反馈，把反馈量输入到电流调节器中，同时将龙贝格观测器调节方式和传统的双闭环调节方式进行对比，见图 12-9。

由图 12-9 可见，龙贝格观测器控制的抗负载扰动能力比双闭环控制强得多，

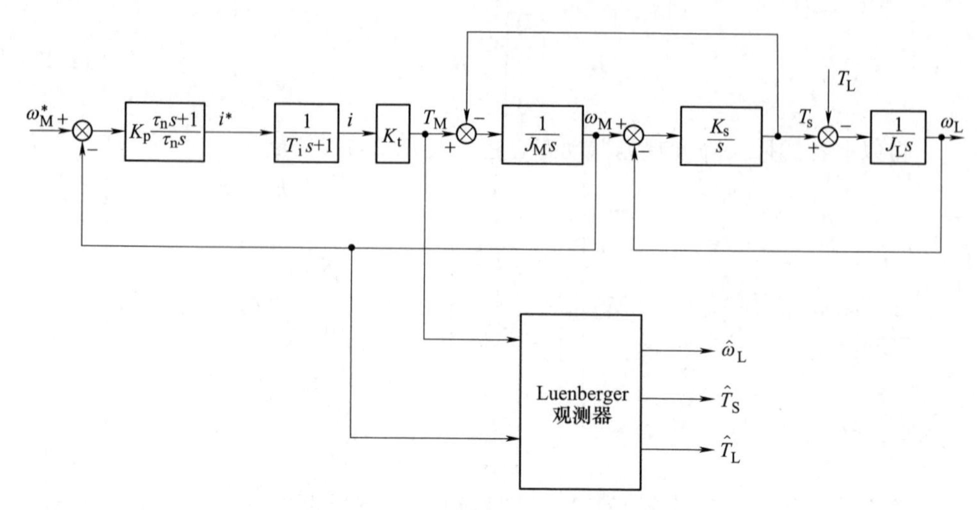

图 12-7　龙贝格观测器控制系统框图

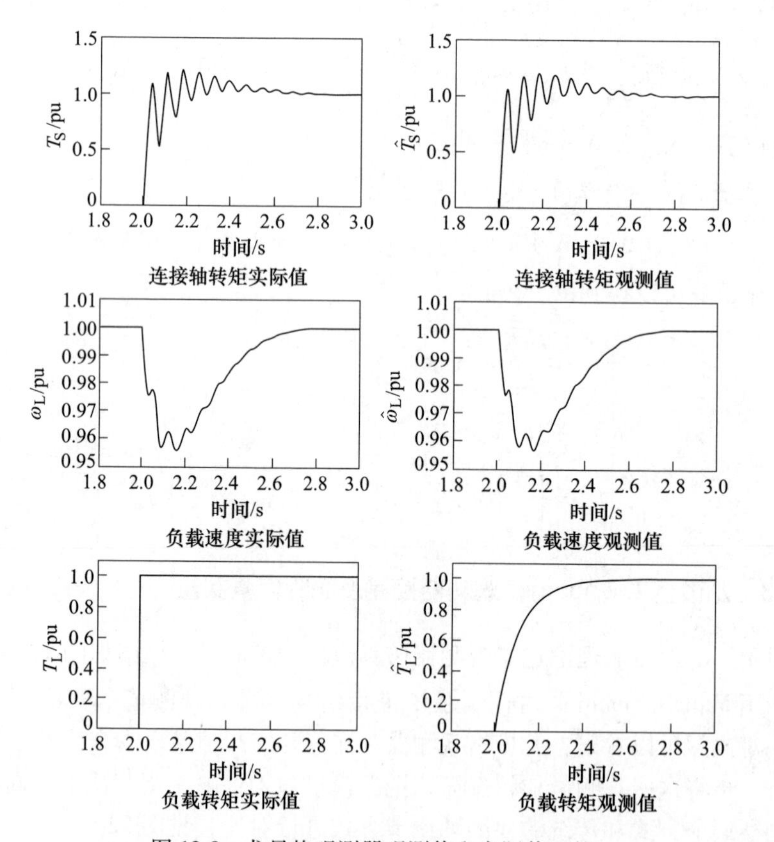

图 12-8　龙贝格观测器观测值和实际值比较

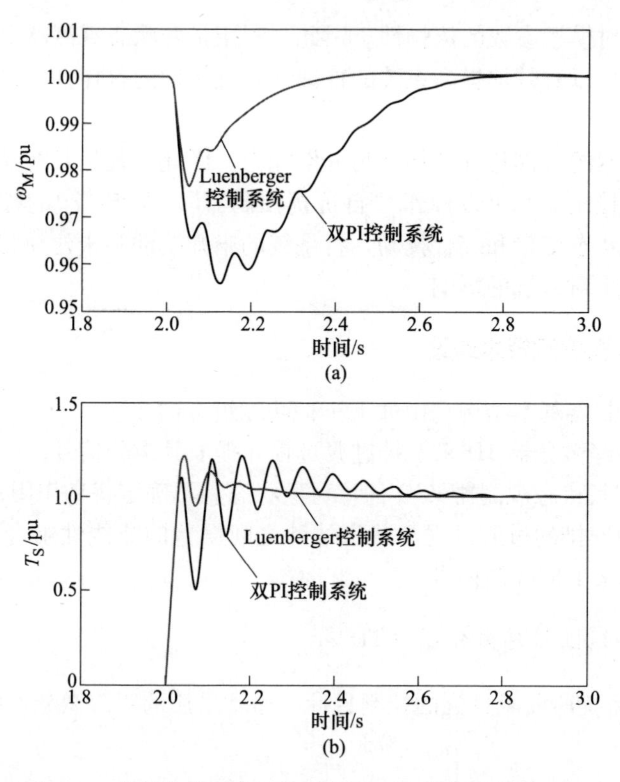

图 12-9 突加负载时龙贝格控制和双闭环控制效果比较

（a）电机转速动态速降的比较；（b）连接轴转矩的比较

在突加负载时，系统减少了动态速降，同时也有效地抑制了连接轴扭振。龙贝格观测器的优点是构造方便，运算速度比较快，而且能够得到较好的观测结果，在控制系统领域得到广泛的应用。

12.3 自抗扰控制

自抗扰控制器（auto/active disturbances rejection controller，ADRC）技术是一种将 PID 控制技术与现代控制理论相结合，不依赖于被控对象精确模型的新型实用数字控制技术。它具有超调低，收敛速度快，精度高，抗干扰能力强及算法简单等特点。为了提高控制器的性能，ADRC 通过简单的非线性算法，对系统的状态以及状态的各阶微分进行跟踪控制；通过扩张状态观测器（ESD）观测出系统的状态和“综合扰动项”，得到广义状态误差并对扰动项进行前馈补偿控制。近年来已在各领域自动控制系统中得到应用。

基于自抗扰控制（ADRC）的扩张状态观测器（ESO）不需要知道系统精确的数学模型，只需要知道系统的输入输出数据，不仅可以使控制对象的状态量重现，而且可以估计出控制对象模型的不确定因素和干扰的实时值，有效降低了传统状态观测器对模型参数的依赖性。因此，利用扩张状态观测器反馈控制来抑制轧机机电振动可以有效地提高系统的精确性和抗扰动的鲁棒性，是一种很有发展前景的方法。

自抗扰控制的关键是扰动估计与补偿能力。因此，凡是具有这种自动估计补偿扰动能力的控制器都可以称作“自抗扰控制器”。ADRC 中的扩张状态观测器可以观测系统状态变量和综合扰动，将系统的未知扰动和未建模特性归结到综合扰动中，以减少对系统的影响。

12.3.1 自抗扰控制技术原理

自抗扰控制器基本结构是由如下三种功能组合而成：

（1）用跟踪微分器 TD 来安排过渡过程并提取其微分信号；

（2）用扩张状态观测器 ESO 估计对象状态和不确定扰动作用；

（3）利用安排的过渡过程与状态估计之间误差的非线性组合 NLSEF 和扰动估计量的补偿来生成控制信号。

12.3.1.1 非线性跟踪微分器（TD）

设 w^* 为系统所要求达到的控制目标，通常采用的跟踪微分器的形式为：

$$\begin{cases}\dot{w}_1 = w_2 \\ \dot{w}_2 = w_3 \\ \dot{w}_3 = u[w_1 - v(t), w_2, w_3]\end{cases} \tag{12-31}$$

其中，u 的表达式为：

$$\begin{cases}s = sign\left(w_2 + \dfrac{|w_3|w_3}{2r}\right) \\ a = sx_2 + \dfrac{w_3^2}{2r} \\ b = \dfrac{w_3}{r} \\ u(w_1, w_2, w_3) = -rsign\left(w_1 + sa\left(\sqrt{\dfrac{a}{r}} + sb\right) - \dfrac{r}{6}b^3\right)\end{cases} \tag{12-32}$$

跟踪微分器有 3 个输出信号 w_1、w_2、w_3。变量 w_1 将在加速度 r 的限制下“最快地”跟踪输入信号 $v(t)$，w_2 为 w_1 的微分也可以当作 $v(t)$ 的微分。w_3 为 w_1 二阶微分。

12.3.1.2 扩张状态观测器（ESO）

扩张状态观测器作为自抗扰控制器的核心环节，负责观测系统状态项 v 和综

合扰动项 $a(t)$，将 $a(t)$ 扩展为系统的一个状态，则：

$$\begin{cases}\dot{v}_1 = v_2 \\ \dot{v}_2 = v_3 \\ \dot{v}_3 = v_4 + bu, v_4 = a(t) \\ \dot{v}_4 = \xi(t) \\ y = v_1\end{cases} \tag{12-33}$$

式中，$\xi(t)$ 为 $a(\cdot)$ 的微分，是未知项。则下面的非线性观测器用来估计系统的状态和综合扰动项

$$\begin{cases}e = z_1 - y \\ \dot{z}_1 = z_2 - \beta_{01} fal(e,\alpha_1,\delta) \\ \dot{z}_2 = z_3 - \beta_{02} fal(e,\alpha_2,\delta) \\ \dot{z}_3 = z_4 - \beta_{03} fal(e,\alpha_3,\delta) + bu \\ \dot{z}_4 = -\beta_{04} fal(e,\alpha_4,\delta)\end{cases} \tag{12-34}$$

fal 函数的表达式为：

$$fal(e,\alpha,\delta) = \begin{cases}\dfrac{e}{\delta^{1-\alpha}} & |e| \leqslant \delta \\ sign(e)\ |e|^{\alpha} & |e| > \delta\end{cases} \tag{12-35}$$

式中，z_1、z_2、z_3 为状态 x_1、x_2、x_3 的估计值；z_4 为未知函数 $a(t)$ 的估计值；e 为 z_1 和 y 之间的误差；β_{01}，β_{02}，β_{03}，β_{04} 为观测器的增益；δ，α 为 fal 函数的控制参数。

12.3.1.3 非线性组合（NLSEF）

有了“安排过渡过程”和“跟踪微分器”的手段，利用前面“安排过渡过程”部件生成的信号 w_1，w_2，w_3，可以产生过渡过程的误差信号：

$$\begin{cases}e_1 = w_1 - z_1 \\ e_2 = w_2 - z_2 \\ e_3 = w_3 - z_3\end{cases} \tag{12-36}$$

并可以实现非线性控制，非线性组合的方式为：

$$u_0 = k_1 fal(e_1,\alpha_1,\delta) + k_2 fal(e_2,\alpha_2,\delta) + k_3 fal(e_3,\alpha_3,\delta) \tag{12-37}$$

式中，k_1、k_2 和 k_3 为非线性 PD 控制器的增益。

用扩张状态观测器进行动态补偿线性化，即用扰动 $a(t)$ 的估计值 z_4 对误差反馈控制量 u_0 进行补偿从而决定最终控制量：

$$u(t) = \frac{1}{b}[u_0 - a(t)] \tag{12-38}$$

式中，b 为补偿因子。

12.3.2 电气传动自抗扰控制系统的设计

图 12-10 为基于自抗扰技术的电气传动控制系统结构图。包括三部分：非线性跟踪微分器（TD）、扩张状态观测器（ESO）和非线性比例微分控制率（N-PD）。图中 w^* 为给定输入信号，它将输出输出信号 ω_1、ω_2、ω_3，其中 ω_1 跟踪 ω^*，$\omega_2=\dot{\omega}_1$，$\omega_3=\ddot{\omega}_1$；z_1、z_2、z_3 为状态 x_1、x_2、x_3 的估计值；z_4 为未知函数 $a(t)$ 的估计值；e_1、e_2、e_3 为过渡过程的误差信号，如式（12-37）所示，u_0 是非线性组合的方式；b 为补偿因子；$u=T_{\mathrm{M}}$；u_1 为扰动输入。

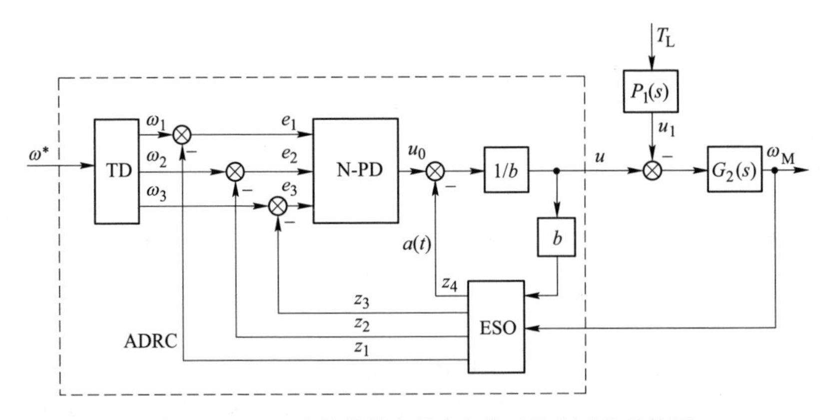

图 12-10　基于自抗扰技术的电气传动控制系统结构图

根据机械动力学原理，可得机电模型的状态方程为：

$$\begin{cases}\dot{x}_{\mathrm{p}} = A_{\mathrm{p}}x_{\mathrm{p}} + B_{\mathrm{d}}T_{\mathrm{L}} + B_{\mathrm{p}}T_{\mathrm{M}} \\ y_{\mathrm{p}} = C_{\mathrm{p}}x_{\mathrm{p}}\end{cases} \tag{12-39}$$

式中，$C_{\mathrm{p}} = [1\quad 0\quad 0]$，$x_{\mathrm{p}} = [\omega_{\mathrm{M}}\quad T_{\mathrm{S}}\quad \omega_{\mathrm{L}}]^{\mathrm{T}}$

$$A_{\mathrm{p}} = \begin{bmatrix} 0 & -\frac{1}{J_{\mathrm{M}}} & 0 \\ K_{\mathrm{S}} & 0 & -K_{\mathrm{S}} \\ 0 & \frac{1}{J_{\mathrm{L}}} & 0 \end{bmatrix}, B_{\mathrm{d}} = \begin{bmatrix} 0 & 0 & -\frac{1}{J_{\mathrm{L}}} \end{bmatrix}^{\mathrm{T}}, B_{\mathrm{p}} = \begin{bmatrix} \frac{1}{J_{\mathrm{M}}} & 0 & 0 \end{bmatrix}^{\mathrm{T}}$$

为了用自抗扰控制技术对式（12-39）所示的电气传动系统扭振进行控制，将电气传动二质量模型变换为图 12-10 右半部分所示，其中 $G_2(s) = \dfrac{\omega_{\mathrm{M}}}{T_{\mathrm{M}}}$，$P_1(s) = \dfrac{K_{\mathrm{S}}}{J_{\mathrm{L}}s^2 + K_{\mathrm{S}}}$，则系统模型可变为：

$$\begin{cases} J_M J_L \ddot{\omega}_M + (J_M + J_L) K_S \dot{\omega}_M = J_L(\ddot{u} - \ddot{u}_1) + K_S(u - u_1) \\ J_L \ddot{u} + K_S u_1 = K_S T_L \end{cases} \tag{12-40}$$

式中，u_1 为扰动输入，$u = T_M$。令 $v_1 = \omega_M$，$v_2 = \dot{\omega}_M$，$v_3 = \ddot{\omega}_M$，$a = -\dfrac{(J_M + J_L)K_S}{J_M J_L}$，$b = \dfrac{K_S}{J_M J_L}$，$c_1 = -\dfrac{K_S}{J_M J_L}$，$c_1 = \dfrac{1}{J_M}$，则式（12-32）可变为：

$$\begin{cases} \dot{v}_1 = v_2 \\ \dot{v}_2 = v_3 \\ \dot{v}_3 = av_2 - c_1 T_L + c_2 \ddot{u} + bu \end{cases} \tag{12-41}$$

定义综合扰动项

$$a(t) = av_2 - c_1 T_L + c_2 \ddot{u} \tag{12-42}$$

将式（12-42）带入式（12-41）可得

$$\begin{cases} \dot{v}_1 = v_2 \\ \dot{v}_2 = v_3 \\ \dot{v}_3 = a(t) + bu \end{cases} \tag{12-43}$$

由式（12-43）可知，若能观测出综合扰动项并进行前馈补偿，电气传动系统就可以变为三阶线性模型。利用自抗扰控制技术可以很好地解决这一问题，实现电气传动系统扭振控制，并有效地消除各种干扰和系统参数变化对系统特性的影响。

12.3.3 自抗扰控制系统的仿真实验

以某钢铁厂 2030mm 带钢冷连轧机第 4 机架电气传动系统的实际参数，对电气传动自抗扰控制系统进行仿真研究，其传动系统参数见表 12-4。

表 12-4 传动系统参数

电机惯量 J_M	$1552\text{kg} \cdot \text{m}^2$
负载机械惯量 J_L	$1542\text{kg} \cdot \text{m}^2$
连接轴系数 K_S	$5.93 \times 10^6 \text{N} \cdot \text{m} \cdot \text{rad}^{-1}$

图 12-11 为当负载转动惯量 J_L 增大一倍时，不改变控制器的任何参数，自抗扰控制系统和基于降维状态观测器的状态反馈系统速度响应对比曲线。其中，实线为自抗扰控制器控制结果，虚线为基于降维状态观测器的状态反馈控制结果。由图可见，自抗扰控制系统明显增强了系统的鲁棒性。

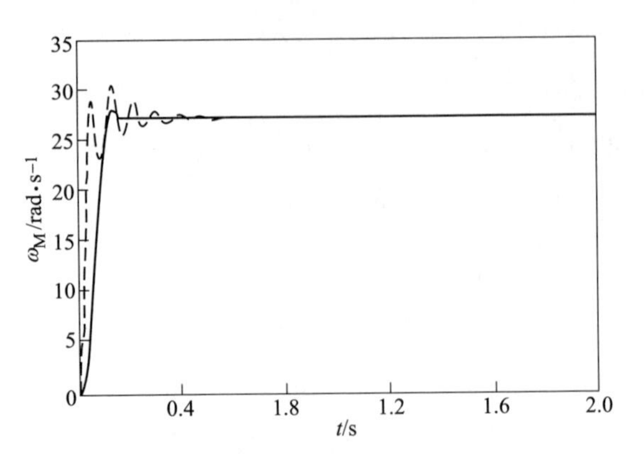

图 12-11　ADRC 控制和状态反馈控制鲁棒性对比

图 12-12（a）为突加负荷扰动时，传动系统动态速降的变化情况，曲线 1 为传统双闭环控制的结果，曲线 2 为基于降维状态观测器的控制结果，曲线 3 为基于自抗扰控制技术的控制结果。由图可见，自抗扰控制系统有效减小了系统的动态速降和速度的波动，抑制了电气传动系统的扭转振动现象，自抗扰控制系统的动态速降最小。图 12-12（b）为连接轴转矩的对比曲线，曲线从上至下分别为传统双闭环控制、基于降维状态观测器的状态反馈控制和 ADRC 控制结果，由图可见，ADRC 控制器明显改善了连接轴扭矩的剧烈变化，减小了对系统的冲击。

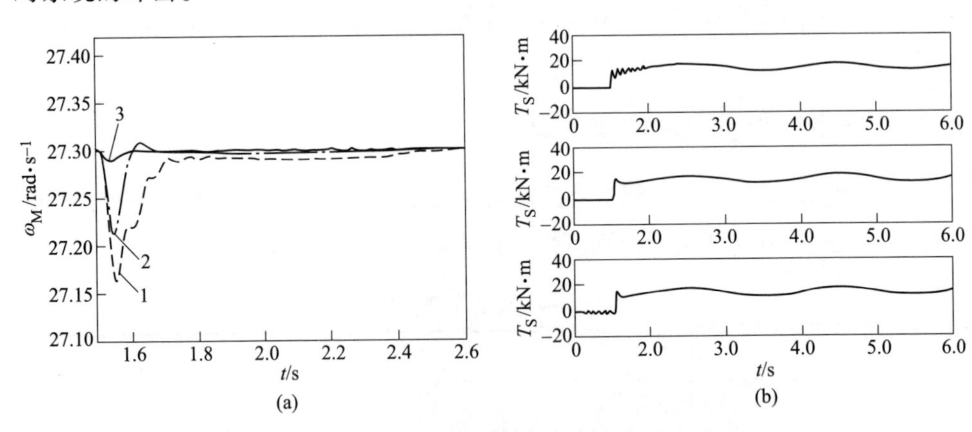

图 12-12　突加负荷扰动时动态速降和连接轴扭矩曲线

（a）突加负荷扰动时动态速降对比；（b）连接轴转矩对比曲线

仿真研究结果表明：自抗扰控制系统有效改善了电气传动系统的跟踪性能，抑制了系统的机电振动，减小了负荷扰动引起的动态速降，同时对系统内部参数如负载转动惯量等的变化也具有较强的鲁棒性。

12.4 卡尔曼滤波观测器控制

12.4.1 卡尔曼滤波原理

在实际电气传动控制系统的控制过程中，往往受到随机干扰的作用。在这种情况下线性控制过程可用下式来表示

$$\dot{\boldsymbol{X}}(t)=\boldsymbol{A}(t)\boldsymbol{X}(t)+\boldsymbol{B}(t)\boldsymbol{u}(t)+\boldsymbol{F}(t)\boldsymbol{W}(t) \tag{12-44}$$

式中 $\boldsymbol{X}(t)$ ——控制过程的 n 维状态向量；

$\boldsymbol{u}(t)$ ——r 维控制向量；

$\boldsymbol{W}(t)$ ——均值为零的 p 维白噪声向量，称为输入噪声；

$\boldsymbol{A}(t)$ ——$n \times n$ 矩阵；

$\boldsymbol{B}(t)$ ——$n \times r$ 矩阵；

$\boldsymbol{F}(t)$ ——$n \times p$ 矩阵。

在许多实际问题中，状态变量的直接测取往往是十分困难的。例如，负载转速 ω_L 的测量要求在负载侧安装速度传感器，由于安装位置特殊，很难保证传感器的坚固性和可靠性。而连接轴的传递转矩 T_S 的直接量测更加困难，在实际中几乎不可行。采用电机转速和电流等信号重构的状态观测器，观测得到的信号中往往夹杂有随机噪声，需要从夹杂有随机噪声的观测信号中分离出所需的状态变量。要想准确地得到这些状态变量，需要根据可观测信号来估计或预测这些状态变量，估计或预测得到的状态变量来形成最优控制规律。

一般情况下，观测系统可用下述观测方程（或量测方程）来表示：

$$\boldsymbol{Z}(t)=\boldsymbol{H}(t)\boldsymbol{X}(t)+\boldsymbol{V}(t) \tag{12-45}$$

式中 $\boldsymbol{Z}(t)$ ——m 维观测值；

$\boldsymbol{H}(t)$ ——$m \times n$ 矩阵，称为观测矩阵；

$\boldsymbol{V}(t)$ ——均值为零的 m 维白噪声，称为观测噪声。

在式（12-44）、式（12-45）中假定 $\boldsymbol{W}(t)$ 和 $\boldsymbol{V}(t)$ 都是均值为零的白噪声向量，$\boldsymbol{W}(t)$ 和 $\boldsymbol{V}(t)$ 互相独立，它们的协方差阵分别为

$$\begin{cases}\boldsymbol{E}[\boldsymbol{W}(t)\boldsymbol{W}^{\mathrm{T}}(\tau)]=\boldsymbol{Q}(t)\delta(t-\tau)\\ \boldsymbol{E}[\boldsymbol{V}(t)\boldsymbol{V}^{\mathrm{T}}(\tau)]=\boldsymbol{R}(t)\delta(t-\tau)\\ \boldsymbol{E}[\boldsymbol{W}(t)\boldsymbol{V}^{\mathrm{T}}(\tau)]=0\end{cases} \tag{12-46}$$

式中，$\delta(t-\tau)$ 是狄拉克（Dirac）函数，当 $t=\tau$ 时，$\delta(t-\tau)=\infty$； 当 $t\neq\tau$ 时，$\delta(t-\tau)=0$； 且$\int_{-\infty}^{\infty}\delta(t-\tau)\mathrm{d}\tau=1$。当 $\boldsymbol{Q}(t)$ 和 $\boldsymbol{R}(t)$ 不随时间而变时，$\boldsymbol{Q}$ 和 $\boldsymbol{R}$ 都为白噪声的谱密度矩阵，它们与 $\delta(t-\tau)$ 相乘得协方差阵。$\boldsymbol{Q}(t)$ 为对称的非负定矩阵，$\boldsymbol{R}(t)$ 为正定的对称矩阵，正定的物理意义是观测向量 $\boldsymbol{Z}(t)$ 的各分量都附加有随机噪声。$\boldsymbol{Q}(t)$ 和 $\boldsymbol{R}(t)$ 都可对 t 连续微分。$\boldsymbol{X}(t)$ 的初始状态 $\boldsymbol{X}(t_0)$ 是一个

随机变量，假定 $\boldsymbol{X}(t)$ 的统计特性如数学期望 $E[\boldsymbol{X}(t_0)]=\boldsymbol{M}_0$ 和方差矩阵 $\boldsymbol{P}(t_0)=\boldsymbol{E}\{[\boldsymbol{X}(t_0)-\boldsymbol{M}_0][\boldsymbol{X}(t_0)-\boldsymbol{M}_0]^{\mathrm{T}}\}$ 都为已知。我们的任务就是从观测信号 $\boldsymbol{Z}(t)$ 中估计出状态变量 $\boldsymbol{X}(t)$。希望估计出来的 $\hat{\boldsymbol{X}}(t)$ 值与实际的 $\boldsymbol{X}(t)$ 值越接近越好，因此最优估计一般都采用线性最小方差估计。

12.4.2　卡尔曼滤波观测器控制系统

图 12-13 为采用卡尔曼滤波器作为状态观测器的电气传动控制系统原理图。卡尔曼滤波器根据电机转速和电流来预测估计出负载转矩 T_{L}，负载转速 ω_{L}，以及连接轴转矩 T_{S}，将这些状态变量加权送到速度调节器输出，作机电弹性质量模型的振动补偿。电气传动两质量模型的状态方程为

$$\begin{cases}\dot{\boldsymbol{X}}(t)=\boldsymbol{A}\boldsymbol{X}(t)+\boldsymbol{B}u(t)+\boldsymbol{E}T_{\mathrm{L}}(t)\\ \boldsymbol{Y}(t)=\boldsymbol{C}\boldsymbol{X}(t)\end{cases}\tag{12-47}$$

这里：

$$\boldsymbol{A}=\begin{bmatrix}0 & 0 & -\dfrac{1}{J_{\mathrm{M}}}\\ 0 & 0 & \dfrac{1}{J_{\mathrm{L}}}\\ K_{\mathrm{S}} & -K_{\mathrm{S}} & 0\end{bmatrix},\quad \boldsymbol{B}=\begin{bmatrix}\dfrac{1}{J_{\mathrm{M}}}\\ 0\\ 0\end{bmatrix},\quad \boldsymbol{E}=\begin{bmatrix}0\\ -\dfrac{1}{J_{\mathrm{L}}}\\ 0\end{bmatrix}$$

$$\boldsymbol{C}=[1\quad 0\quad 0]$$

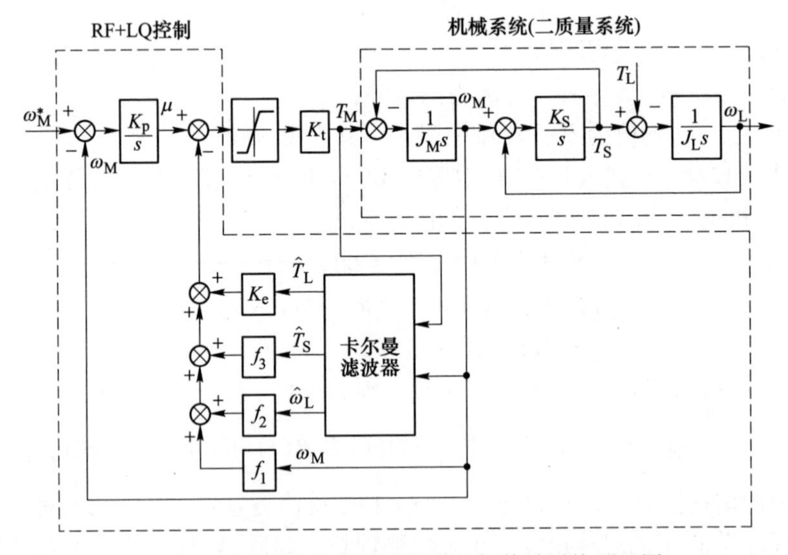

图 12-13　采用卡尔曼滤波器的电气传动系统原理图

状态变量为：

$$X = [\omega_M \quad \omega_L \quad T_S]^T$$

输入为电磁转矩 $u=T_M$，输出为电机转速 $Y=\omega_M$。

根据卡尔曼滤波理论，把负荷转矩 T_L 列入状态变量，由式（12-47），电气传动系统的模型可以写为：

$$\begin{cases}\dot{\boldsymbol{X}}_a(t) = \boldsymbol{A}_a\boldsymbol{X}_a(t) + \boldsymbol{B}_a u(t) + \boldsymbol{W}(t) \\ \boldsymbol{Y}(t) = \boldsymbol{C}_a\boldsymbol{X}_a(t) + \boldsymbol{V}(t)\end{cases} \tag{12-48}$$

其中：

$$\boldsymbol{A}_a = \begin{bmatrix} 0 & 0 & \frac{-1}{J_M} & 0 \\ 0 & 0 & \frac{1}{J_L} & \frac{-1}{J_L} \\ K_S & -K_S & 0 & 0 \\ 0 & 0 & 0 & 0 \end{bmatrix}, \quad \boldsymbol{B}_a = \begin{bmatrix} \frac{1}{J_M} \\ 0 \\ 0 \\ 0 \end{bmatrix}, \boldsymbol{C}_a = [1 \quad 0 \quad 0 \quad 0]$$

$$\boldsymbol{X}_a = [\omega_M \quad \omega_L \quad T_S \quad T_L]^T$$

$$\boldsymbol{Y} = \omega_M$$

$$u = T_M$$

因此，状态转移矩阵表示为：

$$\boldsymbol{\Phi} = \exp\left[\int_0^{T_S} A_a \mathrm{d}\tau\right] \tag{12-49}$$

然后系统方程式（12-48）通过线性离散化变为离散动态数学模型：

$$\begin{cases}\boldsymbol{X}_a(k+1) = \boldsymbol{\Phi}\boldsymbol{X}_a(k) + \boldsymbol{G}\boldsymbol{U}(k) + \boldsymbol{\Gamma}W(k) \\ \boldsymbol{Y}(k+1) = \boldsymbol{C}_a\boldsymbol{X}_a(k+1) + V(k+1)\end{cases} \tag{12-50}$$

这里：

$$\begin{cases} G = \int_0^{T_S} \boldsymbol{\Phi}\boldsymbol{B}_a \mathrm{d}\tau \\ \Gamma = \int_0^{T_S} \boldsymbol{\Phi}\mathrm{d}\tau \end{cases} \tag{12-51}$$

在 k 和 $k+1$ 之间辨识出最佳状态 $\hat{\boldsymbol{X}}_a$ 和 $\boldsymbol{P}$：

$$\begin{cases}\hat{\boldsymbol{X}}_a(k+1,k) = \boldsymbol{\Phi}\hat{\boldsymbol{X}}_a(k) + \psi\boldsymbol{U}(k) \\ \boldsymbol{P}(k+1,k) = \boldsymbol{\Phi}\boldsymbol{P}(k,k)\boldsymbol{\Phi}^T + \int_0^{T_s}\boldsymbol{\Phi}\boldsymbol{Q}_0\boldsymbol{\Phi}^T\mathrm{d}\tau = \boldsymbol{\Phi}\boldsymbol{P}(k,k)\boldsymbol{\Phi}^T + \boldsymbol{Q}_d\end{cases} \tag{12-52}$$

这里：

$$\boldsymbol{Q}_{\mathrm{d}} = \int_0^{T_{\mathrm{S}}} \boldsymbol{\Phi Q}_0 \varphi^{\mathrm{T}} \mathrm{d}\tau \tag{12-53}$$

卡尔曼滤波器增益 $K(k+1)$ 为：

$$K(k+1) = \boldsymbol{P}(k+1,k)\boldsymbol{C}_{\mathrm{a}}^{\mathrm{T}}[\boldsymbol{C}_{\mathrm{a}}\boldsymbol{P}(k+1,k)\boldsymbol{C}_{\mathrm{a}}^{\mathrm{T}} + \boldsymbol{R}_0]^{-1}$$

当系统输出量 $Y(k+1)$ 作为被测量量时，k+1 时刻的状态预估和估计误差递推等式为：

$$\hat{\boldsymbol{X}}_{\mathrm{a}}(k+1,k+1) = \hat{\boldsymbol{X}}_{\mathrm{a}}(k+1,k) + K(k+1)[Y(k+1) - \boldsymbol{C}_{\mathrm{a}}\hat{X}(k+1,k)] \tag{12-54}$$

$$\boldsymbol{P}(k+1,k+1) = \boldsymbol{P}(k+1,k) - K(k+1)\boldsymbol{C}_{\mathrm{a}}\boldsymbol{P}(k+1,k) \tag{12-55}$$

本速度控制系统采用现代控制理论的二次型最优控制。

在单变量设计中，如果给定量 $\boldsymbol{Y}_{\mathrm{ref}}$和扰动量 $\boldsymbol{T}_{\mathrm{L}}$ 是稳态恒定值，积分控制可以提供一个零稳态误差的稳定设计（例如：当 $t \to \infty$ 时，$X \to 0$）。

为了解决这个设计问题，首先引入一个新的状态变量

$$V = \int_0^t (Y - \boldsymbol{Y}_{\mathrm{ref}})\mathrm{d}t \tag{12-56}$$

对式（12-56）微分，将得出：

$$\begin{cases} \dot{\boldsymbol{X}} = \boldsymbol{AX} + \boldsymbol{Bu} + \boldsymbol{ET}_{\mathrm{L}} \\ \dot{\boldsymbol{P}} = \boldsymbol{Y} - \boldsymbol{Y}_{\mathrm{ref}} = \boldsymbol{CX} - \boldsymbol{Y}_{\mathrm{ref}} \end{cases} \tag{12-57}$$

写成矩阵形式，这些方程变为增广状态模型：

$$\begin{bmatrix} \dot{\boldsymbol{X}} \\ \dot{\boldsymbol{V}} \end{bmatrix} = \begin{bmatrix} \boldsymbol{A} & 0 \\ \boldsymbol{C} & 0 \end{bmatrix} \begin{bmatrix} \boldsymbol{X} \\ \boldsymbol{P} \end{bmatrix} + \begin{bmatrix} \boldsymbol{B} \\ 0 \end{bmatrix} u + \begin{bmatrix} \boldsymbol{E} & 0 \\ 0 & -1 \end{bmatrix} \begin{bmatrix} \boldsymbol{T}_{\mathrm{L}} \\ \boldsymbol{Y}_{\mathrm{ref}} \end{bmatrix} \tag{12-58}$$

当 $\dot{T}_{\mathrm{L}}$ 和 Y_{ref}是常数，稳态 $\dot{\boldsymbol{X}}=0$，$\dot{\boldsymbol{V}}=0$，系统是稳定的，这意味着稳态值 X_{s}，V_{s}，u_{s}，应该满足下列等式

$$\begin{bmatrix} \boldsymbol{E} & 0 \\ 0 & -\boldsymbol{I} \end{bmatrix} \begin{bmatrix} \boldsymbol{M}_{\mathrm{L}} \\ \boldsymbol{Y}_{\mathrm{ref}} \end{bmatrix} = -\begin{bmatrix} \boldsymbol{A} & 0 \\ \boldsymbol{C} & 0 \end{bmatrix} \begin{bmatrix} \boldsymbol{X}_{\mathrm{s}} \\ \boldsymbol{V}_{\mathrm{s}} \end{bmatrix} - \begin{bmatrix} \boldsymbol{B} \\ 0 \end{bmatrix} u_{\mathrm{s}} \tag{12-59}$$

由式（12-58）式减去上式得到：

$$\begin{bmatrix} \dot{\boldsymbol{X}} \\ \dot{\boldsymbol{V}} \end{bmatrix} = \begin{bmatrix} \boldsymbol{A} & 0 \\ \boldsymbol{C} & 0 \end{bmatrix} \begin{bmatrix} \boldsymbol{X} - \boldsymbol{X}_{\mathrm{s}} \\ \boldsymbol{V} - \boldsymbol{V}_{\mathrm{s}} \end{bmatrix} + \begin{bmatrix} \boldsymbol{B} \\ 0 \end{bmatrix} (u - u_{\mathrm{s}}) \tag{12-60}$$

现在引入新变量，并表示为微分形式：

$$\begin{cases} \boldsymbol{Z} = \begin{bmatrix} \boldsymbol{Z}_1 \\ \boldsymbol{Z}_2 \end{bmatrix} = \begin{bmatrix} \boldsymbol{X} - \boldsymbol{X}_s \\ \boldsymbol{V} - \boldsymbol{V}_s \end{bmatrix} \\ \dot{\boldsymbol{Z}} = \begin{bmatrix} \dot{\boldsymbol{Z}}_1 \\ \dot{\boldsymbol{Z}}_2 \end{bmatrix} = \begin{bmatrix} \dot{\boldsymbol{X}} \\ \dot{\boldsymbol{V}} \end{bmatrix} \\ q = u - u_s \end{cases} \tag{12-61}$$

由式（12-60）可以写出：

$$\dot{\boldsymbol{Z}} = \hat{\boldsymbol{A}}\boldsymbol{Z} + \hat{\boldsymbol{B}}q,\ \hat{\boldsymbol{A}} = \begin{bmatrix} \boldsymbol{A} & 0 \\ \boldsymbol{C} & 0 \end{bmatrix},\ \hat{\boldsymbol{B}} = \begin{bmatrix} \boldsymbol{B} \\ 0 \end{bmatrix} \tag{12-62}$$

由稳态值推出的微分方程作为新的状态和控制变量，设计问题可以转变为一个标准线性二次方调节问题（LQR）。由式（12-62），性能指标 J 和控制输入 q 由下式给出：

$$J = \int_0^{\infty} (\boldsymbol{Z}^{\mathrm{T}}\boldsymbol{Q}\boldsymbol{Z} + \boldsymbol{R}q^2)\,\mathrm{d}t \tag{12-63}$$

$$q = -\boldsymbol{K}_k\boldsymbol{Z} \tag{12-64}$$

系数 K 由式（12-61）给出：

$$\begin{cases} \boldsymbol{K}_k = [K_1, K_2] \\ q = -k_1Z_1 - k_2Z_2 \\ \boldsymbol{u} - u_s = -k_1(x - x_s) - k_2(V - V_s) \end{cases} \tag{12-65}$$

由于稳态平衡关系，由积分关系式来代替 V，控制输入 u 为：

$$u = -k_1\boldsymbol{X} - k_2\boldsymbol{P} = -k_1\boldsymbol{X} - k_2\int_0^t (Y - Y_{\mathrm{ref}})\,\mathrm{d}t \tag{12-66}$$

让 $k_1 = [f_1 \quad f_2 \quad f_3]$，$k_2 = k_1$，$Y_{\mathrm{ref}} = \omega_{\mathrm{M}}^*$，则：

$$\boldsymbol{u} = -[f_1 \quad f_2 \quad f_3][\omega_{\mathrm{M}} \quad \omega_{\mathrm{L}} \quad T_{\mathrm{S}}]^{\mathrm{T}} - k_{\mathrm{i}}\int_0^{\mathrm{t}} (\omega_{\mathrm{M}} - \omega_{\mathrm{M}}^*)\,\mathrm{d}t \tag{12-67}$$

如果加数矩阵 $\boldsymbol{Q}$ 和 R 由下式给出，以此来满足两质量系统的控制目标：

$$\boldsymbol{Q} = \begin{bmatrix} \alpha & -\alpha & 0 & 0 \\ -\alpha & \alpha + \beta & 0 & 0 \\ 0 & 0 & 0 & 0 \\ 0 & 0 & 0 & \delta \end{bmatrix} \tag{12-68}$$

性能指标 J 由下式给出：

$$J = \int_0^{\infty} \{\alpha\,(\omega_{\mathrm{M}} - \omega_{\mathrm{L}})^2 + \beta\,(\omega_{\mathrm{L}} - \omega_{\mathrm{M}}^*)^2 + \delta\,(P - P_s)^2 + \gamma\,(u - u_s)^2\}\,\mathrm{d}t \tag{12-69}$$

式中 α——振动抑制加权；

β——给定值加权；

δ——稳态误差加权；

γ——控制输入加权。

α、β、δ、γ 通过仿真离线的试验和误差法来选择。

补偿增益 K_d，被选择为转矩系数的例数 $1/K_t$，当电气传动系统突加负载瞬间，将引起负荷转矩的阶跃变化，该变化引起动态速降并引起危险的扭振，因此快速的辨识和准确的负荷转矩补偿值被施加到电流给定通道中以改善负荷响应特性。

图 12-14 为卡尔曼波滤器与龙贝格观测器在速度阶跃变化时的状态观测波形。由图可见，龙贝格观测器观测到的 ω_L 有许多干扰信号，而卡尔曼滤波器预估的 ω_L 完全消除了干扰噪声。

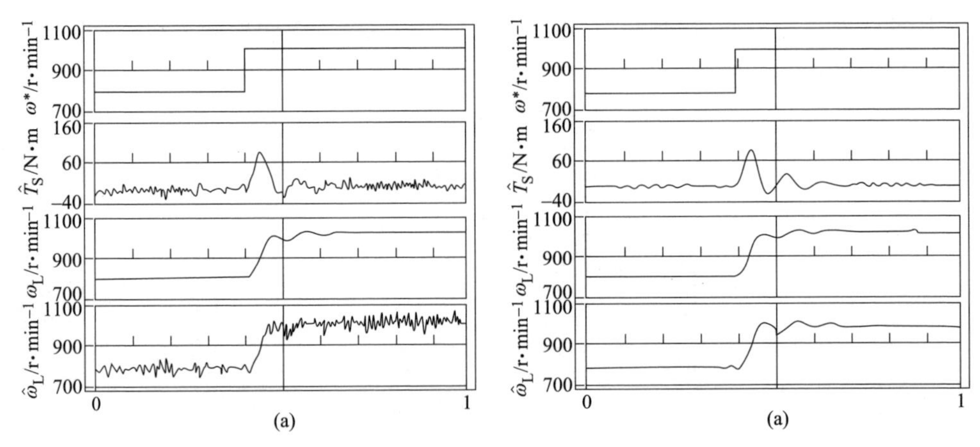

图 12-14　卡尔曼滤波器与龙贝格控制的速度阶跃响应特性比较

（a）龙贝格观测器；（b）卡尔曼滤波器

当人为地改变机械参数，例如 J_M、J_L 和 K_S 改变 5 倍，图 12-15、图 12-16、图 12-17 为这些参数变化，负载阶跃变化时系统的响应波形。

图 12-15 为负载机械转动惯量减少到原系统的 1/5，负载变化时电机转速与连接轴转矩波形，图 12-16 为电机转动惯量减少到原系统的 1/5，负载变化时电机转速与连接轴转矩波形。图 12-16 中曲线 1 为传统双闭环控制模式，曲线 2 为龙贝格降维状态观测器控制模式，曲线 3 为 Kalman 卡尔曼控制模式。由图可见，当机械参数变化时，卡尔曼滤波器控制会使电机转速和连接轴转矩振荡明显减缓，而且很快趋于稳定，而龙贝格观测器对参数敏感性太强，由于模型参数不准，导致系统发散振荡，其抑制扭振的效果甚至不如双闭环控制模式。图 12-17 为连接轴刚度减少到原系统的 1/5，负载变化时电机转速与连接轴转矩波形，卡尔曼滤波器仍能准确地观测到状态变量，并能较好地实现减少动态速降和抑制扭振的控制目标。由此可见卡尔曼滤波电气传动控制系统具有较强的参数敏感鲁棒性。

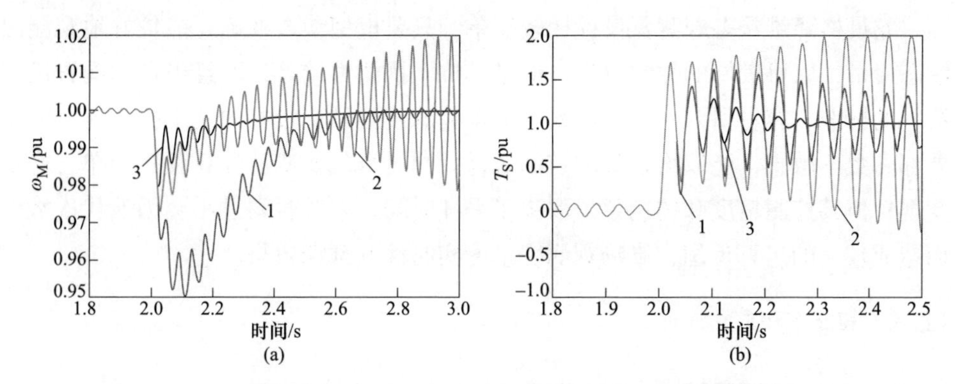

图 12-15　负载机械转动惯量为原 1/5，负载变化时电机转速与连接轴转矩波形

（a）电机转速仿真结果对比；（b）连接轴转矩仿真结果对比

1—双闭环控制；2—龙贝格控制；3—卡尔曼控制

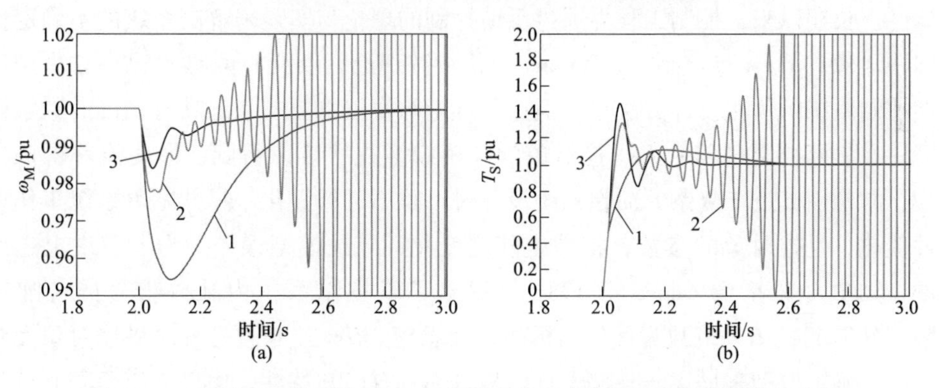

图 12-16　电机转动惯量为原 1/5，负载变化时电机转速与连接轴转矩波形

（a）电机转速仿真结果对比；（b）连接轴转矩仿真结果对比

1—双闭环控制；2—龙贝格控制；3—卡尔曼控制

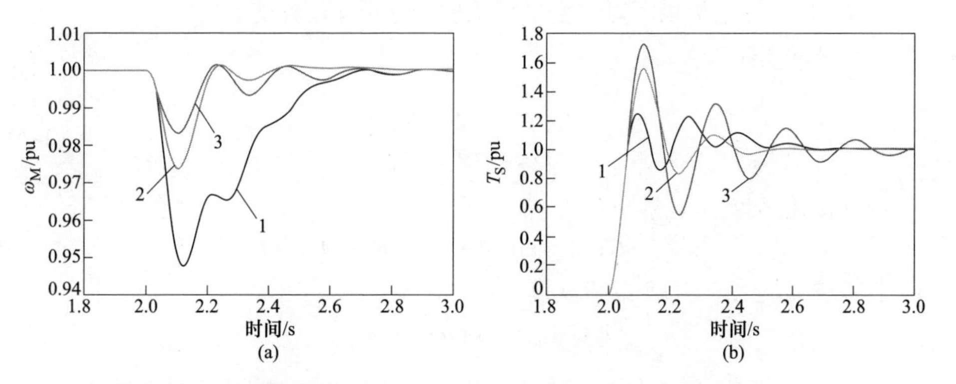

图 12-17　连接轴刚度为原 1/5，负载变化时电机转速与连接轴转矩波形

（a）电机转速仿真结果对比；（b）连接轴转矩仿真结果对比

1—双闭环控制；2—龙贝格控制；3—卡尔曼控制

龙贝格降维状态观测器设计比较简单，只要模型参数准确，能较好地观测出状态变量，取得较好的控制效果，但是其抗干扰能力较差，而且极点的配置没有统一的标准，容易引入不稳定因素。卡尔曼滤波器具有较好的抗干扰性能，对于外部参数不敏感，能取得较好的控制效果。同时卡尔曼滤波计算程序简单，容易实现；但其控制精度和控制效果取决于采样时间，采样时间过小会因迭代次数多而造成较大的运算负担，影响观测变量的实时性和预期效果。

12.5 *H*∞ 控制

12.5.1 *H*∞ 控制问题

在实际的控制过程中，外部的随机干扰或参数的时变，都会造成系统的不确定性。长期以来，控制工程界通过反馈控制的理论与实践来解决系统的不确定性问题。像 Nyquist 稳定制据、Winner 最优滤波理论，以及 LQG 线性高斯二次型反馈控制系统的优化设计方法等。但这些理论与实践都要求系统具有精确的数学模型。在实际控制过程中，受控对象的精确模型往往难以得到，即使能获得该模型，常常因其过于复杂，而在系统设计时不得不进行简化。另外随着系统工作条件变化，受控对象的参数，特性也随之变化，导致模型误差。为了解决上述问题，加拿大学者 G. Zames 于 1981 年提出了以控制系统内某些信号的传递函数（矩阵）的 *H*∞ 范数为优化指标的设计思想。*H*∞ 控制就是解决受控对象无法由一个确定模型来描述，外部干扰信号也不具有已知特性，而仅知道模型和外扰信号属于某个给定信号集合的控制。*H*∞ 控制的设计问题，是在保证系统闭环稳定的条件下，选择控制器使外部干扰信号到系统输出的传递函数的 *H*∞ 范数达到最小。*H*∞ 控制理论提供了对多变量系统进行分析和设计的方法。

设一控制系统为：

$$\begin{cases}\dot{\boldsymbol{X}} = \boldsymbol{AX} + \boldsymbol{B}u \\ \boldsymbol{Y} = \boldsymbol{CX} + \boldsymbol{D}u\end{cases} \tag{12-70}$$

则其传递函数：

$$\boldsymbol{G}(s) = \boldsymbol{C}(s\boldsymbol{I} - \boldsymbol{A})^{-1}\boldsymbol{B} + \boldsymbol{D}$$

若 $\boldsymbol{G}$ 是稳定的，$\boldsymbol{G}(s)$ 的 *H*∞ 模为：

$$\|\boldsymbol{G}\|_{\infty} = \sup_{\omega}\overline{\sigma}[G(j\omega)]$$

式中，$\overline{\sigma}[G(j\omega)]$ 为 $\boldsymbol{G}$ 在频率 ω 上的最大奇异值。*H*∞ 控制的物理意义是 $\|\boldsymbol{G}\|_{\infty}$ 等于在复平面内从原点到 $\boldsymbol{G}$ 的 Nyquist 图最远点的距离，*H*∞ 的设计归纳为极值问题。图 12-18 为 *H*∞ 控制的标准问题框图。

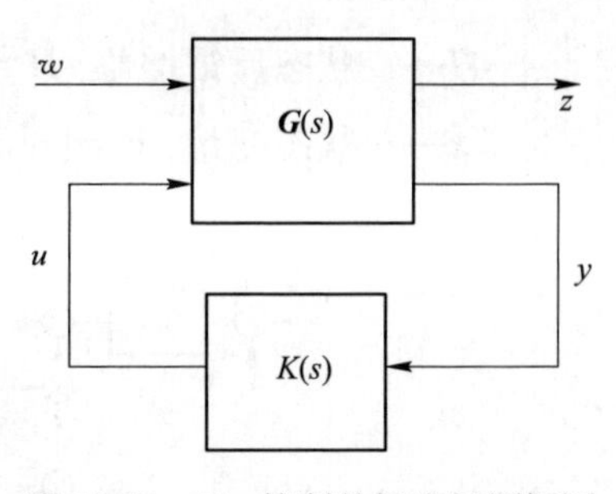

图 12-18　$H\infty$ 控制的标准问题框图

图 12-18 中 u 为控制信号，同时也是控制器的输出；y 为量测输出，可以是传感器输出及指令等信号；ω 为外部输入信号，一般包括指令（参考）信号、干扰和传感器噪声等；z 为受控输出，通常包括跟踪误差，调节误差，招待机构输出等，$\boldsymbol{G}(s)$ 是由输入信号 u、ω 到输出信号 z、y 的传递函数阵，也称为增广被控对象，它包括了实际被控对象和为了描述设计指标而设置的加权函数等；$K(s)$ 为待设计的控制器。

设控制系统状态空间表达式为：

$$\begin{cases}\dot{x} = \boldsymbol{A}x + \boldsymbol{B}_1\boldsymbol{w} + \boldsymbol{B}_2\boldsymbol{u} \\ z = \boldsymbol{C}_1x + \boldsymbol{D}_{11}\boldsymbol{w} + \boldsymbol{D}_{12}\boldsymbol{u} \\ \boldsymbol{y} = \boldsymbol{C}_2x + \boldsymbol{D}_{21}\boldsymbol{w} + \boldsymbol{D}_{22}\boldsymbol{u}\end{cases} \tag{12-71}$$

式中，$\dot{\boldsymbol{x}}$ 为 n 维状态变量；$\boldsymbol{w}$ 为 r 维信号向量；$\boldsymbol{u}$ 为 p 维控制信号向量；$\boldsymbol{z}$ 为 m 维受控输出信号向量；$\boldsymbol{y}$ 为 q 维量测输出信号向量。式（12-71）可以用传递函数阵 $\boldsymbol{G}(s)$ 来表示：

$$\boldsymbol{G}(s) = \begin{bmatrix}\boldsymbol{G}_{11} & \boldsymbol{G}_{12} \\ \boldsymbol{G}_{21} & \boldsymbol{G}_{22}\end{bmatrix} = \begin{bmatrix}A & B_1 & B_2 \\ C_1 & D_{11} & D_{12} \\ C_2 & D_{21} & D_{22}\end{bmatrix} \tag{12-72}$$

从 ω 到 z 的闭环传递函数可以推出：

$$\boldsymbol{T}_{Z\omega}(s) = \boldsymbol{G}_{11} + \boldsymbol{G}_{12}K(I - \boldsymbol{G}_{22}K)^{-1}\boldsymbol{G}_{21} \tag{12-73}$$

$H\infty$ 的最优设计问题就是选择反馈控制器 $K(s)$，使闭环系统稳定且 $\| T_{Z\omega}(s) \|_\infty$ 最小。

本节只对 $H\infty$ 理论和设计方法作了简单介绍，$H\infty$ 理论和严格的推证请参考有关 $H\infty$ 的理论著作。

12.5.2　$H\infty$ 状态观测器

图 12-19 是采用 $H\infty$ 理论构造状态观测器的电气传动控制系统。

由图 12-19 可以看到，$H\infty$ 控制器作为状态观测器，由 $H\infty$ 构造的观测器观测出状态变量负载速度 ω_L，负荷转矩 T_L，连接轴转矩 T_S。同时，电磁转矩 T_M 为：

$$T_M = G_S(\omega_M^* - \omega_M) - \boldsymbol{Hx} \tag{12-74}$$

式中　ω_M^*——速度给定值；

G_S——速度调节器；

$\boldsymbol{H}$——状态反馈增益，$\boldsymbol{H}=[h_1 \quad h_2 \quad h_3 \quad h_4]$；

$\boldsymbol{x}$——状态变量，$\boldsymbol{x}=[\omega_M \quad \omega_L \quad T_L \quad T_S]^T$。

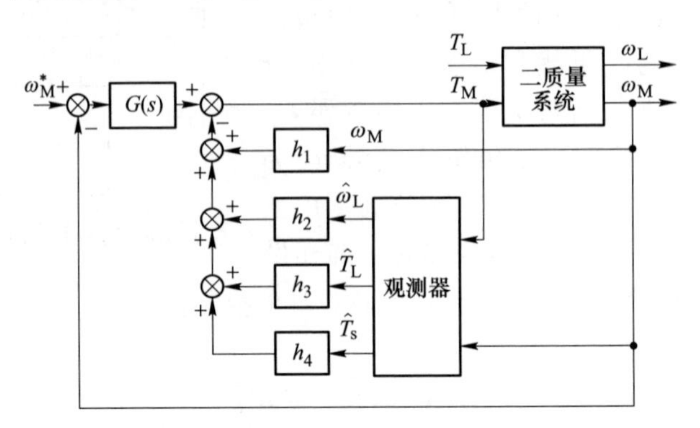

图 12-19　采用 $H\infty$ 理论构造状态观测器的电气传动控制系统

根据 $H\infty$ 原理，如果状态方程为：

$$\begin{cases}\dot{x}(t)=\boldsymbol{A}_p(t)x(t)+\boldsymbol{B}(t)u(t)\\ y(t)=\boldsymbol{C}_p(t)x(t)+\boldsymbol{D}(t)u(t)\end{cases} \tag{12-75}$$

状态辨识方程为：

$$z(t)=L(t)x(t) \tag{12-76}$$

当辨识测量满足下列特性时：

$$J=\sup_{0\neq u\leftarrow L_2}\frac{\|z-\hat{z}\|_2^2}{\|u\|_2^2},\ x(0)=0 \tag{12-77}$$

如果 $J<\gamma^2$，矩阵 $\boldsymbol{P}(t)$ 满足下列等式：

$$\dot{\boldsymbol{P}}=\boldsymbol{A}_p\boldsymbol{P}+\boldsymbol{P}\boldsymbol{A}_P^T-\boldsymbol{P}\boldsymbol{C}_P^T\boldsymbol{C}_P\mathrm{P}+\frac{1}{\gamma^2}\boldsymbol{P}\boldsymbol{L}^T\boldsymbol{L}\boldsymbol{P}+\boldsymbol{B}\boldsymbol{B}^T \tag{12-78}$$

存在下列滤波器：

$$\begin{cases}\dot{\hat{x}}(t)=\boldsymbol{A}_P\hat{x}+\boldsymbol{P}\boldsymbol{C}_P^T[y-\boldsymbol{C}_P\hat{x}]\\ \hat{x}(0)=0\\ \hat{z}=L\hat{x}\end{cases} \tag{12-79}$$

我们通过调整 γ 来辨识 $\hat{x}$，两质量模型的 $H\infty$ 滤波器作为状态观测器的等式为：

$$\begin{cases}\dot{\hat{x}}(t)=\boldsymbol{A}_P\hat{x}+\boldsymbol{P}\boldsymbol{C}_P^T[y-\boldsymbol{C}_P\hat{x}]+\boldsymbol{B}_PT_M\\ \hat{x}(0)=0\\ \hat{z}=\boldsymbol{L}\hat{x}\end{cases} \tag{12-80}$$

图 12-20 为采用降阶状态观测器和 $H\infty$ 辨识连接轴转矩 T_S 的实际波形，图

12-20（a）为降阶状态观测器辨识 T_S 的波形，图中上波形是实际 T_S，而下波形是观测器辨识波形。图 12-20（b）为 $H\infty$ 滤波器辨识的波形。由图 12-20 可以看出，$H\infty$ 滤波器的 T_S 较准确地辨识出实际波形。可见 $H\infty$ 滤波器具有良好的状态辨识性能。

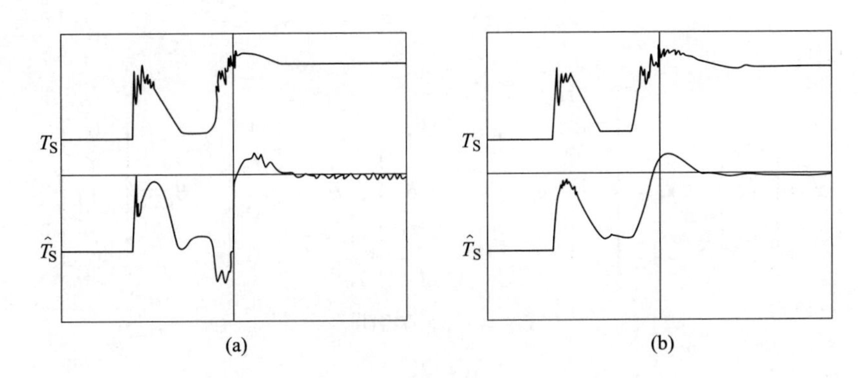

图 12-20　$H\infty$ 与状态观测器辨识 T_S 的波形比较

（a）状态观测器；（b）$H\infty$ 滤波器

图 12-21 为采用两种不同状态观测器构成的控制系统的响应特性。当负载 T_L 阶跃变化时，降阶状态观测器的速度降为 19%，恢复时间为 1.4s，而 $H\infty$ 滤波器的速度降为 10%，恢复时间为 1.1s，可见 $H\infty$ 抗扰动响应要好得多。

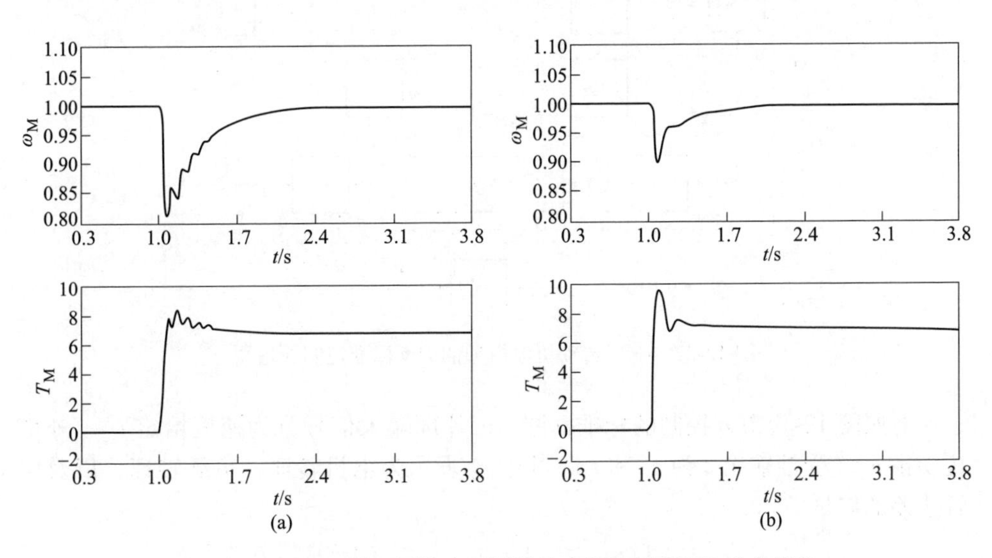

图 12-21　采用两种不同状态观测器构成的控制系统的响应特性

（a）状态观测器；（b）$H\infty$ 滤波器

12.5.3 $H\infty$ 控制系统抑制机电扭振

两质量机电模型的状态方程表示为

$$\begin{cases}\dot{\boldsymbol{x}} = \boldsymbol{A}_{\mathrm{P}}x + \boldsymbol{B}_{\mathrm{p}}u + \boldsymbol{B}_{\mathrm{d}}w \\ \boldsymbol{y} = \boldsymbol{C}_{\mathrm{P}}x\end{cases} \tag{12-81}$$

其中：

$$\boldsymbol{x} = \begin{bmatrix}\boldsymbol{\omega}_{\mathrm{M}} \\ T_{\mathrm{S}} \\ \boldsymbol{\omega}_{\mathrm{L}}\end{bmatrix};\ \boldsymbol{A}_{\mathrm{P}} = \begin{bmatrix}\dfrac{-D_{\mathrm{M}}}{J_{\mathrm{M}}} & \dfrac{-1}{J_{\mathrm{M}}} & 0 \\ K_{\mathrm{S}} & 0 & -K_{\mathrm{S}} \\ 0 & \dfrac{1}{J_{\mathrm{L}}} & \dfrac{-D_{\mathrm{L}}}{J_{\mathrm{L}}}\end{bmatrix};\ \boldsymbol{B}_{\mathrm{p}} = \begin{bmatrix}\dfrac{1}{J_{\mathrm{M}}} \\ 0 \\ 0\end{bmatrix};\ \boldsymbol{B}_{\mathrm{d}} = \begin{bmatrix}0 \\ 0 \\ \dfrac{-1}{J_{\mathrm{L}}}\end{bmatrix}$$

$$\boldsymbol{C}_{\mathrm{P}} = [1 \quad 0 \quad 0]$$

$$u = T_{\mathrm{M}}$$

$$y = \boldsymbol{\omega}_{\mathrm{M}}$$

式中，D_{M}、D_{L} 分别为电机及负载机械的摩擦阻尼系数。

图 12-22 为运用 $H\infty$ 控制理论，电气传动机电模型的 $H\infty$ 标准控制原理图。

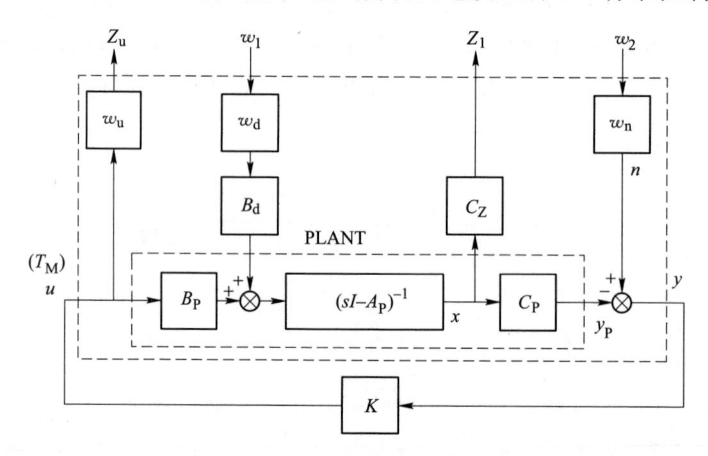

图 12-22　电气传动机电模型的 $H\infty$ 标准控制原理图

对照图 12-19 $H\infty$ 控制的标准框图。w 外部输入信号分为速度给定 w_2，外部扰动量 w_1。受控输出 z 为 z_{u} 和 z_1，其中 z_1 表示为电机转速，负载转速，以及两者速差的向量。

$$\boldsymbol{z}_1 = \boldsymbol{C}_z x = \begin{bmatrix}\boldsymbol{\omega}_{\mathrm{M}} \\ \boldsymbol{\omega}_{\mathrm{M}} - \boldsymbol{\omega}_{\mathrm{L}} \\ \boldsymbol{\omega}_{\mathrm{L}}\end{bmatrix}^{\mathrm{T}},\qquad \boldsymbol{C}_z = \begin{bmatrix}1 & 0 & 0 \\ 1 & 0 & -1 \\ 0 & 0 & 1\end{bmatrix} \tag{12-82}$$

T_L 通过 w_d 加到主通道中，而速度给定值 ω_M^* 则通过 w_n 加入，如果 w_d，w_n 写成下列形式：

$$\boldsymbol{w}_d = \begin{bmatrix} \boldsymbol{A}_{wd} & \boldsymbol{B}_{wd} \\ \boldsymbol{C}_{wd} & \boldsymbol{D}_{wd} \end{bmatrix}, \quad \boldsymbol{w}_n = \begin{bmatrix} \boldsymbol{A}_{wn} & \boldsymbol{B}_{wn} \\ \boldsymbol{C}_{wn} & \boldsymbol{D}_{wn} \end{bmatrix} \tag{12-83}$$

且 $\omega_u = D_{wu}$，则 $H\infty$ 标准形式的状态方程写为：

$$\begin{bmatrix} \dot{x} \\ z \\ y \end{bmatrix} = \begin{bmatrix} A & B_1 & B_2 \\ C_1 & 0 & D_{12} \\ C_2 & D_{21} & 0 \end{bmatrix} \begin{bmatrix} x \\ w \\ u \end{bmatrix} \tag{12-84}$$

其中传递矩阵 $\boldsymbol{G}$ 为：

$$\boldsymbol{G} = \begin{bmatrix} A & B_1 & B_2 \\ C_1 & 0 & C_2 \\ C_2 & D_{21} & 0 \end{bmatrix} = \begin{bmatrix} A_p & 0 & B_d C_{wd} & 0 & B_d D_{wd} & B_p \\ 0 & A_{wn} & 0 & B_{wn} & 0 & 0 \\ 0 & 0 & A_{wd} & 0 & B_{wd} & 0 \\ C_Z & 0 & 0 & 0 & 0 & 0 \\ 0 & 0 & 0 & 0 & 0 & D_{wu} \\ -C_p & C_{wn} & 0 & D_{wn} & 0 & 0 \end{bmatrix} \tag{12-85}$$

$\boldsymbol{G}$ 阵可以由 w_d、w_n、w_u 的选择来确定，而 $H\infty$ 控制器 K 则由 MATLAB 仿真软件来确定。图 12-23 是 w_d 和 w_n 的波德图

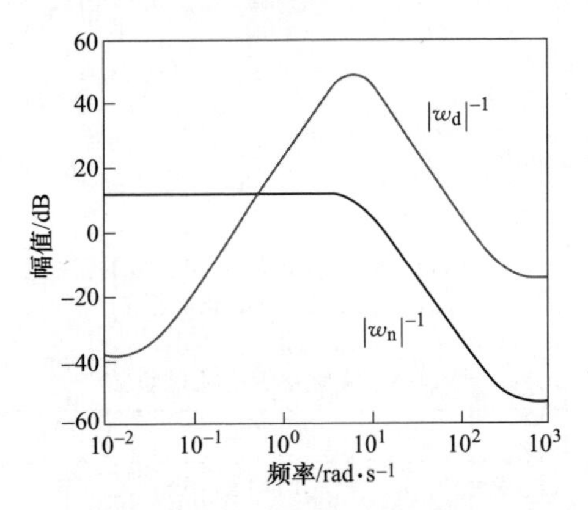

图 12-23 w_d 和 w_n 的波德图

w_d 和 w_n 的设计目标是使电气传动系统抑制二质量弹性系统的扭振，减小轧钢负荷扰动造成的动态速降，同时要保证系统闭环控制的稳定。由于 w_u 不影响控制器设计，w_u 选择为 $w_u = 10^{-6}$，w_d 是扰动转矩 T_L 到 z_1 的闭环传递函数，要针对外扰问题来设计。为了达到抑制扰动和振荡，$|w_d|^{-1}$ 选择为一个惯性环节，而 w_n 是速度 ω_M^* 到 z_1 之间的闭环传递函数，考虑到速度给定或其他噪声引入的干

扰，所以 w_n 选择为一个高通滤波器。因此：

$$\begin{cases} w_d = \gamma_d \dfrac{(s+\omega_d)^2}{(s+10^{-3})(s+10^5)} \\ w_n = \gamma_n \dfrac{s+\omega_n}{s+10^5} \end{cases} \tag{12-86}$$

$H\infty$ 控制器 $K(s)$ 由 MATLAB 仿真计算出来。

图 12-24 为两个不同惯性比的机械参数的实验系统，表 12-5 为实验系统的参数表。

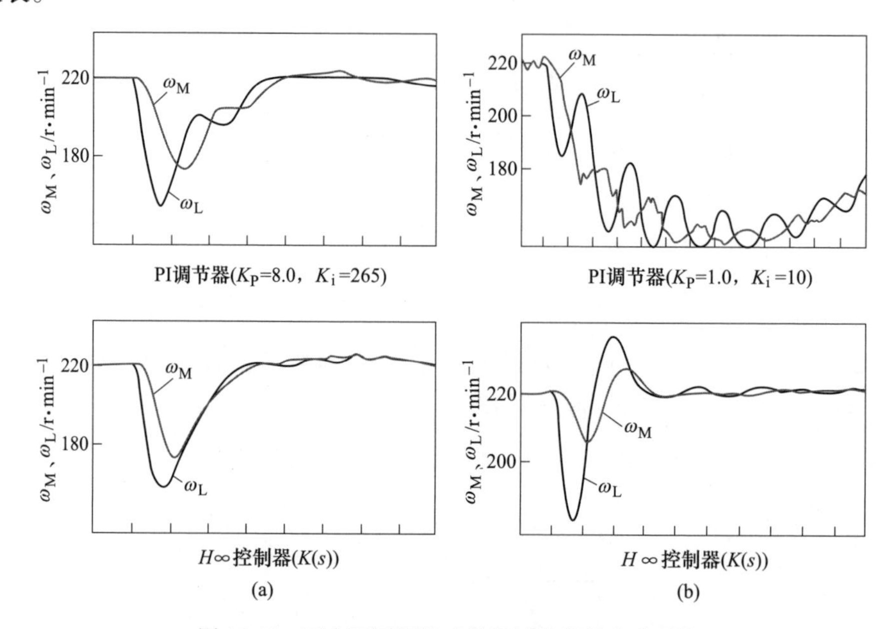

图 12-24　两个不同惯性比的机械参数的实验系统

（a）机械系 A；（b）机械系 B

表 12-5　实验系统的机械参数

参　数	机械系 A	机械系 B
电机惯量 $J_M(s)$	0.0432	0.121
负载机械惯量 $J_L(s)$	0.0432	0.0432
连接轴系数 $1/K_S(s)$	0.00117	0.00117
共振频率 ω_r/rad · s^{-1}	199	164
反共振频率 ω_a/rad · s^{-1}	141	141
惯性比 $K_J=\dfrac{J_L}{J_M}$	1.0	0.36

$H\infty$ 控制器通过仿真计算，各参数选择见表 12-6。图 12-24（a）为机械系 A

的实验波形。由图可见，传统双闭环控制在负荷 T_L 阶跃变化时，电机转速 ω_M 和负载转速 ω_L 均产生振荡，同时恢复时间较长。而 $H\infty$ 控制器完全消除了机电扭振的影响，负载转速 ω_L 和电机转速 ω_M 无振荡地快速恢复到原设定值。图 12-24（b）所示的机械系 B 系统的情况更为明显，传统双闭环控制在负荷阶跃变化条件下，系统发生振荡，电机和转辊转速大幅度振荡，系统无法恢复到稳定状态，而 $H\infty$ 控制器完全抑制住负荷扰动引起的系统振荡，ω_L 和 ω_M 快速无振荡地恢复到设定值。可见 $H\infty$ 控制器具有非常优良的抗扰动特性，适合电气传动机电振动控制的要求。

表 12-6　$H\infty$ 控制器的参数表

项　目	γ_d	ω_d	γ_n	ω_n	$H\infty$ 控制器 $K(s)$
机械系 A	650	100	60	50	$K(s)=2950\dfrac{s+33.1}{s(s+368)}$
机械系 B	370	110	30	50	$K(s)=5852\dfrac{s+50.6}{s(s+282)}$

12.6　神经元网络控制

神经网络控制是一种人工智能控制，具有以下特点：

（1）自学习、自适应功能。它主要是根据所提供的数据，通过学习和训练，找出和输出之间的内在联系，具有很好的适应性。

（2）泛化功能。它能够处理那些未经训练过的数据，而获得相应于这些数据的合适的解答。同样，它能够处理那些有噪声或不完全的数据，从而显示了很好的容错能力。

（3）非线性映射功能。现实的问题常常是非常复杂的，各个因素之间互相影响，呈现出复杂的非线性关系，神经元网络为处理这些问题提供了有用的工具。

（4）高度并行处理。神经网络的处理是高度并行的，因此用硬件实现的神经网络的处理速度可远远高于通常计算机的处理速度。神经网络主要基于所测量的数据对系统进行建模、估计和逼近，可应用于如分类、预测及模式识别等众多方面。

12.6.1　神经网络观测器

采用神经网络模型构造的状态观测器，利用原系统中可直接量测的变量，如输出向量和输入向量作为它的输入信号，并使神经网络输出信号在一定提法下等价于原系统的状态。神经网络输出渐近等价于原系统状态的观测器称为神经网络状态观测器，状态观测器可由动态神经网络实现，见图 12-25。

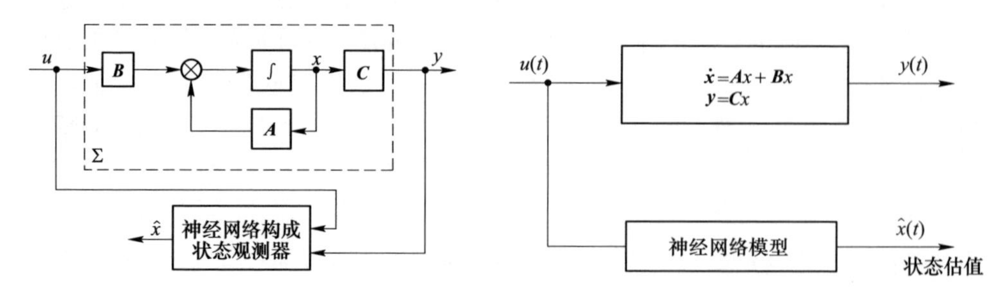

图 12-25　神经网络状态观测器

神经网络状态观测器可以按下面方法设计：用神经网络构成一个与实际系统具有同样动态方程的模拟系统。用模拟系统的状态向量作为系统状态向量的估值，即：

$$\dot{\boldsymbol{x}}(t)=\boldsymbol{A}\dot{\boldsymbol{x}}(t)+\boldsymbol{B}\boldsymbol{u}(t) \tag{12-87}$$

如果初始状态 $\dot{x}(0)=x(0)$。则对于所有时间 t，此模型可提供准确估值 $\dot{x}(t)=x(t)$，但是由于噪声的影响以及线性模型和初始状态的不确定性，这种开环估计的方法将会带来很大的误差。如图 12-26 所示，由于未能利用系统中输出信息 y 的误差对相应系数进行校正。所以由式（12-87）得到的估值是一个开环估值。

一般系统的输出量 $y(t)$ 与控制输入量 $x(t)$ 均为已知，因此希望由神经网络构造的系统模型要能从 $y(t)$ 与 $x(t)$ 来估计出状态变量。

图 12-26 为由神经网络状态观测器构成的控制系统。该系统具有神经网络状态反馈和神经状态观测器，通过修正神经网络状态观测器中相应的加权系数，使神经网络状态观测器的估计状态可以与原状态相等。以此估计状态作为神经网络状态反馈的输入，通过不断修正神经网络加权系数阵 w，使整个系统的输出达到性能指标。

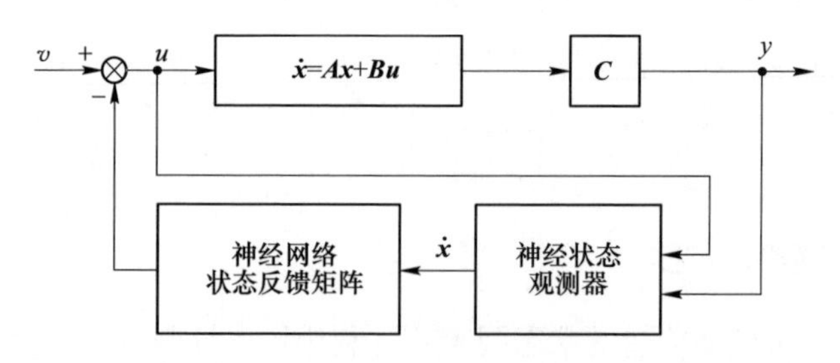

图 12-26　神经网络状态观测器控制系统

理论证明，神经网络可以逼近任何非线性特性，因此它可以重构系统的状态。状态观测器的学习算法可选择优化方法或辨识方法的任一种。

12.6.2 采用神经网络观测器的抗机电振动控制系统

图 12-27 为采用神经网络观测器作为状态观测器的电气传动控制系统示意图。该神经网络观测器采用前向网络拓扑结构，如图 12-28 所示。

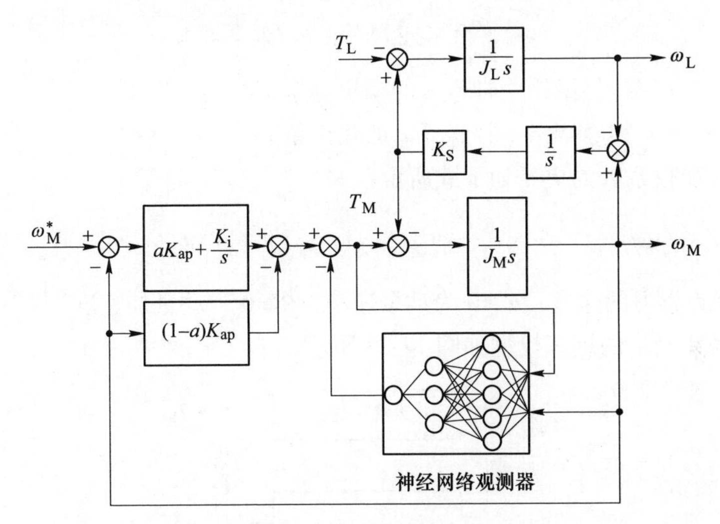

图 12-27 采用神经网络观测器作为状态观测器的电气传动控制系统

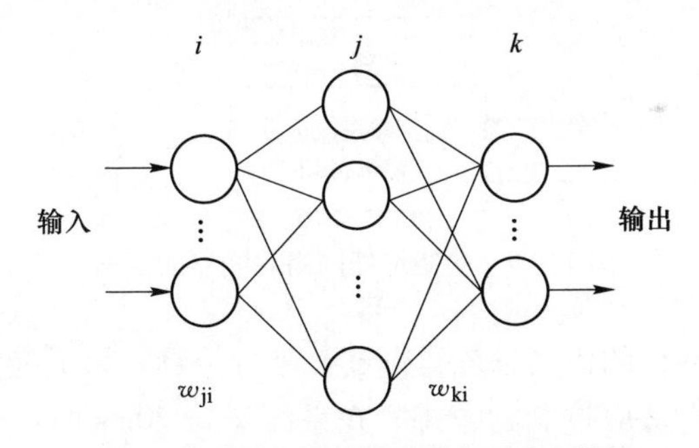

图 12-28 神经网络观测器采用前向结构

图中位于第 m 层神经网络中的神经元的输入输出关系为：

$$net^k = \sum_j \omega_{kj}^m out_j^{m-1} \tag{12-88}$$

$$out_j^{m-1} = f(net_j^{m-1}) \tag{12-89}$$

$$f(x) = k\frac{1 - e^{-\frac{a}{k}x}}{1 + e^{-\frac{a}{k}x}} \tag{12-90}$$

式中　net_k^m——m 层神经网络中神经元 k 的输入量之和；

out_j^{m-1}——$m-1$ 层神经网络中神经元 j 的输出量；

$f(x)$——神经元激活函数。

该神经网络观测器采用一种称为反向传播网络的基于梯度算法的学习规则，这种算法利用梯度查找的技术来使得误差达到最小。误差函数如下式所示

$$P = \frac{1}{2}\sum_k (t_k - out_k)^2 \tag{12-91}$$

式中　t_k——m 层神经网络中神经 k 的输出给定值；

out_k——m 层神经网络中神经元 k 的输出量。

神经元加权系数的更新如下式所示：

$$\Delta w_{kj}(t) = -\eta \frac{\mathrm{d}P}{\mathrm{d}w_{kj}} + \alpha\Delta w_{kj}(t-1) + \beta\Delta w_{kj}(t-2) \tag{12-92}$$

式中，$\eta>0$ 为学习的速度；$a\geqslant 0$ 为动量速率；$\beta\geqslant 0$ 为动量加速度。

该神经元网络的训练模型如图 12-29 所示。

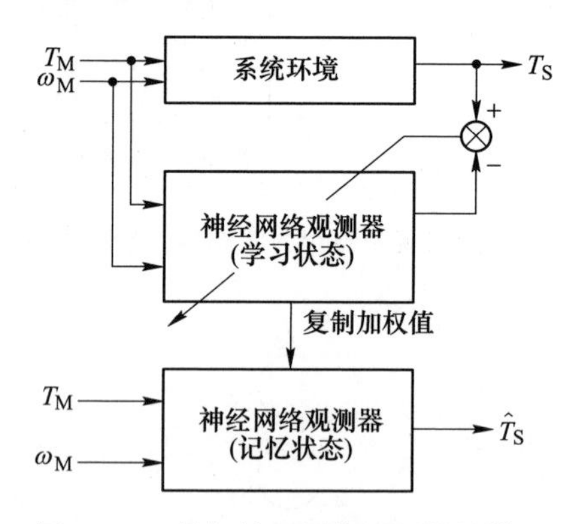

图 12-29　转矩神经网络观测器的模型

对采用神经元网络的传动系统运行过程进行仿真，为了检验神经元网络状态观测器的自学习、自适应控制的效果，在系统运行 20ms 时，突然改变二质量系统的弹性系数 K_s，图 12-30 为连接轴转矩实际值与观测值比较波形。由图 12-30 可见，20ms 之前，训练好的神经元网络观测到的连接轴转矩与实际状态基本吻合。20ms 时系统参数发生变化，观测器观测值与实际值产生了误差，随着神经元网络自学习，加权值的自调整，该误差逐步减少，大约 20ms 左右，新训练好的观测值与实际值重新吻合。说明神经元网络控制对系统参数变化具有很好的鲁棒性。

将神经网络观测器控制与前述的龙贝格观测器进行比较仿真。二质量系统为共振频率为 20. 1rad/s，按该系统参数设计神经网络观测器和龙贝格观测器，图

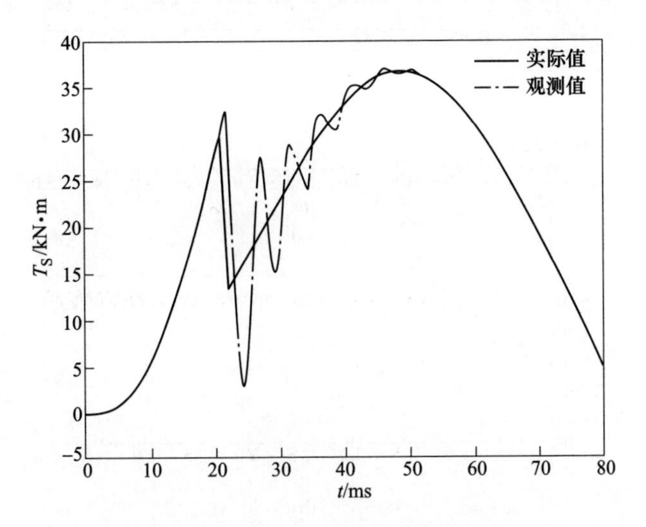

图 12-30　连接轴转矩实际值与观测值比较波形

12-31 表示两控制系统的负载速度阶跃响应，由图可见，两者效果所差不多。改变二质量系统的参数，使其系统共振频率变成为 46. 2rad/s，图 12-32 所示，龙贝格观测器的控制系统由于模型参数的误差，使得负载速度的阶跃响应发生明显的振荡，而神经网络观测器控制系统由于具有参数自学习、自适应的能力，负载速度的阶跃响应效果仍然很好，没有产生振荡。

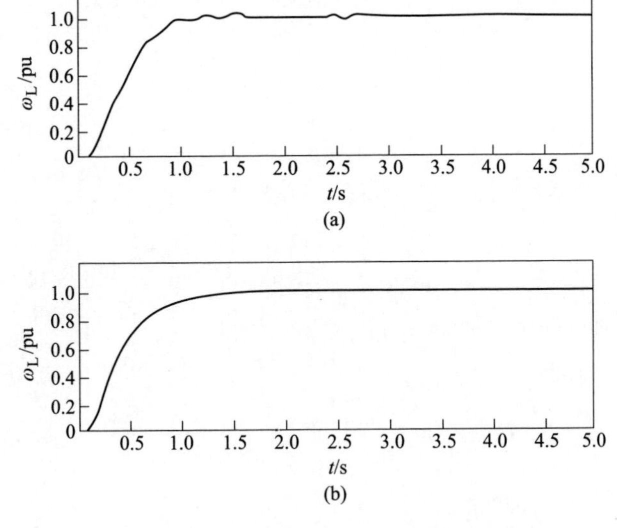

图 12-31　系统共振频率为 20. 1rad/s 时负载速度的阶跃响应对比

（a）神经网络观测器；（b）龙贝格观测器

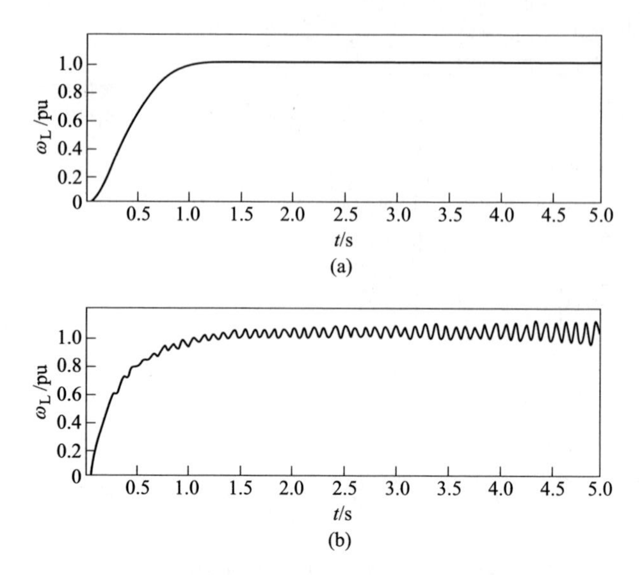

图 12-32　系统共振频率为 46. 2rad/s 时负载速度的阶跃响应对比

（a）神经网络观测器；（b）龙贝格观测器

参 考 文 献

[1] 李崇坚，段巍．轧机传动交流调速机电振动控制［M］．北京：冶金工业出版社（冶金系统跨世纪学术技术带头人著作丛书），2003.

[2] 李崇坚．交流同步电机调速系统［M］.2版．北京：科学出版社，2015.

[3] 陈伯时，李崇坚，仲明振，等．中国电气工程大典：电气传动自动化卷［M］．北京：中国电力出版社，2008.

[4] 陈伯时．电力拖动自动控制系统［M］.3版．北京：机械工业出版社，2003.

[5] 吴忠志．中高压大功率变频器应用手册［M］．北京：机械工业出版社，2003.

[6] 马小亮．高性能变频调速及其典型控制系统［M］．北京：机械工业出版社，2007.

[7] 沈标正．电机故障诊断技术［M］．北京：机械工业出版社，1996.

[8] 唐谋风．现代带钢冷连轧机的自动化［M］．北京：冶金工业出版社，1995.

[9] Gro H，Hamann J，Wiegartner G. 自动化技术中的给进电气传动［M］．北京：机械工业出版社，2002.

[10] 邹家祥，徐乐江．冷连轧机系统振动控制［M］．北京：冶金工业出版社，1998.

[11] 尤昌德．现代控制理论基础［M］．北京：电子工业出版社，1996.

[12] 薛定宇．控制系统计算机辅助设计——MATLAB语言和应用［M］．北京：清华大学出版社，1998.

[13] 胡寿松．自动控制原理［M］．北京：科学出版社，2002.

[14] 王津，朱春毅，王东文，等．负荷观测器对轧机传动系统机电扭振抑制的分析［J］．冶金自动化，2021（S1）：345-349.

[15] 王津，朱春毅，李崇坚．负荷观测器对大功率交流传动系统机电扭振的抑制［C］//第十四届中国高校电力电子与电力传动学术年会，成都，2020.

[16] Wang J，Zheng D P，Li H L，et al. Control Strategy of Suppressing Electromechanical Torsional Vibration of Large power AC Drive System［C］//The IEEE 4th International Electrical and Energy Conference，2021.

[17] 王津，葛琼璇，李崇坚，等．基于“虚拟惯量”控制的大功率电气传动系统抗机电扭振研究［C］//第十六届中国电工技术学会学术年会，北京：电工技术学会，2021.

[18] Wang J，Zheng D P，Zhang Q，et al. Research of Virtual Inertial Control in AC Driver System of Tandem Cold Mill［C］//International Conference on Electrical Machines and Systems，2021.

[19] 郑大鹏，王津，李海龙，等．大型冷连轧机传动抗机电扭振控制系统［C］//2022中国电力电子与能量转换大会暨中国电源学会第二十五届学术年会及展览会，广州：中国电源学会，2022.

[20] Zheng D，Yang P，Li H. Research on the Harmonic Suppression Control Strategy of High-Power IGCT Converter for Oil and Gas Industry［C］//第十七届中国电工技术学会年会，电工技术学会，2022.

[21] 段巍．交流调速轧机主传动系统机电振荡的研究［D］．北京：冶金自动化研究院，2001.

[22] 徐超．大型轧机扭振抑制控制技术的研究［D］．北京：冶金自动化研究院，2009.

[23] 王津．大功率电气传动系统抗机电扭振控制的研究［D］．北京：冶金自动化研究院，2021.

[24] 周金宇．宝钢 2050 轧机主传动扭振分析和性能评估［D］．上海：上海交通大学，2007.

[25] 喻维纲．3800 轧机主传动系统扭转振动研究［D］．武汉：武汉科技大学，2011.

[26] Ge G，Xu C，Li C J，et al. Kalman Filter Applied in Rolling Mill Drive System［J］. IPEMC2009，2009，3.

[27] Ge G，Xu C，Li C J，et al. The Using of Kalman Filter in Drive Control System［J］. ICEEC2009，2009，6.

[28] 赵光鑫．针对神经网络状态观测器的轧机扭振抑制分析研究［D］．沈阳：东北大学，2007.

[29] 张瑞成，童朝南．基于状态观测器的轧机主传动系统机电振动控制研究［J］．电气传动，2005，35（11）：3-7.

[30] 张瑞成，童朝南．基于自抗扰控制技术的轧机主传动系统机电振动控制［J］．北京科技大学学报，2006.

[31] 赵弘，李擎，李华德．负荷观测器在抑制轧钢扰动中的应用［J］．电气传动，2006，36（5）：16-18.

[32] 周金宇．宝钢 2050 轧机主传动扭振分析与性能评估［D］．上海：上海交通大学，2007.

[33] 王泽济．冷连轧机主传动系统扭振分析［J］．冶金设备，2010（6）：17-23.

[34] 吕金，朱传磊，周本川．陷波滤波抑制轧机扭振［J］．电气传动，2008，38（6）：8-11.

[35] 张义方．变频谐波诱发轧机传动非线性耦合振动研究［J］．华南理工大学学报，2014（7）：62-67.

[36] 张义方，闫晓强，凌启辉．多源激励下 CSP 轧机主传动扭振问题研究［J］．机械工程学报，2017（10）：34-42.

[37] 张义方，多源谐波诱发 CSP 轧机主传动耦合振动研究［D］．北京：北京科技大学，2015.

[38] 熊琰．伺服驱动系统机械谐振问题研究［D］．武汉：华中科技大学，2015.

[39] 李琼．永磁伺服驱动系统中的振动抑制研究［D］．武汉：华中科技大学，2016.

[40] 龙丁．交流伺服系统谐振陷波器参数自整定研究［D］．武汉：武汉科技大学，2019.

[41] 李宗亚．交流伺服系统机械谐振抑制研究［D］．武汉：华中科技大学，2014.

[42] 李宗亚，罗欣，沈安文．基于陷波器参数自调整的伺服系统谐振抑制［J］．计算技术与自动化，2013，32（4）：7-11.

[43] 杨明，胡浩，徐殿国．永磁交流伺服系统机械谐振成因及其抑制［J］．电机与控制学报，2012（16）：79-84.

[44] 付进，梁国龙．多通道自适应陷波滤波器组设计及性能分析［J］．哈尔滨工程大学学

报，2007，(9)：1030-1035，1051.

[45] 胡浩．交流永磁伺服系统在线抑制机械谐振技术研究［D］．哈尔滨：哈尔滨工业大学，2012.

[46] 胡华．柔性伺服系统振荡抑制算法研究［D］．哈尔滨：哈尔滨工业大学，2011.

[47] 杨明，郝亮，徐殿国．双惯量弹性负载系统机械谐振机理分析及谐振特征快速辨识［J］．电机与控制学报，2016，20（4）：112-120.

[48] 陈伟．1000MW 机组引风机变频改造扭振的分析［J］．中国电力，2016，49（6）：61-66.

[49] 颜东升，何兴海．增压风机高压变频器改造后引发的轴系扭振和电流波动分析解决［C］// 2013 年中国电机工程学会年会论文集，2013.

[50] 张楚，张礼亮，刘石，等．机电耦合作用下变频调速驱动风机轴系扭振失稳分析［J］．振动与冲击，2018，37（6）：168-173.

[51] 赖成毅．高压变频器驱动大容量风机轴系扭振抑制技术研究［D］．成都：电子科技大学，2016.

[52] 江哲帆．变频运行风机轴系故障机理和试验研究［D］．南京：东南大学，2017.

[53] 马小亮．利用电气阻尼抑制双环调速系统轴扭振机理［J］．电气传动，2018，48（2）：3-11.

[54] 蔡昆，马小亮．电气传动中的扭振现象及其抑制［J］．电气自动化，2000，22（5）：19-21.

[55] 谢震，李厚涛，张兴，等．电网电压骤升下双馈风力发电机轴系振荡抑制的改进控制策略［J］．中国电机工程学报，2016，36（6）：1714-1723.

[56] 邢作霞，刘颖明，郑琼林，等．基于阻尼滤波的大型风电机组柔性振动控制技术［J］．太阳能学报，2008，29（11）：1425-1431.

[57] 丁平．风电机组传动链扭振主动控制研究［D］．北京：华北电力大学（北京），2017.

[58] 杜静，谢双义，王磊，等．风力发电机传动链的扭转振动控制［J］．电源技术，2013，37（3）：430-432，480.

[59] 孙建湖．风力发电机组传动链的振动控制［J］．电机技术，2017（4）：23-27.

[60] 姚振南，高俊云，连晋华．双馈风电机组控制策略及传动链加阻研究［J］．机械工程与自动化，2013（4）：155-156，160.

[61] 杨文韬，耿华，肖帅，等．最大功率跟踪控制下大型风电机组的轴系扭振分析及抑制［J］．清华大学学报：自然科学版，2015（11）：1171-1177.

[62] 赵心颖．高速列车牵引传动系统机电耦合振动及其抑制方法研究［D］．北京：北京交通大学，2017.

[63] 赵心颖，林飞，杨中平，等．高速列车牵引传动系统机电耦合振动特性研究［J］．铁道学报，2018，40（9）：40-47.

[64] 崔利通．高速列车牵引传动系统振动特性分析［D］．成都：西南交通大学，2014.

[65] 黎辉．船舶推进轴系扭振若干技术问题研究［D］．武汉：武汉理工大学，2007.

[66] 王平．船舶轴系扭振计算方法的研究［D］．大连：大连海事大学，2002.

[67] 张娟．矿井提升机直流调速系统中的低频振荡［C］//第十一届全国自动化应用技术学术交流会论文集，2006.

[68] 张婉．深井大功率提升钢丝绳纵向振荡特性及其抑制研究 [D]．徐州：中国矿业大学（江苏），2019.

[69] 王雪丹，姜建国．现代电力传动系统反振荡适应控制的实现 [J]．煤炭学报，2000（2）：217-220.

[70] Schmidt P, Rehm T. Notch Filter Tuning for Resonant Frequency Reduction in Dual Inertia Systems [C] //Industry Applications Conference, 2002.

[71] Hori Y, Sawada H . Slow resonance ratio control for vibration suppression and disturbance rejection in torsional system [J]. Industrial Electronics IEEE Transactions on, 1999, 46 (1): 162-168.

[72] Butler D H E, Churches M A, et al. Compensation of a digitally controlled static power converter for the damping of rolling mill torsional vibration [J]. Industry Applications, IEEE Transactions on, 1992, 28 (2): 427-433.

[73] Ellis G, Lorenz R D. Cures for Low-Frequency Mechanical Resonance in Industrial Servo [J]. Proc, of IEEE IAS, 2001: 252-258.

[74] Lee D H, Lee J H, Ahn J W. Mechanical vibration reduction control of twomass permanent magnet synchrono us motor using adaptive notch filter with fast Fourier trans form analysis [J]. IET Electric Power Applications, 2012, 6 (7): 455-461.

[75] Peter Schmidt, Thomas Rehm. Notch filter tuning for resonant frequency reduction in dual inertia systems [J]. IEEE IAS. 1999 (3): 1730-1734.

[76] Nagata K, Nemoto H, Katayama T, et al. A sensorless control for damping of torsional vibrations with middle voltage induction motor drive for compressor application [C] // Proceedings of the 2011 14th European Conference on Power Electronics and Applications. IEEE, 2011.

[77] Schramm S, Sihler C, Song-Manguelle J , et al. Damping Torsional Interharmonic Effects of Large Drives [J]. IEEE Transactions on Power Electronics, 2010, 25 (4): 1090-1098.

[78] Baccani R, Zhang R, Toma T, et al. Electric Systems for High Power Compressor Trains in Oil and Gas Applications [C]//Proceedings of 36th Annual Turbomachinery Symposium, 2007: 61-68.

[79] Song-Manguelle J. Prediction of Mechanical Shaft Failures due to Pulsating Torques of Variable-Frequency Drives [J]. IEEE Trans. on Indus. Appl. , 2010, 46 (5): 1979-1988.

[80] Song-Manguelle J. A General Approach of Damping Torsional Resonance Modes in Multimegawatt Applications [J]. IEEE Trans. on Indus. Appl. , 2011, 47 (3): 1390-1399.

[81] Simond J J, Sapin A, Tu Xuan M, et al. 12-Pulse LCI Synchronous Drive for a 20 MW Compressor-Modeling, Simulation and Measurements [J] . IEEE Transactions On Industry Applications, 2005: 2302-2308.

[82] Feese T, Maxfield R, Hilscher M. Torsional Vibration Problem with Motor/ID Fan System due to PWM Variable Frequency Drive [C]//Proceedings of 37th Annual Turbomachinery Symposium, 2008: 45-56.

[83] Kerkman R J, Theisen J, Shah K. PWM inverters producing torsional components in AC motors

[C]//IEEE 2008 IEEE Petroleum and Chemical Industry Technical Conference (PCIC 2008), 1-9.

[84] Song-Manguelle J, Nyobe-Yome J M. Pulsating Torques in PWM Multi-Megawatt Drives for Torsional Analysis of Large Shafts [C]//2008 IEEE Industry Applications Society Annual Meeting. IEEE.

[85] Song-Manguelle J, Schroder S, Geyer T, et al. Prediction of Mechanical Shaft Failures Due to Pulsating Torques of Variable-Frequency Drives [C]//IEEE 2009 IEEE Energy Conversion Congress and Exposition, 3469-3476.